细说 AJAX 与 jQuery

兄弟连教育◎组编

高洛峰　陈家文　刘万涛◎编著

电子工业出版社
Publishing House of Electronics Industry
北京·BEIJING

内 容 简 介

本书主要学习 JavaScript 中两个必备的知识点：第一个为 AJAX，它是客户端 JavaScript 与后端服务器进行交流的一种技术；第二个为 jQuery，它是 JavaScript 目前的一个主流库文件。附加学习 Node.js 知识，以此来搭建后台服务器，辅助读者更全面、更系统地完成 AJAX 学习。AJAX 是一项非常重要的技术，几乎所有页面要实现更好的体验都逃不过 AJAX 技术，而且近年来逐渐流行的 Web APP 几乎都是以 AJAX 为基础来实现的。因此，本书的 AJAX 部分结合目前实际开发进行详细讲解，首先结合学习 Node.js，使用 express 框架搭建 Node.js 服务器；然后着重讲解 AJAX 技术原理，带领读者进行实际运用和封装；最后详细讲解 AJAX 跨域和同步、异步等常见问题的处理方式。而 jQuery 是一个重要的前端框架，大量的前端特效插件也是基于此实现的。因此，本书 jQuery 部分主要深入学习原理知识，对 jQuery 的 DOM 操作、事件处理、动画效果及 jQuery 的 AJAX 应用等方面进行详细讲解，并通过大量实例贯穿整个 jQuery 知识体系。本书是"跟兄弟连学 HTML5 系列教程"的第四本书，需要了解 JavaScript 的基础语法和 DOM 部分。所以本书以实例为主，不再过多地讲解语法等基础知识点，让读者可以从具体实例中吸取实战经验。

未经许可，不得以任何方式复制或抄袭本书之部分或全部内容。
版权所有，侵权必究。

图书在版编目（CIP）数据

细说 AJAX 与 jQuery / 兄弟连教育组编；高洛峰，陈家文，刘万涛编著. —北京：电子工业出版社，2017.10
ISBN 978-7-121-32792-6

Ⅰ.①细… Ⅱ.①兄… ②高… ③陈… ④刘… Ⅲ.①网页制作工具－程序设计②JAVA 语言－程序设计 Ⅳ.①TP393.092 ②TP312.8

中国版本图书馆 CIP 数据核字（2017）第 238285 号

策划编辑：李　冰
责任编辑：李　冰
特约编辑：彭　瑛　赵树刚等
印　　刷：北京盛通商印快线网络科技有限公司
装　　订：北京盛通商印快线网络科技有限公司
出版发行：电子工业出版社
　　　　　北京市海淀区万寿路 173 信箱　　邮编：100036
开　　本：787×1092　1/16　印张：17.25　字数：442 千字
版　　次：2017 年 10 月第 1 版
印　　次：2023 年 1 月第 13 次印刷
定　　价：89.80 元

凡所购买电子工业出版社图书有缺损问题，请向购买书店调换。若书店售缺，请与本社发行部联系，联系及邮购电话：（010）88254888，88258888。
质量投诉请发邮件至 zlts@phei.com.cn，盗版侵权举报请发邮件至 dbqq@phei.com.cn。
本书咨询联系方式：libing@phei.com.cn。

前言 PREFACE

随着 HTML5 标准化逐渐成熟，以及互联网的飞速发展和移动端的应用不断创新，再加上微信公众号、小程序的应用飙升，原生 APP 向 Web APP 和混合 APP 的转变，用户对视觉效果和操作体验的要求越来越高，HTML5 成为移动互联网的主要技术，也是目前的主流技术之一。HTML5 是超文本标记语言（HTML）的第 5 次修订，是近年来 Web 标准的巨大飞跃。Web 是一个内涵极为丰富的平台，和以前版本不同的是，HTML5 并非仅仅用来表示 Web 内容，在这个平台上还能非常方便地加入视频、音频、图像、动画，以及与计算机的交互。HTML5 的意义在于它带来了一个无缝的网络，无论是 PC、平板电脑，还是智能手机，都能非常方便地浏览基于 HTML5 的各类网站。对用户来说，手机上的 APP 会越来越少，用 HTML5 实现的一些应用不需要下载安装，就能立即在手机界面中生成一个 APP 图标，使用手机中的浏览器来运行，新增的导航标签也能更好地帮助小屏幕设备和有视力障碍人士使用。HTML5 拥有服务器推送技术，给用户带来了更便捷的实时聊天功能和更快速的网游体验。

HTML5 对于开发者来说更是福音。HTML5 本身是由 W3C 推荐的，也就意味着每一个浏览器或每一个平台都可以实现，这样可以节省开发者花在浏览器页面展现兼容性上的时间。另外，HTML5 是 Web 前端技术的一个代名词，其核心技术点还是 JavaScript。如 HTML5 的服务器推送技术再结合 JavaScript 编程，能够帮助我们实现服务器将数据"推送"到客户端的功能，客户端与服务器之间的数据传输将更加高效。基于 SVG、Canvas、WebGL 及 CSS3 的 3D 功能，会让用户惊叹在浏览器中所呈现的各种炫酷的视觉效果。以往在 iPhone、iPad 上不支持的 Flash 将来都有可能通过 HTML5 华丽地呈现在用户的 iOS 设备上。

本套图书介绍

为了让前端技术初学者少走弯路，快速而轻松地学习 HTML5 和 JavaScript 编程，我们结合新技术和兄弟连多年的教学经验积累，再通过对企业实际应用的调研，编写了一整

细说 AJAX 与 jQuery

套 HTML5 系列图书，共 5 本，包括《细说网页制作》、《细说 JavaScript 语言》、《细说 DOM 编程》、《细说 AJAX 与 jQuery》和《细说 HTML5 高级 API》。每一本书都是不同层次的完整内容，不仅给初学者安排了循序渐进的学习过程，也便于不同层次的读者选择；既适合没有编程基础的前端技术初学者作为入门教程，也适合正在从事前端开发的人员作为技术提升参考资料。本套图书编写的初衷是为了紧跟新技术和兄弟连 IT 教育 HTML5 学科的教学发展，作为本校培训教程使用，也可作为大、中专院校和其他培训学校的教材。同时，对于前端开发爱好者，本书也有较高的参考价值。

《细说网页制作》

作为"跟兄弟连学 HTML5 系列教程"的第一本书，主要带领 HTML5 初学者一步步完成精美的页面制作。本书内容包括 HTML 应用、CSS 应用、HTML5 的新技术、各种主流的页面布局方法和一整套页面开发实战技能，让读者可以使用多种方法完成 PC 端的页面制作、移动端的页面制作，以及响应式布局页面的制作，不仅能做出页面，还能掌握如何做好页面。

《细说 JavaScript 语言》

这是"跟兄弟连学 HTML5 系列教程"的第二本书，在学习本书之前需要简单了解一下第一本书中的 HTML 和 CSS 内容。本书内容是纯 JavaScript 语言部分，和浏览器无关，包括 JavaScript 基本语法、数据类型、流程控制、函数、对象、数组和内置对象，所有知识点都是为了学习 DOM 编程、Node.js、JS 框架等 JavaScript 高级部分做准备。本书虽然是 JavaScript 的基础部分，但全书内容都需要牢牢掌握，才能更好地晋级学习。

《细说 DOM 编程》

这是"跟兄弟连学 HTML5 系列教程"的第三本书，全书内容都和浏览器相关，在学习本书之前需要掌握前两本书的技术。本书内容包括 BOM 和 DOM 两个关键技术点，并且全部以 PC 端和移动端的 Web 特效为主线，以实例贯穿全部知识点进行讲解。学完本书的内容，不仅可以用 JavaScript 原生的语法完成页面的特效编写，也为学习后面的 JavaScript 框架课程做好了准备。本书内容是 Web 前端课程的核心，需要读者按书中的实例多加练习，能熟练地进行浏览器中各种特效程序的开发。

《细说 AJAX 与 jQuery》

这是"跟兄弟连学 HTML5 系列教程"的第四本书,其内容是建立在第三本书之上的,包括服务器端开发语言 Node.js、异步传输 AJAX 和 jQuery 框架三部分。其中,Node.js 部分是为了配合 AJAX 完成客户端向服务器端的异步请求;jQuery 是目前主流的前端开发框架,其目的是让开发者用尽量少的代码完成尽可能多的功能。AJAX 和 jQuery 是目前前端开发的必备技术,本书从基本应用开始学起,用实例分解方式讲解技术点,让读者完全掌握这些必备的技能。

《细说 HTML5 高级 API》

这是"跟兄弟连学 HTML5 系列教程"的第五本书,是前端开发的应用部分,主要讲解 HTML5 高级 API 的相关内容,包括画布、Web 存储、应用缓存、服务器发送事件等,可以用来开发移动端的 Web APP 项目。本书重点讲解了 Cordova 技术,它提供了一组与设备相关的 API,通过这组 API,移动应用就能够通过 JavaScript 访问原生的设备功能,如摄像头、麦克风等。Cordova 还提供了一组统一的 JavaScript 类库,以及与这些类库所用的设备相关的原生后台代码。通过编写 HTML5 程序,再用 Cordova 打包出混合 APP 的项目,可以安装在 Android 和 iOS 等设备上。

本套图书的特点

1. 内容丰富,由浅入深

本套图书在内容组织上本着"起点低,重点高"的原则,内容几乎涵盖前端开发的所有核心技能,对于某一方面的介绍再从多角度进行延伸。为了让读者更加方便地学习本套图书的内容,在每本书的每个章节中都提供了一些实际的项目案例,便于读者在实践中学习。

2. 结构清晰,讲解到位

每个章节都环环相扣,为了让初学者更快地上手,本套图书精心设计了学习方式。对于概念的讲解,都是先用准确的语言总结概括,再用直观的图示演示过程,接着以详细的注释解释代码,最后用形象的比喻帮助记忆。对于框架部分,先提取核心功能快速掌握框架的应用,再用多个对应的实例分别讲解每个模块,最后逐一讲解框架的每个功能。对于代码部分,先演示程序效果,再根据需求总结涉及的知识点逐一讲解,然后组合成实例,最后总结分析重点功能的逻辑实现。

3. 完整案例，代码实用

为了便于读者学习，本套图书的全部案例都可以在商业项目中直接运用，丰富的案例几乎涵盖前端应用的各个方面。所有的案例都可以通过对应的二维码扫描，直接在手机上查看运行结果，读者可以通过仔细研究其效果，最大限度地掌握开发技术。另外，扫描每个章节中的资源下载二维码，可以获得下载链接，点击链接即可获取所有案例的完整源代码。

4. 视频精致，立体学习

字不如表，表不如图，图不如视频，每本书都配有详细讲解的教学视频，由兄弟连名师精心录制，不仅能覆盖书中的全部知识点，而且远远超出书中的内容。通过参考本套图书，再结合教学视频学习，可以加快对知识点的掌握，加快学习进度。读者可以扫描每个章节中提供的教学视频二维码，获取视频列表直接在手机上观看，也可以直接登录"猿代码（www.ydma.cn）"平台在 PC 端观看，逐步掌握每个技术点。

5. 电子教案，学教通用

每本书都提供了和章节配套的电子教案（PPT）。对于学生来说，电子教案可以作为学习笔记使用，是知识点的浓缩和重点内容的记录。由于本套图书可以作为高校相关课程的教材或课外辅导书，所以可以方便教师教学使用。读者可以通过扫描对应章节的二维码，下载或在线观看电子教案。本书为部分章节提供了一些扩展文章，也可以通过扫描二维码的方式下载或在线观看。

6. 实时测试，寓学于练

每章最后都提供了专门的测试习题，供读者检验所学知识是否牢固掌握。通过扫描测试习题对应的二维码，可以查看答案和详细的讲解。

7. 技术支持，服务到位

为了帮助读者学到更多的 HTML5 技术，在兄弟连论坛（bbs.itxdl.cn）中还可以下载常用的技术手册和所需的软件。笔者及兄弟连 IT 教育（新三板上市公司，股票代码：839467）的全体讲师和技术人员也会及时回答读者的提问，与读者进行在线技术交流，并为读者提供各类技术文章，帮助读者提高开发水平，解决读者在开发中遇到的疑难问题。

本套图书的读者群

- 有审美，喜欢编程，并且怀揣梦想的有志青年。
- 打算进入前端编程大门的新手，阶梯递进，由浅入深。
- 专业培训机构前端课程授课教材，有体系地掌握全部前端技能。

➢ 各大院校的在校学生和相关的授课老师，课件、试题、代码丰富实用。
➢ 前端页面、Web APP、网页游戏、微信公众号等开发的前沿程序员，是专业人员的开发工具。
➢ 其他方向的编程爱好者，需要前端技术配合，或转向前端开发的程序员。

参与本书编写的人员还有陈家文、刘万涛和李明，在此一并表示感谢！

2017 年 8 月

目录

第 1 章 AJAX 与 jQuery 概述 1
1.1 AJAX 概述 1
1.2 AJAX 的发展史 2
1.3 AJAX 的应用场景 2
1.4 Node.js 概述 4
1.5 jQuery 概述 5
1.6 jQuery 的发展史 5
1.7 jQuery 的应用 6
1.8 本章小结 9
练习题 9

第 2 章 搭建 Node.js 服务器 11
2.1 HTTP 原理 11
2.1.1 网络通信 12
2.1.2 HTTP 协议及其工作流程 17
2.1.3 请求和响应 20
2.2 安装 Node.js 21
2.2.1 下载并安装 21
2.2.2 检查安装结果 22
2.2.3 使用 Node.js 24
2.3 搭建原生 HTTP 服务器 25
2.4 使用 express 框架 26
2.4.1 express 框架简介 27

	2.4.2	express 框架安装	27
	2.4.3	express 框架应用	30
	2.4.4	模板数据渲染	34
	2.4.5	路由分离	35
2.5	本章小结		36

第 3 章 揭开 AJAX 的神秘面纱 37

3.1	AJAX 的第一个实例程序	37
3.2	同步和异步	39
	3.2.1 同步	39
	3.2.2 异步	39
	3.2.3 同步和异步的适用场景	41
3.3	XMLHttpRequest 对象	43
	3.3.1 XMLHttpRequest 对象的方法	44
	3.3.2 XMLHttpRequest 对象的属性和事件	47
3.4	原生 AJAX 的例子	51
	3.4.1 POST 请求实例	51
	3.4.2 GET 请求实例	53
3.5	封装 AJAX 对象	54
	3.5.1 需求分析	55
	3.5.2 封装 get()方法	55
	3.5.3 封装 post()方法	58
3.6	跨域请求	60
	3.6.1 什么是跨域请求	60
	3.6.2 如何处理跨域请求	62
3.7	AJAX 的优缺点	80
	3.7.1 AJAX 的优点	80
	3.7.2 AJAX 的缺点	81
3.8	本章小结	81
	练习题	81

第 4 章 AJAX 在项目中的应用 84

| 4.1 | 瀑布流无限加载 | 84 |

4.2 表单验证 87
4.2.1 表单常用的事件 87
4.2.2 网页表单验证实例 88

第5章 jQuery 快速入门 97
5.1 jQuery 概述及其功能 97
5.1.1 访问和操作 DOM 节点 98
5.1.2 对页面的 CSS 动态控制 98
5.1.3 对页面的事件处理 98
5.1.4 对页面的动画效果的支持 99
5.1.5 对 AJAX 技术的封装 99
5.1.6 可以支持大量的插件 100
5.2 配置 jQuery 环境 100
5.2.1 jQuery 的库类型 101
5.2.2 引入 jQuery 库文件 101
5.3 第一个 jQuery 程序 101
5.3.1 JavaScript 代码的加载顺序 102
5.3.2 JavaScript 代码的注意事项 104
5.4 jQuery 的代码风格 106
5.4.1 "$" 美元符号的作用 106
5.4.2 链式操作书写代码 107
5.5 六大功能的简单应用 109
5.5.1 jQuery 访问 DOM 节点 109
5.5.2 jQuery 对页面的事件处理 112
5.5.3 jQuery 动态控制页面 CSS 113
5.5.4 jQuery 处理页面动画效果 116
5.5.5 jQuery 的 AJAX 技术应用 118
5.6 本章小结 119
练习题 120

第6章 jQuery 选择器和过滤 122
6.1 jQuery 选择器介绍 122
6.1.1 CSS 选择器 122
6.1.2 jQuery 选择器 123

6.2 jQuery 选择器的特点 124
6.2.1 简便而又灵活的写法 124
6.2.2 完善的检测机制 124
6.3 细谈 jQuery 选择器 127
6.3.1 基本选择器 127
6.3.2 层次选择器 129
6.3.3 过滤选择器 132
6.3.4 表单选择器 145
6.4 本章小结 148
练习题 148

第 7 章 jQuery 的 DOM 操作 151
7.1 什么是 DOM 151
7.1.1 DOM 概述 151
7.1.2 DOM 树操作的分类 153
7.2 元素节点的操作 153
7.2.1 获取元素节点 154
7.2.2 创建元素节点 154
7.2.3 插入元素节点 156
7.2.4 包裹元素节点 165
7.2.5 替换元素节点 167
7.2.6 删除元素节点 168
7.2.7 复制元素节点 170
7.3 属性节点的操作 171
7.3.1 普通的属性节点操作 172
7.3.2 元素的样式操作——操作 class 属性 172
7.3.3 元素的样式操作——操作 CSS 属性 174
7.4 文本节点的操作 175
7.5 遍历元素节点 178
7.6 本章小结 180
练习题 181

第 8 章 jQuery 的事件处理 183
8.1 jQuery 事件介绍 183

8.2 浏览器载入文档事件 184
8.2.1 执行时机 184
8.2.2 执行次数 185
8.2.3 简写方式 186
8.3 jQuery 的事件绑定 186
8.4 jQuery 的事件冒泡 189
8.4.1 产生冒泡的现象 189
8.4.2 处理冒泡问题 190
8.5 jQuery 事件对象的属性和方法 192
8.6 jQuery 的事件委派 193
8.6.1 delegate()方法：实现事件委派 193
8.6.2 undelegate()方法：取消事件委派 194
8.7 jQuery 的事件模拟操作 195
8.8 jQuery 的 on()和 off()方法 197
8.9 jQuery 中事件处理的实战讲解 197
8.9.1 鼠标跟随实例 197
8.9.2 轮播图实例 200
8.9.3 轮播图的其他实例 211
8.10 本章小结 211
练习题 212

第 9 章 jQuery 的动画效果 214
9.1 show()和 hide()方法 214
9.2 slideUp()和 slideDown()方法 216
9.3 fadeIn()和 fadeOut()方法 218
9.4 animate()方法——自定义动画 219
9.4.1 自定义简单动画实例 219
9.4.2 动画队列 221
9.4.3 处理动画队列操作方法 222
9.5 其他动画操作方法 226
9.5.1 toggle()方法 226
9.5.2 slideToggle()和 fadeToggle()方法 227
9.5.3 fadeTo()方法 227

XIII

9.6	本章小结	228
	练习题	228

第 10 章 jQuery 的 AJAX 应用 230

10.1	jQuery 的 AJAX 应用介绍	230
10.2	jQuery 的 load()方法	231
10.3	jQuery 的$.get()和$.post()方法	234
	10.3.1　$.get()方法	234
	10.3.2　$.post()方法	237
10.4	jQuery 的$.getScript()方法	239
10.5	jQuery 的$.getJSON()方法	240
10.6	jQuery 的$.ajax()方法	242
10.7	jQuery 的 AJAX 全局事件	245
10.8	jQuery 的其他常用方法介绍	247
	10.8.1　serialize()和 serializeArray()方法	247
	10.8.2　$.ajaxSetup()方法全局设置 AJAX 配置属性	249
10.9	综合实例——使用 jQuery 的 AJAX 实现广播效果	249
10.10	本章小结	253
	练习题	253

附录 A　jQuery 速查表 255

第1章

AJAX 与 jQuery 概述

学习完 JavaScript 的基础部分，本书主要讲解 JavaScript 的实际应用部分——AJAX 和 jQuery。AJAX 是连接服务器与客户端的一座桥梁，能让用户感受到更多的实时数据和获得更好的体验；jQuery 则是开发人员的好帮手，它实质上是 JavaScript 的一个函数库，可以帮助开发人员极其快速地完成页面特效。

注意：为了学习 AJAX 技术，读者必须会搭建后端服务器。因此，本章简单学习一门服务器语言——Node.js。

请访问 www.ydma.cn 获取本章配套资源，内容包括：
1. 本章的学习视频。
2. 本章所有实例演示结果。
3. 本章习题及其答案。
4. 本章资源包（包括本章所有代码）下载。
5. 本章的扩展知识。

1.1 AJAX 概述

AJAX 国内常翻译（仅音译）为"阿贾克斯"，和"阿贾克斯足球队"同音。这个术语源自描述从基于 Web 的应用到基于数据的应用的转换。在基于数据的应用中，用户需求的数据（如联系人列表）可以从独立于实际网页的服务器端取得，并且可以被动态地写入网页中，给缓慢的 Web 应用体验着色，使之像桌面应用一样。

从目前来看，AJAX 的应用范围非常广泛。如果用一句话来总结 AJAX 的意义，那就是：

AJAX 大幅提升了用户体验。

结合计算机的发展趋势，可以发现 AJAX 正好代表了这种趋势。自从计算机问世以来，桌面软件始终占据主导地位，但是互联网的出现使这一切开始发生了转变——不久的将来，计算机软件和数据将会从桌面转移到移动互联网上。也就是说，将来的计算机有可能抛弃笨重的硬盘，直接从移动互联网上获取数据和服务。

其中的一个主要问题就是互联网的连接是不稳定的，谁都不希望在获取服务时断断续续地从服务器上下载数据。AJAX 解决了这个问题吗？实质上，AJAX 并不是解决了这个问题，而且巧妙地绕过了这个问题。它只是在服务器端和客户端之间充当了一个缓冲器，让客户端和服务器端时刻保持"连接通信状态"。

换个角度来看待这个问题，AJAX 并不能提高从服务器端下载数据的速度，但它却让这个数据请求过程变得不那么令人生厌。也正是基于这一点，AJAX 对整个 IT 行业的走势产生了巨大的影响，尤其是对桌面软件产生了巨大的冲击。

1.2 AJAX 的发展史

AJAX 在 1998 年前后得到应用。允许客户端脚本发送 HTTP 请求（XMLHTTP）的第一个组件由 Outlook Web Access 小组编写而成。该组件原属于微软 Exchange Server，并且迅速成为 Internet Explorer 4.0 的一部分。部分观察家认为，Outlook Web Access 是第一个应用 AJAX 的成功的商业应用程序，并成为包括 Oddpost 的网络邮件产品在内的许多产品的领头羊。2005 年年初，一系列事件的发生使得 AJAX 逐渐被大众所接受。Google 在其著名的交互应用程序中使用了异步通信，如 Google、Google 地图、Google 搜索建议、Gmail 等。AJAX 一词由 *AJAX: A New Approach to Web Applications* 一文所创，该文的迅速流传增强了人们使用该项技术的意识。另外，对 Mozilla/Gecko 的支持使得该项技术走向成熟，变得更为易用。

可以看到，虽然 AJAX 出生于微软，但是并没有得到重视。Google 发现了其市场价值并进行大力推广和研发，这也使得 Google 在 AJAX 技术方面达到了微软无法企及的高度。

1.3 AJAX 的应用场景

如今，AJAX 的应用场景非常广泛的，也成为开发人员的必备技能。

可以使用 AJAX 来验证表单（见图 1-1）。通过 AJAX 让前台数据和后台数据实时通信，形成一个完整的数据库闭环，让用户能够时刻获得准确的数据信息，大幅提升用户体验。

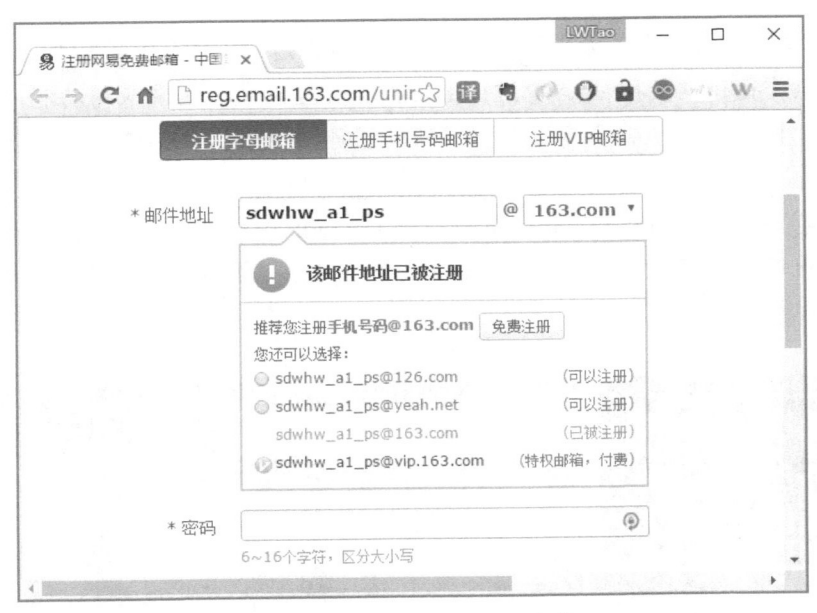

图 1-1　使用 AJAX 来验证表单

可以使用 AJAX 来实现瀑布流效果（见图 1-2）。从表面上看是为了完成非常炫酷的页面特效，但实质上是为了分批异步给客户端发送资源，用来缓解服务器端一次请求产生的巨大压力。

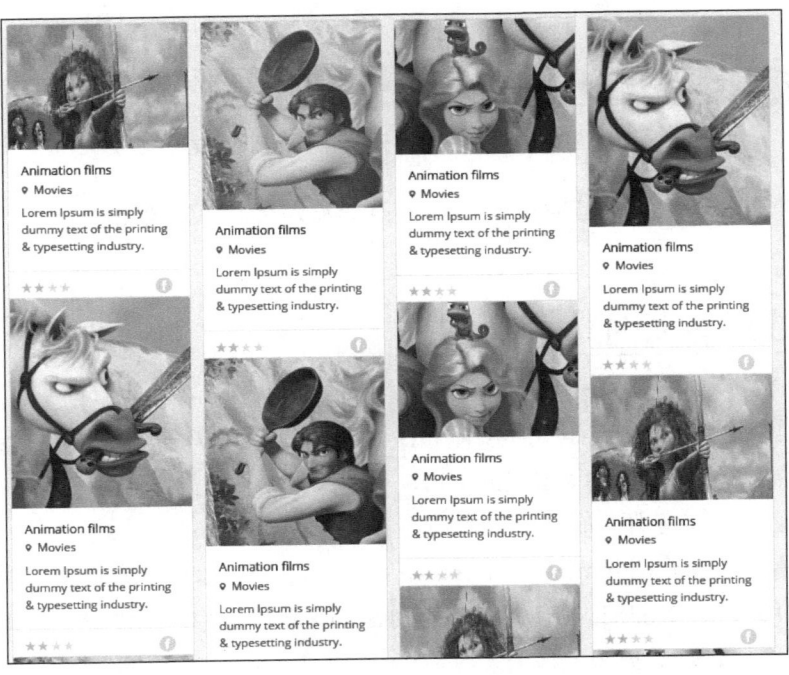

图 1-2　使用 AJAX 来实现瀑布流效果

与此同理，无刷新删除、无刷新上传图片等功能都是为了减轻服务器端的压力。它通过服务器提供操作接口，使用 AJAX 进行部分数据交互，从而实现应用功能；而不像传统的处理方式那样，在提交整个网页后，重新向服务器请求资源，这是对服务器资源的极大浪费。

近几年盛行的 Web APP 开发也是基于 AJAX 实现的（见图 1-3）。结合 APP 独立访问入口和 Web 统一管理资源两大特点，使得 Web APP 的开发效率极高，维护成本也非常低，从而受到大众追捧。

图 1-3　使用 AJAX 进行 Web APP 开发

综上，要想开发一个优质的系统，AJAX 是开发人员的必备技能。

1.4 Node.js 概述

Node.js 是一个 JavaScript 运行环境库。它不仅对 Google V8 引擎进行了封装，而且对一些特殊用例进行了优化，提供了替代的 API，使得 V8 在非浏览器环境下运行得更为流畅，让 JavaScript 运行在服务器端成为现实。

Node.js 是一个基于 Chrome JavaScript 运行时建立的平台，用于方便地搭建响应速度快、易于扩展的网络应用。Node.js 因使用事件驱动、非阻塞 I/O 模型而得以轻量和高效，非常适合在分布式设备上运行数据密集型的实时应用。

Node.js 取代了 LAMP 中的 Apache,但它不仅仅是一种简单的 Web 服务器。使用 Node.js，不会将完成后的应用程序部署到单机的 Web 服务器上；相反，Web 服务器已经包含在应用程序中。这样一来，应用程序在进行部署的时候就得到了极大的简化，因为其所需的 Web 服务版本及运行时的依赖关系同时得到了明确定义。比如我们使用 Express 生成的项目，app.js 文件定义了 Web 服务器，package.json 文件定义了组件的依赖关系。此外，Node.js 在 Windows 和 OS X 上的运行情况与在 Linux 上一样优秀。

由于本书主要学习 AJAX，而 AJAX 实现了客户端与服务器端的少量数据通信，所以此刻我们需要使用 Node.js 搭建自己的后端服务器。将 Node.js 当作我们的 Web 服务器，语法基于 JavaScript，这样我们写起来会非常顺手，而不用再去特意学习一门后台语言。

本书只简单介绍如何使用 Node.js 搭建一台服务器，配合客户端完成对 AJAX 的学习。

1.5 jQuery 概述

随着 Web 的快速发展，jQuery 是继 Prototype 之后又一个优秀的 JavaScript 库。它是轻量级的 JavaScript，不仅兼容 CSS 3，还兼容各种浏览器（IE 6.0+、Firefox 1.5+、Safari 2.0+、Opera 9.0+），但 jQuery 2.0 及后续版本将不再支持 IE 6/7/8 浏览器。jQuery 不仅使用户能更方便地处理 HTML（标准通用标记语言下的一个应用）和 event（事件），实现动画效果（animation），并且能够方便地为网站提供 AJAX 交互。jQuery 的另一个比较大的优势是，它的文档说明齐全，而且各种应用也介绍得很详细，同时还有许多成熟的插件可供选择。jQuery 能够使用户的 HTML 页面保持代码和 HTML 内容分离，也就是说，不用再在 HTML 里面插入一堆 JavaScript 来调用命令了，只需定义 id 即可。

jQuery 是免费、开源的，使用 MIT 许可协议。jQuery 的语法设计可以使开发更加便捷，包括操作文档对象、选择 DOM 节点、制作动画效果、事件处理、使用 AJAX 及其他功能。除此以外，为了便于开发者编写插件，jQuery 提供了各种 API。其模块化的使用方式使开发者可以很轻松地开发出功能强大的静态或动态网页。

jQuery，顾名思义，也就是 JavaScript 和查询（Query），即辅助 JavaScript 开发的库。

1.6 jQuery 的发展史

jQuery 是一个兼容多种浏览器的 JavaScript 库。2006 年 1 月，美国人 John Resig 在纽约的 BarCamp 发布了 jQuery 的第一个版本，吸引了来自世界各地的 JavaScript 高手加入，并由 Dave Methvin 率领团队开始进行研发。

2006 年 8 月，jQuery 发布了第一个稳定版本，支持 CSS 选择符、事件处理与 AJAX 交互。

2007 年 7 月，jQuery 1.1.3 版本发布，这次小版本的变化包含了对 jQuery 选择符引擎执行速度的显著提升。从这个版本开始，jQuery 的性能达到了 Prototype、Mootools 及 Dojo 等同类 JavaScript 库的水平。同年 9 月，jQuery 1.2 版本发布，它舍弃了对 XPath 选择符的支持，原因是相对于 CSS 语法它已经变得多余了。这个版本能够对效果进行更为灵活的定制，而且借助新增的命名空间事件，也使插件开发变得更容易。同时，jQuery UI 项目也开始启动，这个新的套件是作为曾经流行但已过时的 Interface 插件的替代项目而发布的。jQuery UI 中包含大量预定义的部件（Widget），以及一组用于构建高级元素（如可拖放、拖曳、排序）的工具。

2009 年 1 月，jQuery 1.3 版本发布，它使用了全新的选择符引擎 Sizzle，在各个浏览器下全面超越同类 JavaScript 框架的查询速度，程序库的性能也因此获得了极大提升。

在 jQuery 迅速发展的同时，一些大型厂商也看中了商机。2009 年 9 月，微软和诺基亚正式宣布支持开源的 jQuery 库。另外，微软还宣称将把 jQuery 作为 Visual Studio 工具集的一部分。它将提供包括 jQuery 的智能提示、代码片段、示例文档编辑等内容在内的功能。与此同时还有 Google、Intel、IBM、Intui 等公司的加入。

2010 年 2 月，jQuery 1.4.2 版本发布，它新增了有关事件委托的两个方法：delegate()和undelegate()。delegate()方法用于替代 1.3.2 版本中的 live()方法。这个方法比 live()方法使用起来更方便，而且可以达到动态添加事件的效果。比如，给表格的每个 td 绑定 hover 事件。

2013 年 4 月，jQuery 2.0 版本正式发布，它变得更快、更轻，并且不再支持低版本的浏览器，如 IE 6/7/8。

2016 年 6 月，jQuery 3.0 版本发布，它也是 jQuery 的一个新的里程碑。它将更加轻便、快捷，并且兼容更多的浏览器。它还统一了前两个版本的 API 接口，并修补了大量 Bug。

1.7 jQuery 的应用

jQuery 是一个非常强大的 JavaScript 库，它对 JavaScript、CSS、DOM、AJAX 等的操作步骤已经简化到极致，其主旨思想是：用更少的代码，实现更多的功能（write less,do more）。

目前大部分网站和前端框架的开发都少不了 jQuery，常见的有：

- jQuery Mobile（见图 1-4）。它主要应用于移动端网页开发，不仅会给主流移动平台带来 jQuery 核心库，而且会发布一个完整统一的 jQuery 移动 UI 框架。它支持全球主流的移动平台。

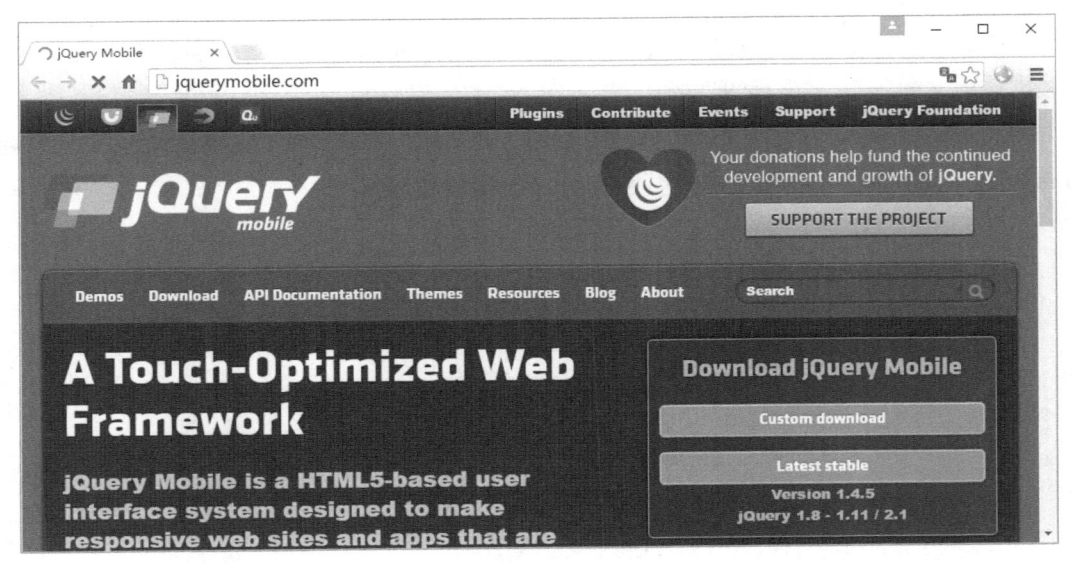

图 1-4　jQuery Mobile 官网

➢ jQuery WeUI 是 WeUI 的一个 jQuery 实现版本，在继承 jQuery 后，除实现了官方插件外，还提供了诸如下拉刷新、日历、地址选择器等丰富的拓展组件。
➢ Bootstrap 的基本框架结构也需要 jQuery 提供相应的支持（见图 1-5）。

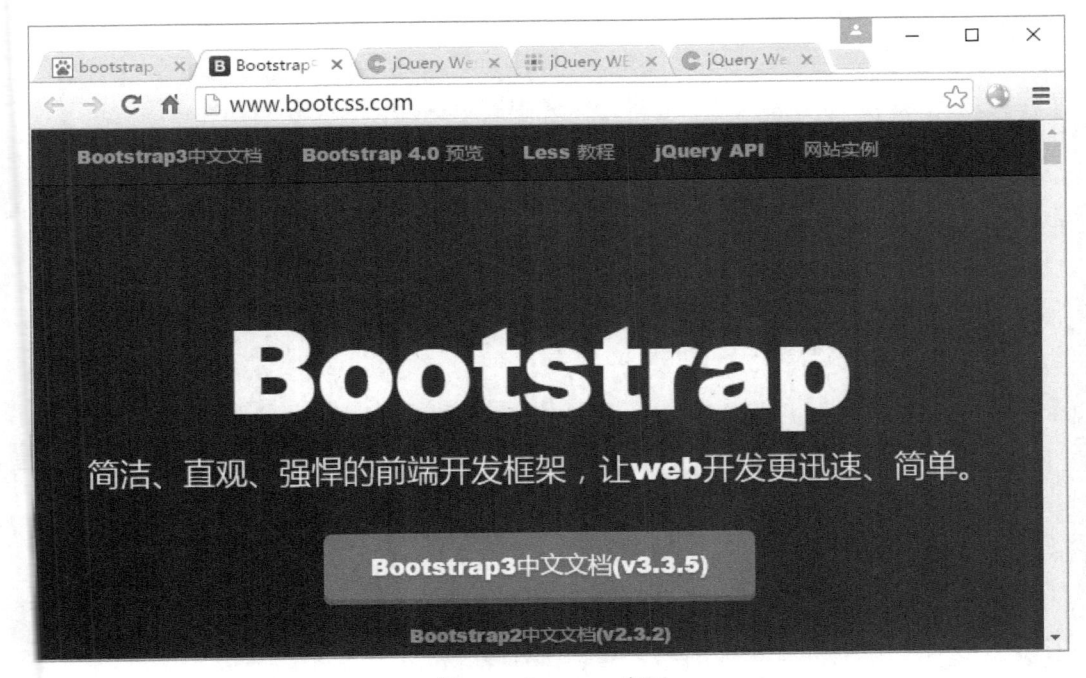

图 1-5　Bootstrap 官网

➢ 大量的 JavaScript 插件都是基于 jQuery 实现的。

以上列举的都是我们常见的前端框架，且都是基于 jQuery 存在的，其实在实际开发中也经常使用 jQuery 库来进行快速操作。

如图 1-6 和图 1-7 所示，表单、AJAX 运用、DOM 节点的处理（如瀑布流）、事件处理、动画处理（如轮播图）等功能都可以使用 jQuery 来快速实现。

图 1-6　表单的验证

图 1-7　"猿代码"教育平台的轮播图

1.8 本章小结

本章简单介绍了 AJAX、Node.js 和 jQuery 的背景知识,让读者对本书有一个概括性的认知。接下来,我们开始正式学习。

练习题

一、选择题

1. 下列关于 AJAX 发展史的说法,不正确的是（ ）。
  A．AJAX 诞生于 IE,但是由 Google 大力推广的
  B．目前 AJAX 技术已经解决了互联网与客户端之间的数据传输效率问题
  C．AJAX 在 Internet Explorer 4.0 时就开始得到运用
  D．AJAX 技术主要通过异步请求来缓解数据缓冲带来的不良的用户体验

2. 下面关于 Node.js 的叙述,错误的是（ ）。
  A．Node.js 的底层是基于 Google 的 V8 引擎运行的
  B．Node.js 将运行环境和项目绑定在一起,非常方便项目的部署和移植
  C．Node.js 是非阻塞 I/O 模型,非常适合在分布式设备上运行数据密集型的实时应用
  D．上述三个选项不全正确

3. 下面关于 jQuery 的叙述,不正确的是（ ）。
  A．jQuery 是一个兼容多浏览器的 JavaScript 库,其核心理念是 "write less,do more"
  B．jQuery 1.x 是最初的版本库,里面包含大量的易用方法
  C．jQuery 2.x 相比于 jQuery 1.x 来说,性能更好,更加轻便,支持的浏览器版本更多
  D．jQuery 3.x 统一了前两个版本,成为 jQuery 的最终版本,其他版本不再更新

4. 下面哪些框架包含 jQuery?（ ）
  A．Bootstrap
  B．jQuery Mobile
  C．WeUI
  D．Angular.js 框架

5．下面哪些场景运用了 AJAX？（　　）

A．瀑布流　　　　　　　　　　B．表单提交

C．重组 DOM 节点　　　　　　D．图片上传

二、简答题

1．简单阐述一下 AJAX 的作用。

2．Node.js 和 Apache 相比，有什么共同点和不同点？

3．简单阐述一下 jQuery 各个版本的意义。

第 2 章

搭建 Node.js 服务器

使用 AJAX 就是为了向服务器请求数据。为了使读者更好地练习使用 AJAX，本章将带领大家动手搭建一台 Web 服务器。在这里笔者选择使用 Node.js 服务器，因为 Node.js 使用的语言是 JavaScript，读者完全没有必要为了学习 AJAX 再去学习另一门编程语言。然而，笔者首先需要讲解一下 HTTP 原理，以便于读者更好地理解客户端和服务器端通信的原理。接着讲解 Node.js 服务器的安装和使用。学习完本章内容，读者也可以自己搭建 Web 服务器，并练习使用 AJAX。

请访问 www.ydma.cn 获取本章配套资源，内容包括：
1. 本章的学习视频。
2. 本章所有实例演示结果。
3. 本章习题及其答案。
4. 本章资源包（包括本章所有代码）下载。
5. 本章的扩展知识。

2.1 HTTP 原理

在这里笔者首先讲解一下 HTTP 原理，让大家熟悉客户端请求服务器（B/S 架构）是怎样的流程。

2.1.1 网络通信

在介绍 HTTP 协议之前，笔者先给大家讲解一下网络通信的基本原理。为了保证数据能够从目标源到达目的地，并且保证数据的完整性，两端都要使用的规范就是协议。协议决定了数据的格式和传输的一组规则或者惯例。

数据经过转化以电子信号的形式在目标之间进行传递，在目的地再把数据还原成原始状态。为了降低网络设计的复杂性，开发人员对协议进行了分层设计，意义在于使用户服务层模块独立于通信线路和通信硬件接口，从而使得应用层协议的设计只关注应用层本身，而不必关心底层是怎么实现的。网络 OSI 7 层架构如图 2-1 所示。

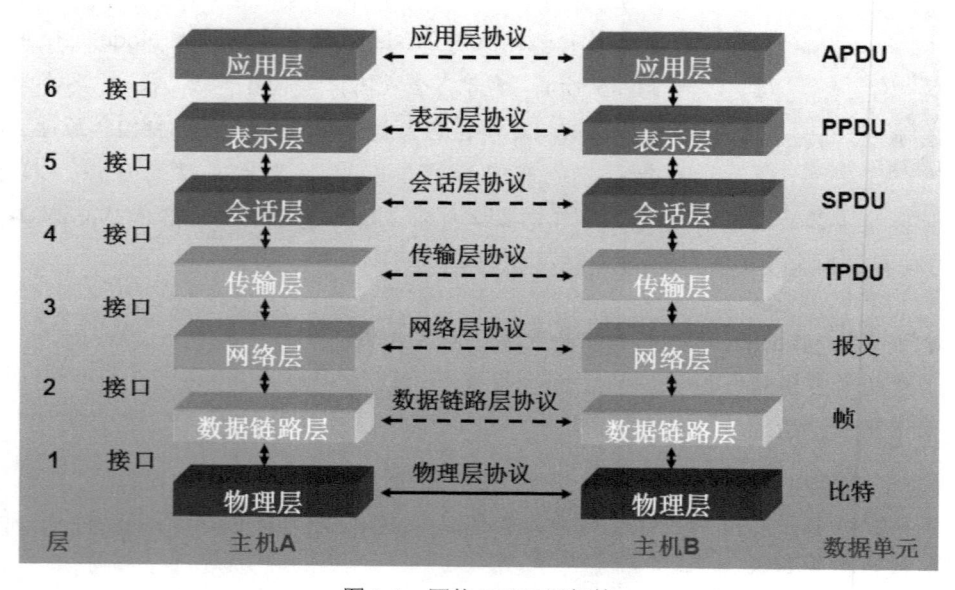

图 2-1 网络 OSI 7 层架构

数据在进行传输的时候，从最原始的数据开始，经过一层又一层的处理，最终变成电子信号；在到达目的地之后，从电子信号开始，一步一步向上解析，最终还原成最原始的数据。那么，是什么保证了数据在还原的时候不会出错呢？这就是协议，在每次处理数据的时候，都会给这个数据加上一个自己的协议包头，这样在解析数据的时候只要按照这些包头操作就不会出错了，如图 2-2 所示。

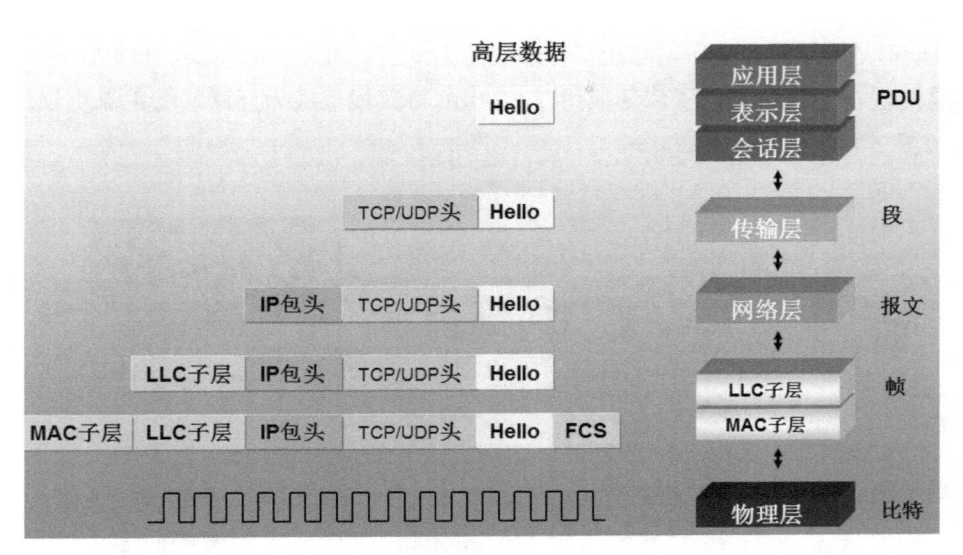

图 2-2　协议描述

举一个邮局的例子。应用层就好比写信人和收信人，笔者要写信给小明，使用的协议就是汉字，这样双方都能看得懂；写完之后笔者将信交给邮局，邮局就好比传输层，负责处理我们的信件，邮局和邮局之间也使用相同的协议（信件分发规则，或者内部查询代码等），便于邮局之间的沟通；之后再通过运输部门送到指定的地点，如图 2-3 所示。

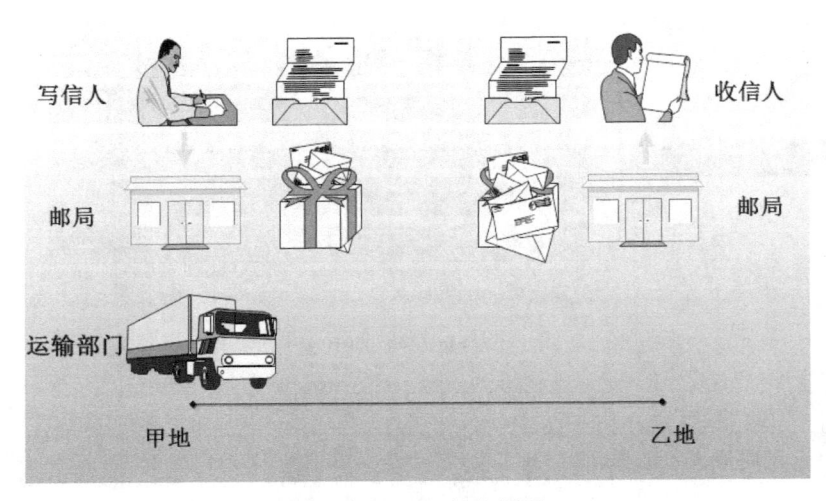

图 2-3　邮局运输实例图

由于 OSI 模型过于复杂，因而没有得到广泛应用。20 世纪 70 年代中期，美国国防部为 ARPANET 开发了 TCP/IP 网络体系结构。TCP/IP 是一组用于实现网络互联的通信协议。Internet 网络体系结构以 TCP/IP 为核心。基于 TCP/IP 的参考模型将协议分成 4 个或 5 个层

次，4 层分别是网络接口层、网络层、传输层（主机到主机）和应用层。TCP/IP 模型因其开放性和易用性在实践中得到了广泛应用，TCP/IP 协议栈也成为互联网的主流协议。TCP/IP 模型图如图 2-4 所示。

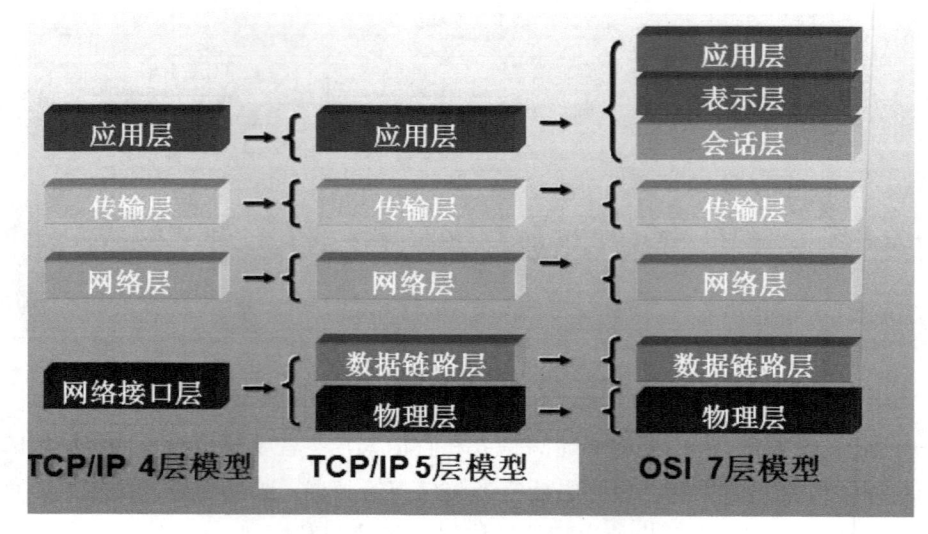

图 2-4 TCP/IP 模型图

TCP/IP 各层对应的协议如图 2-5 所示。

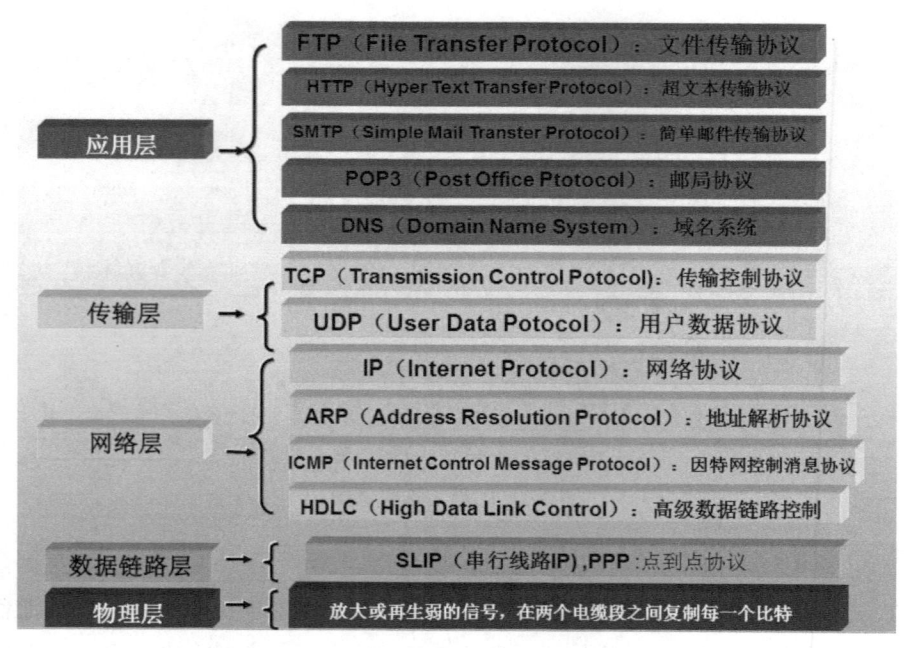

图 2-5 TCP/IP 各层对应的协议

结合图 2-5，我们来看一下数据是怎么传输的。数据在进行传输的时候，首先由应用层的协议封装后交给传输层；传输层封装 TCP 首部，交给网络层；网络层封装 IP 首部，再交给数据链路层；数据链路层封装以太网首部和尾部，最后交给物理层，物理层以比特流的形式将数据传输到物理的线路上，如图 2-6 所示。

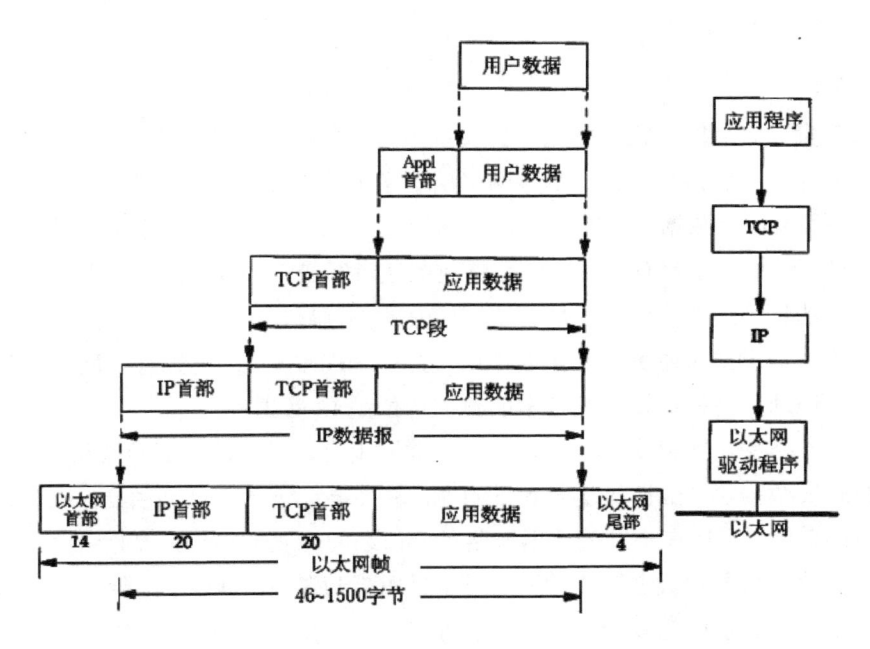

图 2-6　TCP/IP 数据传输示意图

下面笔者再针对每一层进行简单的说明。

1. 物理层

物理层是 TCP/IP 模型的底层，为设备之间的数据通信提供可靠的物理连接。物理层定义了物理链路的建立、维护和规范。在物理层中，包括信号线的功能、0 和 1 的电平表示、数据传输速率、物理连接器规格及其相关属性。物理层的作用是通过传输介质发送和接收二进制比特流。

物理层的设备包括光纤、电缆、无线信道、计算机、终端、插头、接收器、发送器等，用来给数据传输提供介质。

2. 数据链路层

数据链路层是为网络层提供服务的，解决了两个节点之间的通信问题。它传输的数据单元为帧。该层负责网卡设备的驱动、帧的同步、冲突检测、数据差错校验等工作。

数据帧中包含物理地址（MAC 地址）、控制码、数据及校验码等信息。通过校验、确认和反馈重发等手段，将不可靠的物理链路转换成对网络层来说无差错的数据链路。此外还会

协调收发双方的传输速率，进行流量控制，防止接收方因来不及处理发送方传来的高速数据而导致缓冲器溢出及线路阻塞。

交换机由于运行在数据链路层，所以被称为二层网络设备。它一般只能识别帧中的源和目的地的 MAC 地址进行数据传输。其优点是算法简单，转发效率极高；缺点是只能识别 MAC 地址，不能划分子网。

3．网络层

网络层负责点到点的传输，即从一台设备到另一台设备，通过全局唯一的 IP 地址来保证数据准确无误地到达指定的目标端。网络层定义了基于 IP 的逻辑地址，能够连接不同的媒介类型，并且会选择数据通过网络的最佳途径。为了防止通信子网中出现过多的数据包而造成网络阻塞，网络层还拥有对流入的数据包数量进行控制的权利；当数据包要跨越多个通信子网才能到达目的地的时候，还能解决网际互联的问题。

网络层为传输层提供服务，其主要作用是提供全局唯一的 IP 地址。网络层地址由两部分组成：网络地址和主机地址。其基本的数据单位是 IP 数据报。

路由器在网络层，所以是第三层设备。互联网上有大量的路由器负责根据 IP 地址选择合适的路径转发数据包，数据包从源到目的地，往往要经过十几台路由器。同时，路由器还具有交换机的功能，可以在不同的数据链路层接口之间转发数据包，因此路由器需要将传进来的数据包拆掉网络层和数据链路层两层首部并重新封装。IP 协议不能保证数据传输的可靠性，数据包在传输过程中可能会丢失，可靠性可以在上层协议或应用程序中获得支持。

4．传输层

我们知道，网络层仅仅保证了源主机和目标主机的连接，IP 协议并不能保证数据的安全性和可靠性。

于是，基于 IP 协议，又有了第四层——传输层协议，负责为上层协议提供可靠和透明的数据传输服务，包括处理差错控制和流量访问等。该层向高层屏蔽了下层数据通信的细节，使高层用户看到的只是在两个传输实体间的一条从主机到主机的、可由用户控制和设定的、可靠的数据通路。

传输层的协议数据单元称为段或报文。主要的协议有 TCP（Transmission Control Protocol）和 UDP（User Datagram Protocol）。TCP 是面向连接的可靠传输协议，UDP 用于提供简单的无连接服务。

5．应用层

传输层仅仅保证了数据安全、可靠地传输，并不能确定数据的准确去向，也就是准确到达指定的服务或者应用，于是就有了基于 TCP/IP 或者 UDP/IP 协议的应用层。

应用层为用户提供所需的各种服务，是用户与网络的接口。该层通过应用程序来满足网络用户的应用需求。应用层提供的协议主要有文件传输协议（FTP）、超文本传输协议（HTTP）、简单邮件传输协议（SMTP）、域名系统（DNS）、动态主机配置协议（DHCP）等。

目标主机收到数据包后，如何经过各层协议栈最后到达应用程序呢？整个过程如图 2-7 所示。

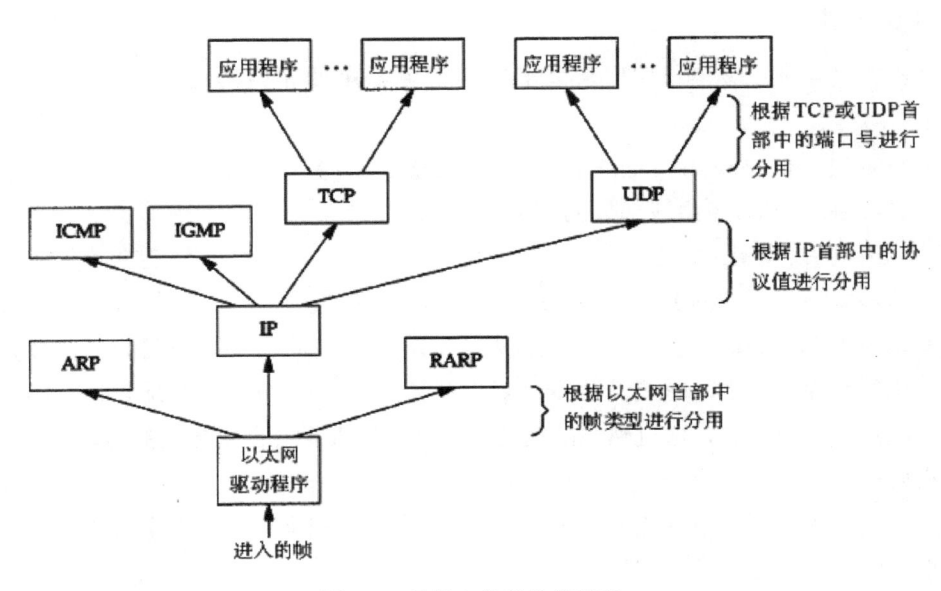

图 2-7　目标主机的数据处理

我们常说的 HTTP 协议就是位于应用层的一个协议。明白了数据在网络中是如何通信的，接下来深入理解 HTTP 协议。

2.1.2　HTTP 协议及其工作流程

在 TCP/IP 的模型图中，读者可以看到，HTTP 协议位于最上层的应用层，它是互联网上应用最为广泛的一种网络协议，所有的 WWW 文件都必须遵守这个协议。

HTTP 是一个由请求和响应组成的、标准的客户端/服务器端模型（B/S 结构）。HTTP 协议永远是由客户端发起请求，服务器端给予响应，如图 2-8 所示。

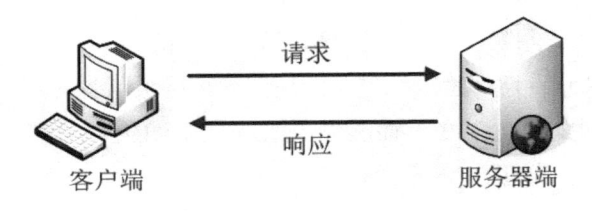

图 2-8　HTTP 请求

HTTP 协议是一种无状态协议。无状态是指客户端和服务器端之间不需要建立持久的连接，客户端发起一个请求，服务器端返回响应，这个连接就会被关闭，在服务器端不会保留该请求的有关信息。

HTTP 协议的工作流程如下。

1．地址解析

HTTP 协议是通过标准 URL 来请求指定服务器中的指定服务的。一个标准的 URL 如下：

http://www.baidu.com:80/index.html?name=tom&age=18

下面详细讲解 URL 各组成部分的含义。

（1）http：协议类型。这里指的是要发送的是什么协议，还可以是 FTP 等其他协议。而这里请求的是服务器中的网页，所以使用的是常见的 HTTP 协议。

（2）www.baidu.com：主机名。通过主机名，可以准确定位到要访问的那台服务器。而在前面所说的网络通信中，IP 是可以唯一标识服务器地址的，但 IP 烦琐复杂，很难记忆，所以人们就想了一个办法，通过熟悉的英文、数字等来表示一台服务器的地址，称为域名。这样就需要一个文件（作为一个数据仓库）把 IP 和域名一一对应起来。在很早的时候，我们确实是这么做的，不过随着 IP 越来越多，文件也变得越来越大，不堪负重。于是人们就想到了把这些一一对应的关系都放到一台统一的服务器上，这台服务器被称为 DNS 域名解析系统，它负责把域名解析成对应的 IP。

（3）80：端口号。用户已经可以通过域名或者 IP 访问到一台服务器了，但是一台服务器里有那么多的服务和应用，怎样才能准确找到用户需要访问的那个服务或应用呢？在服务器中，每个服务和应用都会开启一个进程，都会有一个进程号（PID），如果对外提供服务，则还会有一个唯一的端口号，外部应用可以直接通过这个端口号访问到指定的服务和应用。端口号为 0～65 535，一些常用的服务和应用都有默认的端口号，一般不能轻易更改，比如 Web 服务器的 80 端口、远程连接 SSH 服务的 22 端口、数据库 MySQL 的 3306 端口等。因为 80 端口是 Web 服务器的默认端口，所以在写 HTTP 请求的 URL 的时候，80 端口一般是省略的。

（4）index.html：请求的文件名。用户通过域名和端口号已经能访问到 Web 服务器了，接下来就可以通过文件名来访问指定的文件。Web 服务器一般都设置好了路由，不同的路由所提供的访问文件的形式可能不一样，但核心都是一样的。

（5）?name=tom&age=18：请求参数。即使同一个网页，针对不同的用户，服务器返回给客户端的信息可能也是不一样的。而服务器就是通过 URL 中"?"后面携带的参数不同来响应不同的用户或者同一个用户的不同请求的。

2. 封装 HTTP 请求

这一步会把上面写的 URL 及本机的一些信息封装成一个 HTTP 请求数据包，后面笔者会详细说明。

3. 封装 TCP 包

第三步就是封装 TCP 包，建立 TCP 连接，也就是我们常说的"三次握手"。由于 HTTP 协议位于最上层的应用层，所以 HTTP 协议在工作之前要先由 TCP 和 IP 协议建立网络连接，这就是 TCP/IP 协议族，因此互联网又被称为 TCP/IP 网络。

这里介绍一下 TCP/IP 协议的"三次握手"。先由客户端发送建立连接的请求，客户端发送一个 SYN 包，等待服务器端的响应；服务器端收到 SYN 包之后，返回给客户端一个表示确认的 SYN 包；客户端收到确认 SYN 包之后向服务器端发送 ACK 包，发送完之后开始建立连接，如图 2-9 所示。

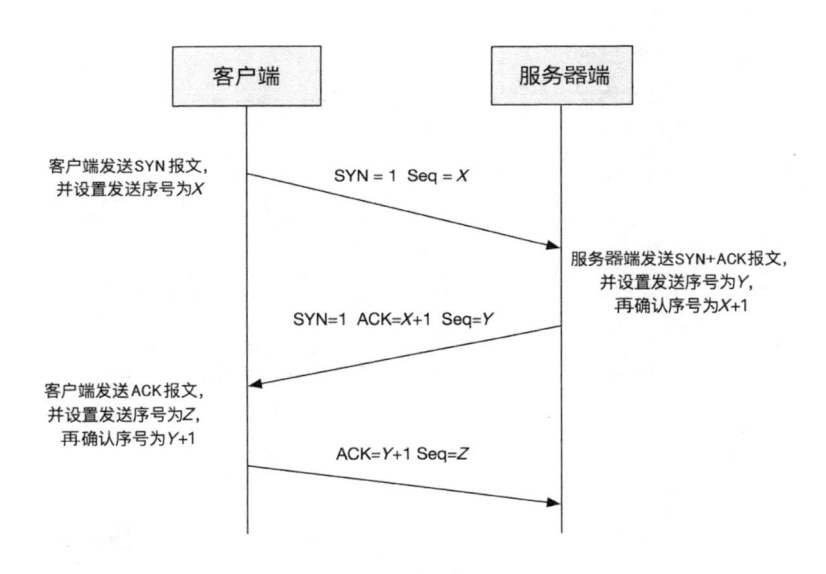

图 2-9 TCP/IP 协议的"三次握手"

4. 客户端发送请求命令

第四步就是在连接建立之后，客户端发送 HTTP 请求到服务器端，与请求相关的信息都会包含在请求头和请求体中。

5. 服务器端响应

服务器端收到请求之后，根据客户端的请求发送给客户端相应的信息。相关的响应信息都会放在响应头和响应体中。

6. 关闭连接

服务器端在发送完响应之后，就会关闭连接。如果客户端的请求的头信息中有 Connection-alive，那么服务器端在响应完这个请求之后不会关闭连接，直到该客户端的所有请求都响应完毕才会关闭连接，从而大大节省了带宽和 I/O 资源。

2.1.3 请求和响应

HTTP 请求由两部分组成：HTTP 消息头和 HTTP 消息体。消息头告诉服务器该请求是做什么的，消息体告诉服务器怎么做。比如访问一个页面，消息头可以到浏览器的调试中心查看，而消息体需要用户单击鼠标右键查看源码，那些 HTML 代码就是服务器端返回给客户端的消息体。

HTTP 消息体由三部分组成：请求行、请求头和请求正文，如图 2-10 所示。

```
▼ Request Headers    view parsed
  GET / HTTP/1.1                  请求行
  Host: www.itxdl.cn
  Connection: keep-alive          请求头
  Cache-Control: max-age=0
  Upgrade-Insecure-Requests: 1
  User-Agent: Mozilla/5.0 (Macintosh; Intel Mac OS X
  10_12_5) AppleWebKit/537.36 (KHTML, like Gecko) Ch
  rome/59.0.3071.86 Safari/537.36
  Accept: text/html,application/xhtml+xml,applicatio
  n/xml;q=0.9,image/webp,image/apng,*/*;q=0.8
  Accept-Encoding: gzip, deflate
  Accept-Language: zh-CN,zh;q=0.8,en;q=0.6
  Cookie: UM_distinctid=15cae6aef3f2a-06f8414ac81c33
```

图 2-10 HTTP 消息体组成

1. 请求行

HTTP 消息体的第一行是请求行，里面有请求方法、URL、协议版本等。比如在图 2-10 中，请求方法是 GET，URL 是/，协议版本是 HTTP/1.1。

常见的请求方式有 GET 和 POST。GET 方式主要用于获取网络资源，POST 方式主要用于表单提交。由于 GET 方式的参数是在地址栏中的，所以总是可见的，不是很安全，而且对长度也有限制。而 POST 方式的参数是封装成实体之后发送给服务器的，是不可见的，相对比较安全，用户的敏感信息一般采用 POST 方式提交。

2. 请求头

每个头域都由一个头域名、冒号和值域组成。下面介绍一些常见的头域。

（1）Connection：表示是否需要持久连接。如果服务器看到它的值为 keep-alive，或者请求协议使用的是 HTTP/1.1（默认使用持久连接），同一个页面若包含多个资源，则只会使用一个连接，如 Connection:keep-alive。如果设置了 Connection:close，则每一个请求结束都会关闭连接，新的请求又会重新建立连接。一个网页至少有几十个资源请求，这样一来很浪费带宽和时间。

（2）Host：这是必需的，表示请求的服务器地址是什么，它是从 URL 中提取出来的。比如 http://www.baidu.com/ 的 Host 就是 www.baidu.com。这里是 80 端口，默认省略；如果是其他端口，比如 http://www.baidu.com:8080，则 Host 是 www.baidu.com:8080。

（3）Accept：浏览器可以接受的媒体类型（MIME 类型），如 Accept:text/html 代表浏览器可以接受 HTML 文档。"*"代表接受任何类型，如 Accept:*/*。

（4）Accept-Encoding：浏览器申明自己接受的编码方法，通常指定压缩方法、是否支持压缩、支持什么格式的压缩。

3．请求正文

请求正文也叫请求数据，在使用 POST 方式提交表单数据的时候，这些表单数据就会被放在 HTTP 消息体的请求正文中，以加密的形式向服务器传输。

2.2 安装 Node.js

要想使用 Node.js，首先需要安装。Node.js 的安装比较简单，鉴于使用 Windows 的用户比较多，这里基于 Windows 10 系统来安装，基于 Mac OX 和 Linux 系统的安装教程我们会在本节的最后给出链接地址。

2.2.1 下载并安装

进入 Node.js 官网：

https://nodejs.org/zh-cn/

单击下载 v6.9.4 LTS 官网推荐版本，如图 2-11 所示。

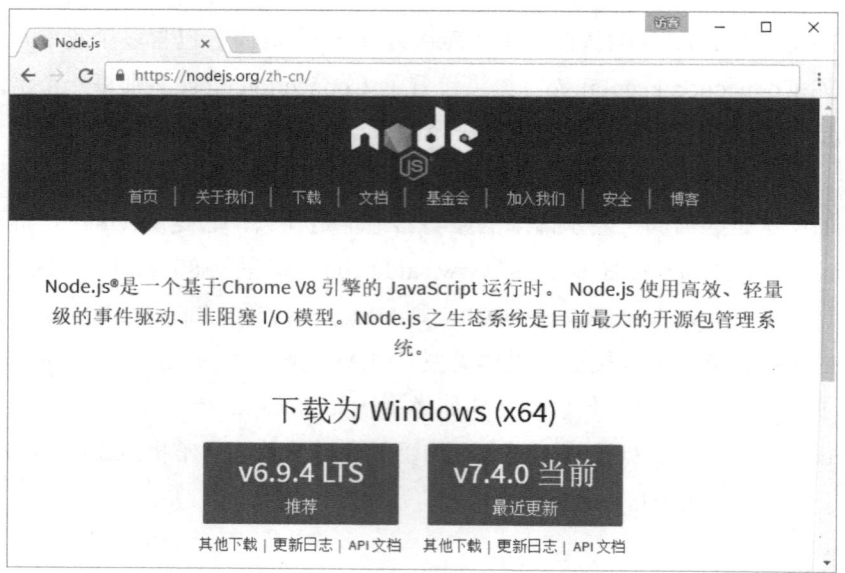

图 2-11　Node.js 官网

找到下载的安装包，双击安装，一直单击 Next 按钮即可完成安装，如图 2-12 所示。

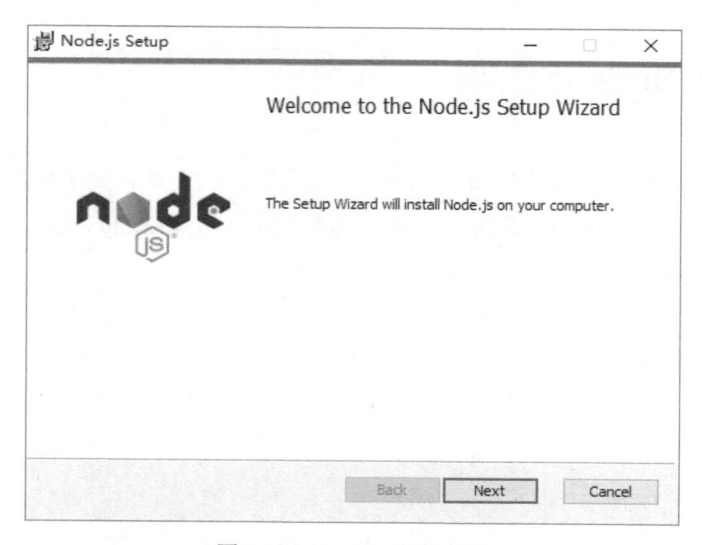

图 2-12　Node.js 安装界面

2.2.2　检查安装结果

使用 Win+R 组合键打开"运行"对话框，输入"cmd"进入命令行，如图 2-13 所示；或者用鼠标右键单击"开始"菜单（Windows 10），在弹出菜单中找到命令提示符并打开。

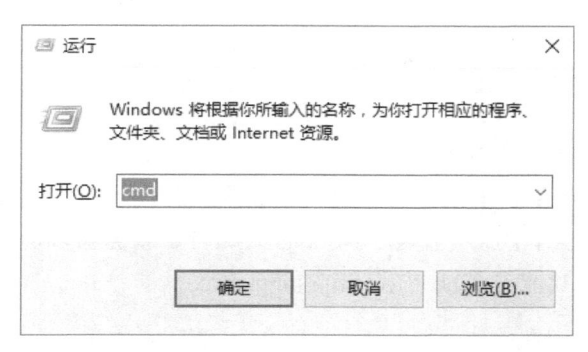

图 2-13　通过"运行"对话框进入命令行

然后输入以下命令：

```
node -v
```

看到版本号就说明安装成功了，如图 2-14 所示。

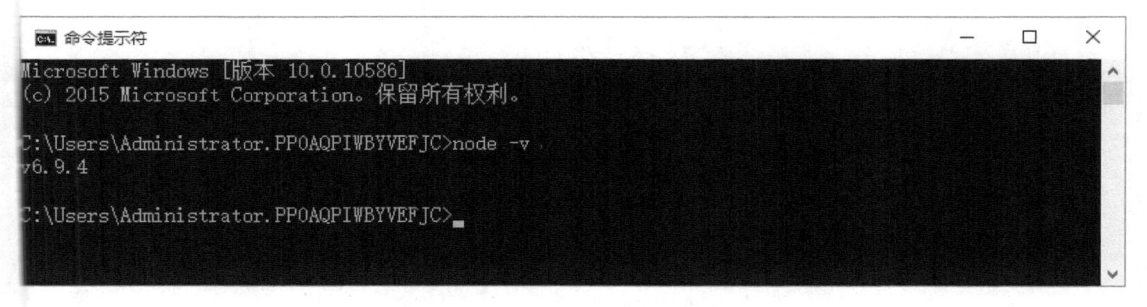

图 2-14　Node.js 安装成功界面

再来看一下 NPM 的版本，在命令行中输入以下命令：

```
npm -v
```

可以看到 NPM 的版本号是 3.10.10，如图 2-15 所示。

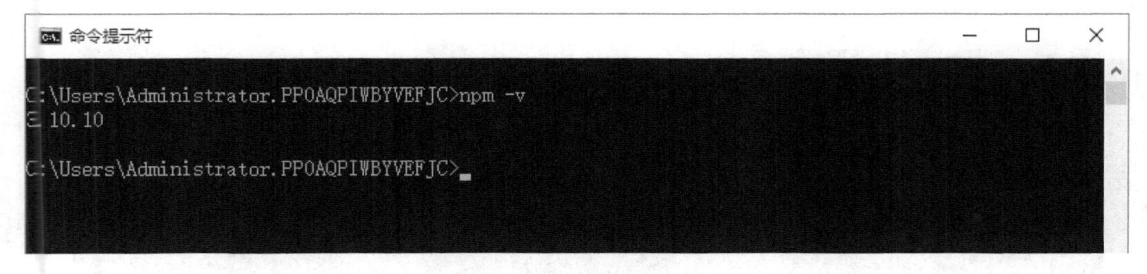

图 2-15　NPM 版本信息

NPM 是 Node.js 的包管理工具，使用它可以很方便地下载和安装第三方组件。

2.2.3 使用 Node.js

接下来简单地使用一下 Node.js。

在 D 盘里新建一个 Server 文件夹，用来存放我们的代码文件。进入这个文件夹，新建一个 test.js 文件，写入以下代码（**注意**：Node.js 是运行在服务器端的，alert()方法不能使用，我们要打印输出信息，这里推荐使用 console.log()方法）。

```
1  var   str = "兄弟连助你破茧成蝶！";              //定义变量
2  console.log(str);                              //输出信息
```

在 Server 文件夹下按住 Shift 键不放，再单击鼠标右键，会弹出如图 2-16 所示的菜单栏。

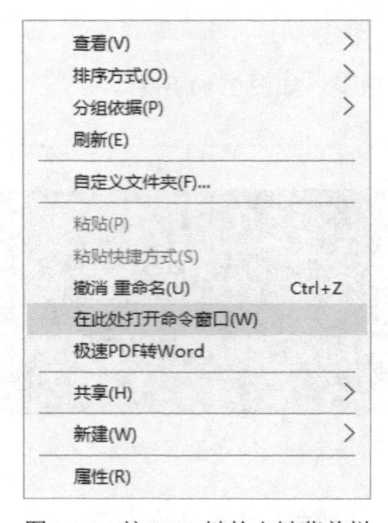

图 2-16　按 Shift 键的右键菜单栏

可以看到，这个菜单栏比平时多了一个"在此处打开命令窗口"命令，选择这个选项，进入命令行模式，如图 2-17 所示。

图 2-17　指定目录的命令行

当然，还可以随便在一个地方打开命令行，甚至在"开始"菜单里打开都可以，然后输入"d:"进入 D 盘，再输入命令"cd Server"，按回车键执行就进入了笔者指定的代码目录，如图 2-18 所示。

图 2-18　手动进入指定目录

这种方法有些麻烦，尤其是在目录结构层次比较深的时候。笔者推荐使用第一种方式。然后笔者就可以执行刚才编写的 JS 文件了。执行如下命令：

node test.js

运行结果如图 2-19 所示。

图 2-19　第一个 Node.js 程序

通过上面的例子不难发现，Node.js 程序原来这么简单！

提示：在输入"node test.js"的时候，文件名我们不用全写，输入"node te"后按 Tab 键，文件名会自动补全。

2.3　搭建原生 HTTP 服务器

使用 Node.js 搭建 HTTP 服务器也是一件非常简单的事情。Node.js 已经集成了 http 模块，我们只需运行几行代码，就可以搭建一个 HTTP 服务器。我们先创建一个 server.js 文件。

实例代码：

```
1  //导入http模块
2  var http = require("http");
3  //开启一个监听事件，每次HTTP请求都会触发这个事件
4
5  http.createServer(function(req, res){   //req用户请求信息 res服务器响应信息
6      //设置响应头信息
7      res.writeHead(200, {"Content-type": "text/plain"});
8       //设置响应体
9      res.write("无兄弟，不编程！");
10     //结束事件
11     res.end();
12      //设置监听端口号
13 }).listen(3000);
```

编辑完这个文件之后，使用 node 命令执行该文件，就会开启一个本地的服务器，占用的端口号是 3000，我们在浏览器中访问这个服务器。

运行结果：

在浏览器中访问 http://127.0.0.1:3000/或者 http://localhost:3000/进行测试，结果如图 2-20 所示，这样就成功地搭建了一个 HTTP 服务器。

图 2-20　访问原生 HTTP 服务器的结果

测试成功后别忘了关闭服务器，因为下面笔者将使用 express 框架来搭建 HTTP 服务器。关闭命令行即可关闭服务器。

2.4　使用 express 框架

在上一节中已经搭建好了 HTTP 服务器，理论上可以开始使用了，但是如果把所有的业务逻辑都写在这个文件里，则会显得很乱，而且还有很多功能没有实现，使用起来也不是很方便。因此，已有开发人员把现有的 HTTP 等常用功能封装到框架中，而本书使用最常用的一款框架——express 框架。

2.4.1 express 框架简介

express 是基于 Node.js 平台的极简的、灵活的 Web 应用开发框架，它提供了一系列强大的特性，可帮助开发人员轻松构建 Web 应用。

而本书只是简单地使用一下 express 框架，为 AJAX 提供必要的后台服务即可。有关 express 框架的详细使用，以及如何使用 express 框架快速构建 Web 应用，笔者会在本章最后提供精彩的扩展阅读，有兴趣的读者可以学习一下。

2.4.2 express 框架安装

在安装之前，先把 NPM 镜像改成淘宝镜像，如图 2-21 所示。

图 2-21　更换 NPM 镜像为淘宝镜像

首先全局安装 express 命令管理工具。

```
npm install -g express-generator
```

安装成功的界面如图 2-22 所示。

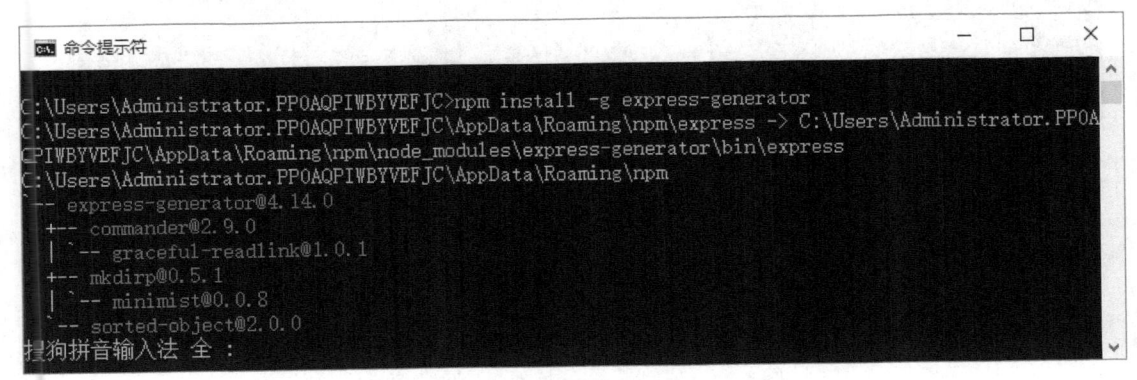

图 2-22　成功安装 express 命令管理工具

然后安装 express 框架。

```
npm install -g express
```

细说 AJAX 与 jQuery

安装成功的界面如图 2-23 所示。

图 2-23 成功安装 express 框架

安装成功之后就可以使用 express 框架构建一个项目了，命令如下：

express myStudy -e

其中，myStudy 是自定义的项目名字，-e 表示使用 EJS 模板。构建成功的界面如图 2-24 所示。

图 2-24 使用 express 框架成功构建项目

这时会生成一个 myStudy 目录，我们使用 "cd" 命令进入这个目录（也可以通过资源管理器进入这个文件夹，然后按住 Shift 键单击鼠标右键，选择 "在此处打开命令窗口" 命令），执行组件安装。

```
cd myStudy
npm install        //安装组件
```

安装过程如图 2-25 所示。

图 2-25　安装项目必需的组件

安装成功之后的效果如图 2-26 所示。

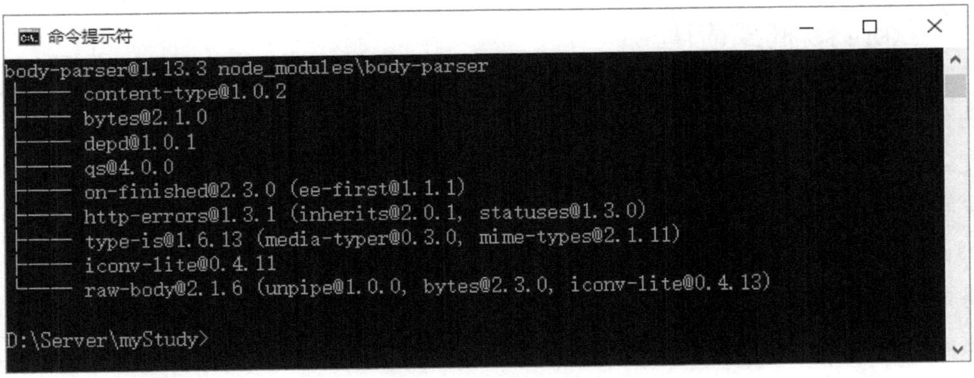

图 2-26　成功安装项目组件

接下来启动我们的项目，在 myStudy 目录下输入以下代码：

```
npm start
```

成功启动的效果如图 2-27 所示。

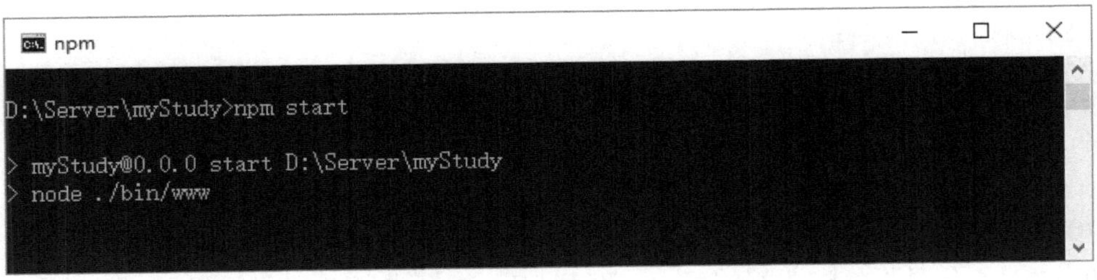

图 2-27　成功启动 express 项目

提示：npm start 是运行服务器的意思。

在浏览器中访问 http://127.0.0.1:3000/或者 http://localhost:3000/进行测试，结果如图 2-28 所示。

图 2-28　express 项目运行成功

2.4.3　express 框架应用

现在，笔者来简单地介绍一下 express 框架的应用。使用 Node.js 平台+express 框架是为了方便读者学习 AJAX 应用，所以 express 框架的使用越简单越好。

笔者将所有的后台代码都写在入口文件 app.js 中，这个文件在项目的根目录里，并没有使用 express 框架的路由层和控制器来增加读者的学习成本。

将代码都写在入口文件里，这是不符合规范的，也是不被推荐的，这里仅仅是为了学习和使用 AJAX，在实际项目开发中不能这样写。

当然，如果读者对 express 框架非常感兴趣，那么笔者将在本章的最后提供很多有关 Node.js 和 express 框架的扩展阅读。

1．使用简单的路由

打开 app.js 文件，找到第 25 行，这里是路由配置信息，大家就在这里编写逻辑代码，如图 2-29 所示。

```
25 app.use('/',routes);
26 app.use('/users',users);
27 app.get('/myTest',function(req, res){//req用户请求信息，res服务器响应信息
28     res.send('让学习成为一种习惯！');//服务器返回的数据
29 });
```

图 2-29　自定义服务器返回信息

第 25、26 行是系统配置好的路由，而第 27～29 行是笔者编写的代码。因为通过 URL 获取资源使用的是 GET 方式，所以笔者使用了 app.get()方法。如果采用 POST 方式，则需要使用 app.post()方法。

app.get()方法的第一个参数"/myTest"是笔者自定义的路由名称。在浏览器地址栏中输入"http://127.0.0.1:3000/myTest/"就可以访问到笔者自定义的路由。

app.get()方法的第二个参数是一个回调函数，其中 req 包含了用户的请求信息，比如 URL 传递的参数、POST 提交的数据；res 是服务器的一些响应信息，比如需要返回文本数据给客户端就用 res.send()、需要返回 JSON 数据就用 res.json()。

需要注意的是，在使用 Node.js 开发时如果修改了服务器端的代码（除了 views 文件夹下的模板文件），都需要重启服务器才会生效。这个很好理解，就好比你在做前端开发的时候修改了 HTML 页面，你总要刷新一下浏览器页面吧？重启服务器很简单，只需在命令窗口按 Ctrl+C 组合键就可以了，再按 Y 键确定；或者连续按两次 Ctrl+C 组合键，再执行 npm start 命令，如图 2-30 所示。

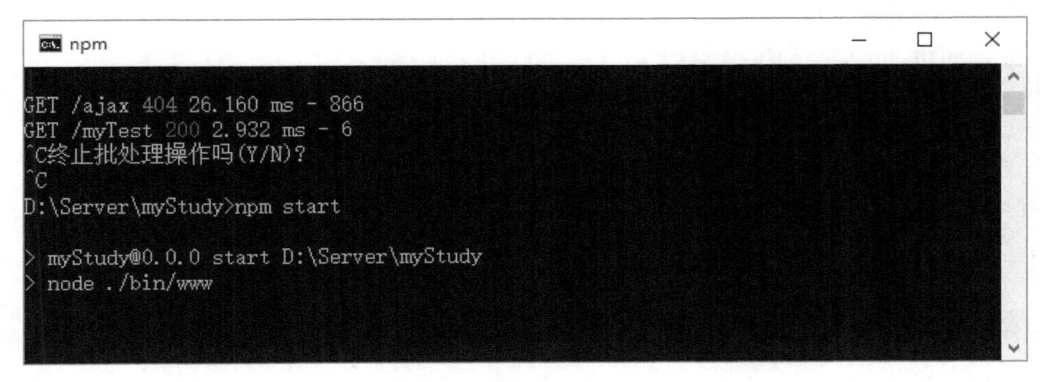

图 2-30　重启 Node.js 服务器

在浏览器中访问 http://127.0.0.1:3000/myTest 或者 http://localhost:3000/myTest 进行测试，结果如图 2-31 所示。

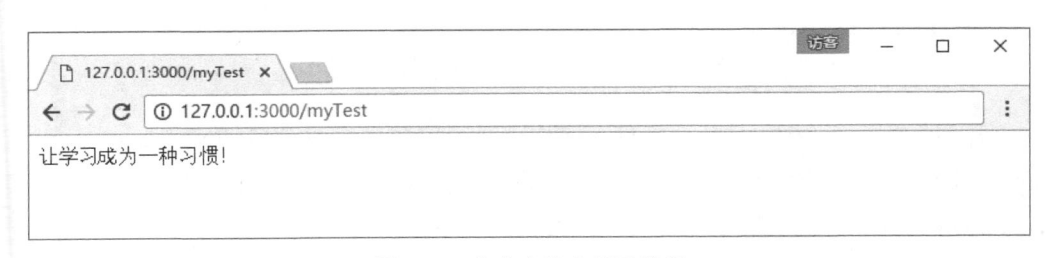

图 2-31　自定义路由显示结果

2．使用模板文件

上面的例子只是服务器直接返回了字符串信息。如果想请求自己写的页面，那该怎么做呢？这时候就要用到框架中的视图层，也就是模板。在项目根目录下有一个 views 文件夹，里面存放的就是模板文件。笔者将新建一个 myHtml.ejs 模板文件，如图 2-32 所示。

图 2-32　新建模板文件

下面笔者在 myHtml.ejs 文件里写一些 HTML 代码来配置一下路由，保证通过地址栏能访问到对应的模板文件。

实例代码：

在项目根目录下的 app.js 文件中写一段路由配置代码。

```
25 app.use('/',routes);
26 app.use('/users',users);
27 app.get('/myPage',function(req, res){    //设置路由名称
28     res.render('myPage');                 //加载模板文件
29 });
```

运行结果（见图 2-33）：

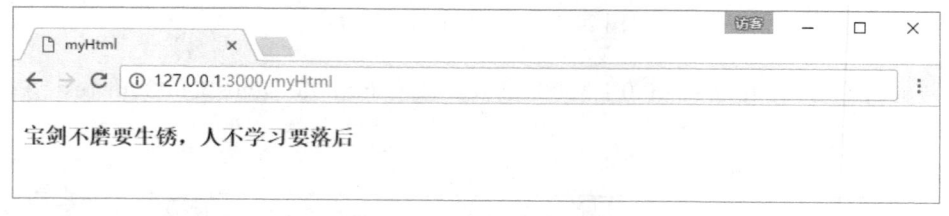

图 2-33　请求自定义路由加载模板文件

大家可能会好奇，EJS 是什么文件？其实就是大家熟悉的 HTML 文件。express 默认识别的模板文件是 EJS，笔者通过简单的配置，也可以让模板识别 HTML 文件。打开项目根目录下的 app.js 文件，找到第 15 行附近，修改代码如下：

```
15 //app.set('view engine','ejs');                          //注释这一行
16 app.engine('.html',require('ejs').__express);           //新增此行
17 app.set('view engine','html');                          //新增此行
```

接下来尝试使用一下，把 views 文件夹下的文件扩展名都改成.html，重启服务器，在浏览器中访问 http://127.0.0.1:3000/myPage/，可以看到效果是一样的，如图 2-34 所示。

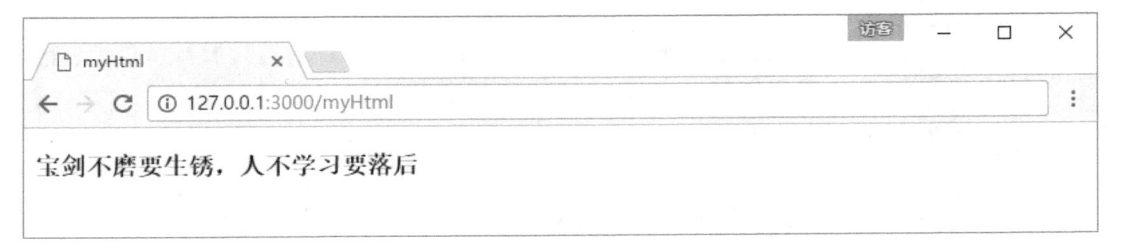

图 2-34 加载 HTML 格式模板文件

注意：只要修改了 Node.js 框架文件就需要重启服务器；如果只修改了 HTML 页面，则直接刷新浏览器即可。

前面说过，路由配置的第二个参数是一个回调函数，函数中的 res 就是服务器的响应。所以，加载 HTML 模板文件并返回给客户端请使用 res.render('pageName')，括号中写 HTML 文件名即可，不用写扩展名。

3．返回数据格式

express 框架为我们封装好了一些返回数据的函数，使用起来会非常方便。

如果想给请求返回文本格式的数据，则使用路由配置的第二个参数函数中的 res 参数的 res.send()函数即可，代码如下：

```
33 //返回信息路由
34 app.get('/myTest',function(req, res){
35     res.send('让学习成为一种习惯！');
36 });
```

这样客户端接收到的数据就是这一句话。

而在网络数据传输中，最常用的数据格式是 JSON。返回 JSON 格式的数据也很简单，使用 res 的一个函数 res.json()即可，代码如下：

```
4 app.get('/myTest',function(req, res){
5     res.json('让学习成为一种习惯！');
6 });
```

4．获取请求的参数

在请求资源时，不仅要给客户端返回响应数据，有时候还需要客户端提交的数据，比如 GET 请求携带的参数，或者 POST 提交的数据。使用 express 框架可以很方便地获取到用户提交的数据。

路由配置中的第二个参数是一个函数，它有两个参数，第二个参数 res 是用于服务器给客户端返回数据的，那么它的第一个参数就是客户端所有的请求。

对于 GET 请求，可以使用 req.query 属性来获取 GET 请求携带的参数，代码如下：

```
33 //返回信息路由
34 app.get('/myTest',function(req, res){     //req用户请求信息，res服务器响应信息
35     var getParam = req.query;              //得到的是一个Json对象
36     var name = getParam.name;              //取出GET请求url中name参数的值
37     var age =    getParam.age;             //同理
38 });
```

而对于 POST 请求，可以使用 req.body 属性来获取 POST 提交的数据，代码如下：

```
33 //返回信息路由
34 app.post('/myTest',function(req, res){    //req用户请求信息，res服务器响应信息
35     var postParam = req.body;              //得到的是一个Json对象
36     var name = postParam.name;             //取出post请求url中name参数的值
37     var age =    postParam.age;            //同理
38 });
```

至此，已经完成了基于 Node.js 平台的 HTTP 服务器搭建，并且通过使用 express 框架也知道了请求路由怎么写，知道了怎么获取请求携带的参数，以及怎么返回数据给客户端请求。下面笔者将带领大家来学习 AJAX。

2.4.4 模板数据渲染

前面仅仅简单讲解了如何打开模板文件，也就是 HTML 文档，并没有使用模板的强大功能：数据渲染。数据的动态渲染功能是任何模板都必不可少的，它可以将我们在后台服务器中处理好的数据动态地渲染到 HTML 页面中。这里我们使用的是 EJS 模板，本小节简单地介绍一下 EJS 模板是如何实现数据渲染的。

大部分模板实现数据渲染的原理是基于全文档的正则匹配，比如我们使用的 EJS 模板，在模板文档中所有的 <%= value %>，其中类似 value 的变量都会被后台定义的变量所替换。新建一个 myData.html 模板文件，代码如下：

```
 1 <!DOCTYPE html>
 2 <html>
 3 <head>
 4     <title>模板渲染</title>
 5     <link rel='stylesheet' href='/stylesheets/style.css' />
 6 </head>
 7 <body>
 8 <h3>我的名字是：<%= name %></h3>
 9 <h3>我的年龄是：<%= age %></h3>
10 </body>
11 </html>
```

响应客户端请求的路由代码如下：

```
3 //模板数据渲染的路由
4 app.get('/myData', function(req, res){
5     var person = {name:'兄弟连IT教育', age:10};//模拟数据
6     res.render('myData', person);                       //返回模板并且绑定数据
7 });
```

在浏览器中的运行效果如图 2-35 所示。

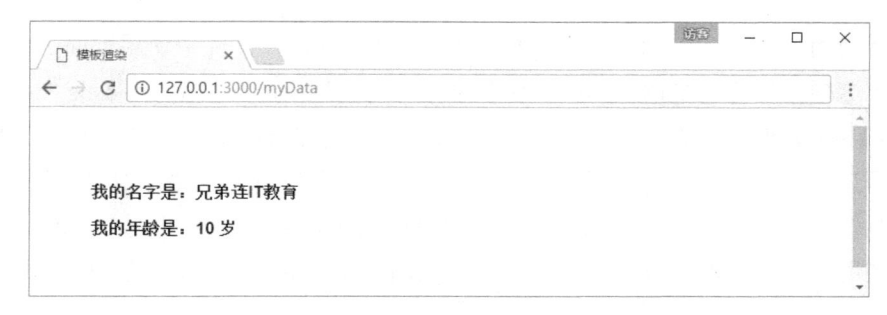

图 2-35　模板数据渲染效果图

本小节仅仅介绍了模板数据是如何动态渲染的，更为复杂的渲染类型，比如 if 判断、for 循环遍历渲染等，大家有兴趣的话可以参考 express 的官方手册。

2.4.5　路由分离

在前面的例子中，笔者将路由放到了 app.js 文件中。可以预见的是，随着项目的增大，路由将会变得越来越多，管理起来会变得非常困难。并且，app.js 文件也会变得越来越大，项目运行也会变得很慢，这并不是我们想要的结果。

因此，一种更优的解决方案就是把某一类相关的路由放到同一个文件中，而项目的入口文件 app.js 需要做的就是把这些路由文件包含进来，在访问不同路由的时候，把用户的请求转发给相关的路由文件来进行处理。

接下来我们在项目根目录的 routes 文件夹下新建一个和商品相关的路由文件 goods.js，代码如下：

```
3  var express = require('express');
4  var router = express.Router();
5
6  /*请求 /goods 所响应的路由*/
7  router.get('/', function(req, res, next) {
8      //渲染页面并绑定数据
9      res.render('goods', { title: 'goods',goods:'商城'});
10 });
11
12 module.exports = router;
```

这里我们定义了一个商品的路由文件，所有和商品相关的路由都会放到这个文件中。

需要注意的是，在路由文件中，我们在匹配路由的时候，是去除了 app.js 文件中的路由匹配之后的结果。这样说有点拗口，举个简单的例子来说，如果我们在 app.js 文件中使用路由文件，则将所有和商品相关的请求都交由商品路由文件 goods.js 来处理。app.js 文件中的代码如下：

35

```
var goods = require('./routes/goods');      //导入路由文件
app.use('/goods', goods);                    //所有和商品有关的请求都交由商品路由文件 goods.js 来处理
```

　　如果想使用前面定义的 goods.js 路由文件，就要在 app.js 文件中使用上面的两行代码来进行配置，这样在浏览器中请求/goods 这个路由，就会把请求转发给 goods.js 文件来处理。在 goods.js 路由文件中，是如何接收这个请求的呢？它会把 app.js 文件中路由转发的匹配项过滤掉，再进行匹配。也就是在浏览器中请求 /goods，在 goods.js 文件中由 / 来处理响应；如果在浏览器中请求的是/goods/orders 路由，则将由 goods.js 文件中的 /orders 路由来处理响应。这在使用路由文件的时候需要特别注意。在浏览器中的运行效果如图 2-36 所示。

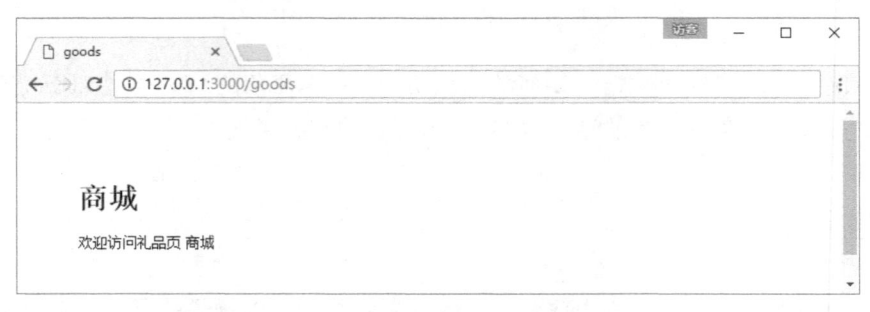

图 2-36　路由文件的使用

　　我们把相关的某一类路由都放到一个路由文件中，项目的结构将会变得非常清晰和易于维护，这是我们在开发任何项目、使用任何框架时都要考虑到的。

2.5　本章小结

　　本章主要分三大模块来简单讲解如何搭建 Node.js 服务器。
- 首先讲解了 HTTP 原理，让大家深入了解整个网络请求的过程，为后面的 AJAX 及其客户端和服务器端之间的通信做一定的铺垫。
- 其次讲解了如何安装 Node.js，以及如何搭建一个原生的 HTTP 服务器。
- 最后介绍了 express 框架，包括如何安装 express 框架、如何调用模板文件、如何得到数据请求，以及如何响应对应格式的数据。

第 3 章

揭开 AJAX 的神秘面纱

AJAX 并不是一项全新的技术，它所使用的 JavaScript、CSS、DOM 等技术早已存在，AJAX 通过使用这些传统的技术来改善用户体验，并通过异步请求来缩短用户等待时间。AJAX 是一项颠覆性的技术，它让我们对传统的网站构建和部署有了新的思考。打开手机，大家也可以看到 AJAX 的应用，比如我们浏览的 QQ 空间，每次向上滑动都会及时地加载数据，体验度大大提高。

本章笔者将带领大家走进 AJAX 网络应用的新世界。本章论述了 AJAX 与传统惯用技术的不同之处，通过大量的实例，让读者能够很容易地理解 AJAX 的工作原理和具体的使用方法。以最精练的语言来讲述最核心的知识，相比于长篇大论，或许更符合读者的学习理念。当然，如果你还想了解更多有关 AJAX 的知识，那么笔者还提供了很多扩展阅读，不会让你错过任何一个知识点。

请访问 www.ydma.cn 获取本章配套资源，内容包括：
1. 本章的学习视频。
2. 本章所有实例演示结果。
3. 本章习题及其答案。
4. 本章资源包（包括本章所有代码）下载。
5. 本章的扩展知识。

3.1 AJAX 的第一个实例程序

第 1 章笔者已经大致介绍了 AJAX 的概念、发展史、应用场景等，在此笔者不再过多地讲述这方面的知识，直接切入正题——AJAX 的学习。

笔者首先带领大家完成 AJAX 的第一个实例程序。这里为了让大家体会到 AJAX 的简单易用，使用了一个封装好的 AJAX 对象（本章后面笔者会带领大家一起来封装 AJAX 对象）。

实例代码：

```
 7  <body>
 8  <div class="title">
 9      <h2>AJAX初体验</h2>
10      <button onclick="getData()">点击获取服务器数据</button>
11  </div>
12  </body>
13  <script src="/ajax3.0.js"></script>
14  <script>
15      //点击事件执行这个函数
16      function getData(){
17          //使用Ajax对象请求服务器
18          //get方式，参数1是请求地址，参数2回调函数接收数据
19          Ajax().get('http://localhost:3000/3-1-1-first-data',function(data){
20              alert('服务器返回的数据是： ' + data); //data接收服务器返回的数据
21          });
22      }
23  </script>
```

运行结果（见图 3-1）：

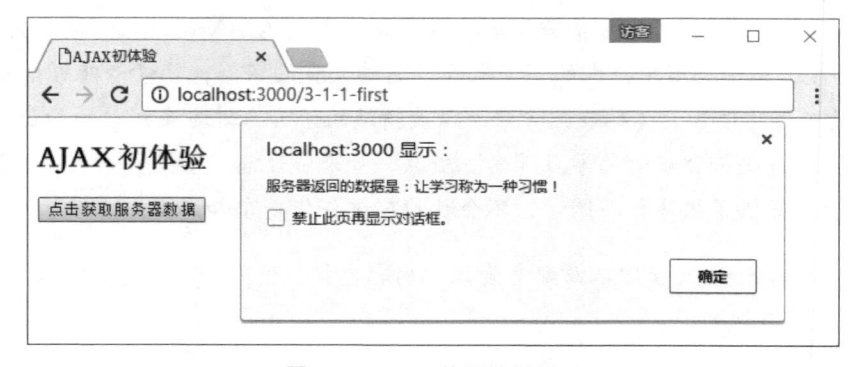

图 3-1　AJAX 使用效果展示

其实 AJAX 的使用就是这么简单，使用封装好的库，只需导入这个文件，使用它封装的方法，传入几个简单的参数即可。需要注意的一点是，大家可以看一下浏览器地址栏，都是在服务器上进行操作的（第 2 章已经详细说明了在 Node.js 上如何访问 HTML 页面）。如果在本地打开 HTML 文件，用的地址是本地的 file:///d/a.html，而 AJAX 请求的是服务器的地址，那么就跨域了，无法正常访问服务器。关于跨域的问题以及如何处理，笔者将会在本章最后进行讲解。

如果只是简单地使用，看了这个例子，相信读者已经学会了。但是，读者仍需要了解一下 AJAX 的核心原理，有助于自己动手封装 AJAX 类库，以及更好地使用 AJAX。

3.2 同步和异步

为什么会突然提起同步和异步呢？因为前面就说了，AJAX 是异步的 XML 技术，那么在学习和使用 AJAX 之前，大家有必要先了解一下同步和异步。

3.2.1 同步

同步是指一个进程在执行某个请求的时候，如果该请求需要一段时间才能返回信息，那么这个进程就会一直等待下去，直到收到返回信息才继续执行。

这么官方的话当然不是我们的风格。同步就是我必须走完一套完整的流程，才能继续下一个动作。比如 Web 网站，只有当发出一个请求，并且服务器给我们返回数据后，我们才可以继续其他的操作。

来看一个简单的例子。你正在工作，急需一本书，你就放下手中的工作去书店买书，路上用了很多时间，在书店又找书、又排队，终于买好了书，带着书返回，再继续工作。整个过程就是一条线，都是我们自己在忙，由于买书，工作就被暂时停止了，如图 3-2 所示。

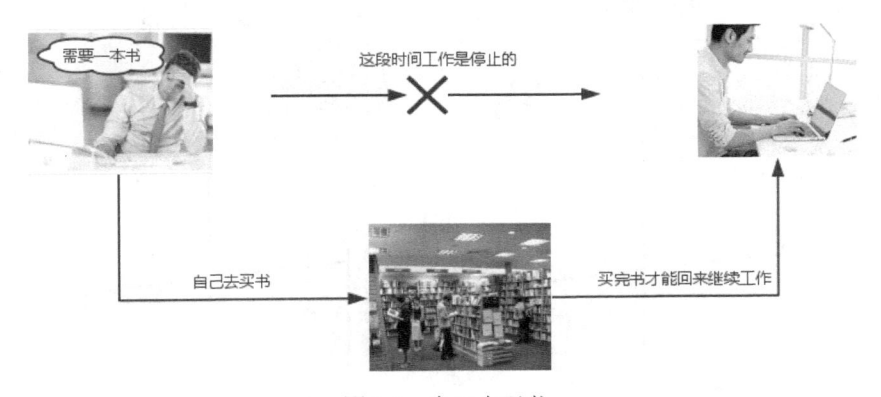

图 3-2　自己去买书

3.2.2 异步

异步是指进程不需要一直等待下去，而是继续执行下面的操作，不管其他进程的状态，当有消息返回时会通知进程进行处理，这样可以提高执行的效率。

简单理解一下，异步就是我们发出一个请求，这个请求会在后台自动发出并获取数据，然后再对数据进行处理。在这个过程中，我们可以继续其他的操作，不用管它怎么发送请求，

也不用关心它怎么处理数据。

来看一个简单的例子。我正在工作,急需一本书,我把小王叫过来,让小王帮我去买书,我继续忙我的工作。至于小王怎么做、用多少时间,都和我没关系。等小王把书拿过来,我拿着用就行了,如图 3-3 所示。

图 3-3　找人帮我们去买书

看了这些例子,相信大家对于同步和异步有了初步的了解,下面再来对比一下二者的异同,如图 3-4 所示。

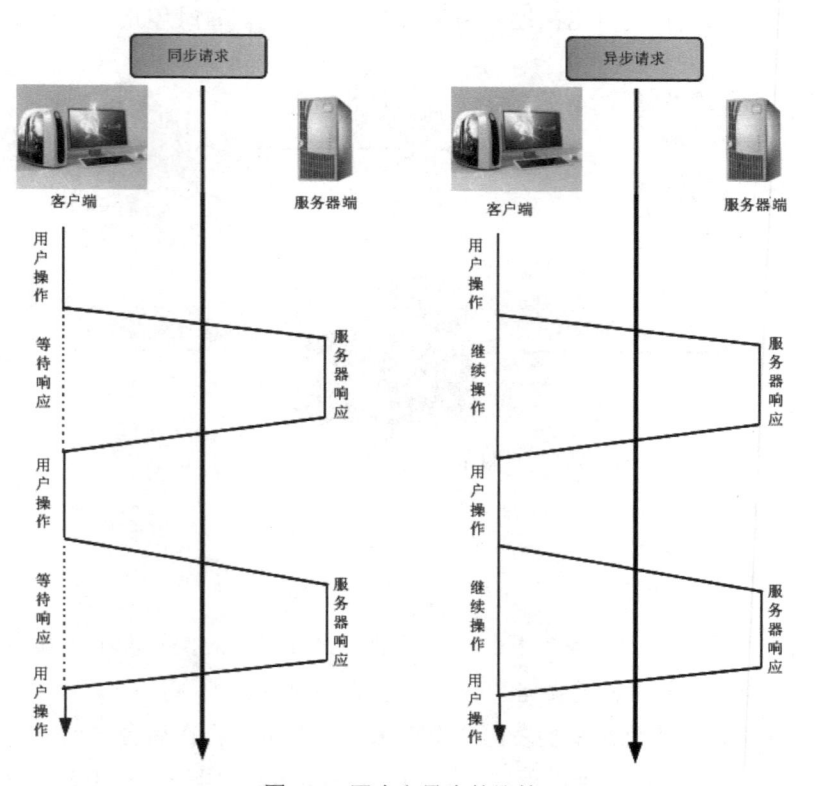

图 3-4　同步和异步的比较

3.2.3 同步和异步的适用场景

即使使用 AJAX 去局部请求数据，也并非所有的情况下都要使用异步。如果要获取的数据对于整个应用来说不是那么迫切，或者，接下来的程序执行不依赖从服务器请求的数据，那么使用异步是没有问题的。比如发送邮件，采用异步发送就可以，总之不用操心用了多长时间，对方能收到邮件就行了。

如果应用程序往下执行时依赖从服务器请求的数据，那么必须等这个数据返回才行，这时就必须使用同步。如果使用异步，则程序会跳过异步发送的过程直接往下执行，就不能使用服务器传来的数据了。

下面看一段异步请求的代码。

实例代码（客户端代码）：

```
 7 <body>
 8     <div>相见时难别亦难，东风无力百花残。</div>
 9     <div>春蚕到死丝方尽，蜡炬成灰泪始干。</div>
10     <div id="three"></div>
11     <div>蓬山此去无多路，青鸟殷勤为探看。</div>
12 </body>
13 <script src="/ajax3.0.js"></script>
14 <script>
15     //发送AJAX请求，异步请求数据
16     Ajax('html', true).get('http://localhost:3000/3-2-3-data', function(data){
17         document.getElementById('three').innerHTML = data;
18     });
19     //这个弹窗用来验证AJAX是同步还是异步
20     alert('异步请求不会等待AJAX请求结束，继续执行下面的代码！');
21 </script>
```

在第 16 行中，Ajax()方法的第二个参数默认为 true，代表是异步请求。

实例代码（服务器端代码）：

```
 3 //3-2-3渲染页面的路由，打开异步请求页面
 4 app.get('/3-2-3-async', function(req, res){
 5     res.render('3-2-3-async'); //返回页面
 6 });
 7 //3-2-3渲染页面的路由，打开异步请求页面
 8 app.get('/3-2-3-sync', function(req, res){
 9     res.render('3-2-3-sync'); //返回页面
10 });
11 //3-2-3AJAX请求数据的路由
12 app.get('/3-2-3-data', function(req, res){
13     setTimeout(function(){    //定时器模拟延迟响应
14         res.send('晓镜但愁云鬓改，夜吟应觉月光寒。'); //响应数据
15     },2000);
16 });
```

为了模拟延迟请求，笔者给服务器端设置了一个定时器，这样在 2s 之后，服务器端才会返回数据给客户端。

运行结果（见图 3-5）：

图 3-5　AJAX 异步请求效果

从运行结果来看，程序并没有等待异步 AJAX 请求结束就继续执行第 21 行的代码。这就是异步请求，不会影响程序的执行。

作为对比，还是这个例子，我们把 HTML 文件代码中的 AJAX 请求参数设置成 false，AJAX 就是发送同步请求了。

实例代码（客户端代码）：

```
 7 <body>
 8     <div>相见时难别亦难，东风无力百花残。</div>
 9     <div>春蚕到死丝方尽，蜡炬成灰泪始干。</div>
10     <div id="three"></div>
11     <div>蓬山此去无多路，青鸟殷勤为探看。</div>
12 </body>
13 <script src="/ajax3.0.js"></script>
14 <script>
15     //发送AJAX请求，同步请求数据
16     Ajax('html', false).get('http://localhost:3000/3-2-3-data', function(data){
17         document.getElementById('three').innerHTML = data;
18     });
19     //这个弹窗用来验证AJAX是同步还是异步
20     alert('同步请求会等待AJAX请求结束，才继续执行下面的代码！');
21 </script>
```

运行结果（见图 3-6）：

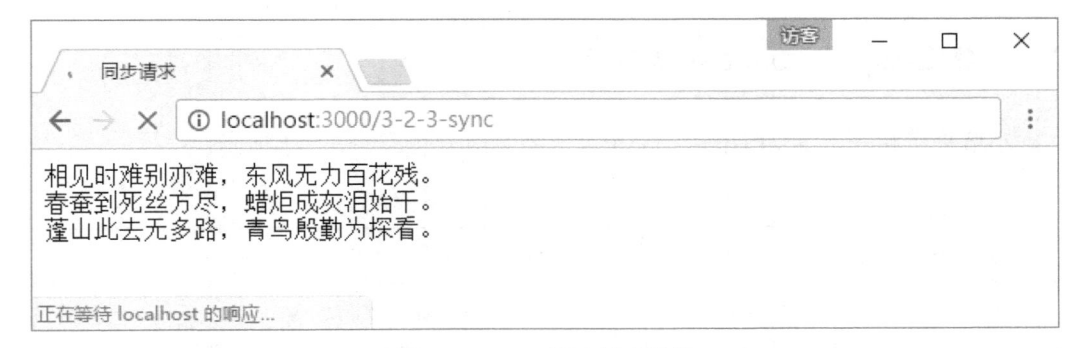

图 3-6　AJAX 同步请求效果

对比运行效果可以发现，如果是同步请求，那么程序一定会等这个 AJAX 请求结束才会继续往下执行，即一定会输出完整的四句古诗之后才会执行 alert()弹框；如果是异步请求，那么程序不会等待 AJAX 请求结束就继续往下执行。

而由于网络延迟的原因，AJAX 的请求速度并没有程序的执行速度快，异步请求结果有可能只出现三句古诗，这并不是我们想要的结果。

关于何时使用异步、何时使用同步，简单地说，就是看看需要请求的数据是否是程序继续执行必须依赖的数据。

3.3　XMLHttpRequest 对象

通过前面的介绍，相信大家对 AJAX 的原理有了初步的认识。简单来说，AJAX 的原理就是通过 XMLHttpRequest 对象向服务器发起异步请求，从服务器获取数据，然后通过 JavaScript 操作 DOM 节点来更新页面数据。所以，要想使用 AJAX，就必须对 XMLHttpRequest 对象有所了解。

XMLHttpRequest 对象是 AJAX 的核心。在前面已经说过，微软在 IE 5 的时候就引入了 XMLHttpRequest 对象。这是一种支持异步请求的技术，简单地说就是 JavaScript 通过 XMLHttpRequest 对象向服务器请求数据和处理响应，达到用户看到的页面无刷新效果。

现在的主流浏览器一般都支持 XMLHttpRequest 对象，不过早期的 IE 5、IE 6 的使用方法和其他浏览器不同。接下来看一下 XMLHttpRequest 对象是怎么建立的。

```
var xmlhttp = null;
if(window.XMLHttpRequest){    //创建所有主流浏览器支持的XMLHttpRequest对象
    xmlhttp = new XMLHttpRequest();
}else if(window.ActiveXObject){ //创建IE 5和IE 6支持的XMLHttpRequest对象
    xmlhttp = new ActiveXObject('Microsoft.XMLHTTP');
}
```

注意：现在使用 IE 5 和 IE 6 的用户已经非常少了，基本上可以不考虑这两种浏览器。

3.3.1 XMLHttpRequest 对象的方法

本小节来了解一下 XMLHttpRequest 对象的常用方法，如表 3-1 所示。

表 3-1 XMLHttpRequest 对象的方法

方　　法	描　　述
abort()	取消当前响应，关闭连接并且结束任何未决的网络活动。 这个方法把 XMLHttpRequest 对象重置为 readyState 状态值为 0 的状态，并且取消所有未决的网络活动。例如，在请求用了很长时间，而且响应不再必要的时候，可以调用这个方法
getAllResponseHeaders()	把 HTTP 响应头部作为未解析的字符串返回。 如果 readyState 状态值小于 3，则这个方法返回 null；否则，返回服务器发送的所有 HTTP 响应的头部。头部作为单个的字符串返回，一行一个头部。每行用换行符 "\r\n" 隔开
getResponseHeader()	返回指定的 HTTP 响应头部的值。其参数是要返回的 HTTP 响应头部的名称。可以使用任何大小写来指定这个头部名称，和响应头部的比较是不区分大小写的。 该方法的返回值是指定的 HTTP 响应头部的值。如果没有接收到这个头部或者 readyState 状态值小于 3，则为空字符串。如果接收到多个有指定名称的头部，则这个头部的值被连接起来并返回。使用逗号和空格分隔各个头部的值
open()	初始化 HTTP 请求参数，如 URL 和 HTTP 方法，但是并不发送请求
send()	发送 HTTP 请求，使用传递给 open() 方法的参数，以及传递给该方法的可选请求体
setRequestHeader()	向一个打开但未发送的请求设置或添加一个 HTTP 请求

注意：在讲解 XMLHttpRequest 对象的方法的时候，会针对每个方法写出对应的 readyState 状态值。关于 readyState 状态值，后面在讲解 XMLHttpRequest 属性的时候我们会详细说明，大家不必纠结于此。

下面通过代码示例来看一下每个方法的具体应用。

实例代码片段：

```
 8 <script>
 9 //首先创建XMLHttpRequest对象
10 var xmlhttp = null;
11 if (window.XMLHttpRequest) {// 创建所有主流浏览器支持的XMLHttpRequest对象
12     xmlhttp = new XMLHttpRequest();
13 }
14 else if (window.ActiveXObject) {// 创建IE 5和IE 6支持的XMLHttpRequest对象
15     xmlhttp = new ActiveXObject("Microsoft.XMLHTTP");
16 }
17 //初始化请求参数，设置请求信息
18 xmlhttp.open("get", "http://localhost:3000/3-3-1-get-data", true);
19 //发送请求
20 xmlhttp.send();
21 </script>
```

这是 XMLHttpRequest 对象最简单的应用。首先创建一个 XMLHttpRequest 对象，然后使用 XMLHttpRequest 对象的 open()方法设置一些请求参数。接下来看一下 open()方法的具体使用。

open()方法用来初始化 XMLHttpRequest 对象，设置请求方式、URL、同步或异步。该方法的语法格式如下：

open(method, url, async,username,password)

参数说明如下：

（1）method 可以是 GET、POST、PUT、DELETE 或者 HEAD 方式。

（2）url 就是我们请求的地址。

（3）async 表示是否请求为异步，默认为 true（异步请求）。想要同步请求，则要设置成 false。

（4）username 和 password 参数是可选的，为 URL 所需的授权提供认证资格。如果指定了这两个参数，则它们会覆盖 URL 自己指定的任何资格。

注意：在调用 open()方法的时候，readyState 状态值会被设置成 1，同时 responseText、responseXML、status 和 statusText 属性复位到它们的初始值。

实例最后通过 XMLHttpRequest 对象的 send()方法来发送请求。这就是一个简单的 AJAX 请求。笔者继续修改代码，把其修改为 POST 请求。

实例代码片段：

```
8  <script>
9  //首先创建XMLHttpRequest对象
10 var xmlhttp = null;
11 if (window.XMLHttpRequest) {// 创建所有主流浏览器支持的XMLHttpRequest对象
12     xmlhttp = new XMLHttpRequest();
13 }
14 else if (window.ActiveXObject) {// 创建IE 5和IE 6支持的XMLHttpRequest对象
15     xmlhttp = new ActiveXObject("Microsoft.XMLHTTP");
16 }
17 //初始化请求参数，设置请求信息
18 xmlhttp.open("post", "http://localhost:3000/3-3-1-post-data", false);
19 //设置请求头信息
20 xmlhttp.setRequestHeader("Content-type", "application/x-www-form-urlencoded");
21 //发送请求
22 xmlhttp.send("name=Tom&age=18");
23 </script>
```

从上述代码中可以发现：

（1）第 18 行，笔者把 open()方法的第一个参数换成了 post，此刻就把 GET 请求换成了 POST 请求。

（2）第 18 行，笔者把 open()方法的第三个参数设置为 false，此刻就是一个同步请求了。

（3）第20行，设置了请求头信息，这也说明了POST请求和GET请求的头信息是不一样的。每种请求应该有不同的请求头信息。

我们再来看看setRequestHeader()方法的具体使用。顾名思义，它是用来设置请求头信息的，那么它的位置是在发送请求之前。也就是在 open()方法准备请求之后，readyState 状态值为1的时候，将进行请求头信息的设置。

针对send()发送请求，大部分是要设置请求头信息的。比如POST请求，请求头信息必须如下设置：

setRequestHeader("Content-type","application/x-www-form-urlencoded")

但是，并不是所有的请求头信息都是可以通过这个方法设置的。为了符合规范的HTTP协议，有些请求头信息是由 XMLHttpRequest 对象自动设置的，包括 Host、Connection、Keep-Alive、Accept-charset、Accept-Encoding、If-Modified-Since、If-None-Match、If-Rang、Range。

上述实例的最后用 send()方法发送了请求，大家可以发现在 send()提交的时候，携带了POST要提交的参数信息。接下来看看send()方法的具体使用。

（1）只有当使用open()方法准备一个请求，让readyState 状态值等于1的时候，才能使用send()方法发送请求。

（2）如果open()设置了async为true（异步），则send()方法执行后会立即返回，客户端脚本将继续向下执行。

（3）如果open()设置了async为false（同步），则send()方法执行后要等待服务器响应完数据后才能返回，所以客户端脚本也在此进行等待。

（4）当然，也可以使用 send()方法在发送请求时携带一些客户端数据到服务器。比如GET 传递参数、POST 传递参数都是由send()方法传递的。

（5）当执行完 send()方法后，AJAX 的状态会发生改变，此刻readyState 状态值会被设置为2。

还有一些不常用的方法就不举例说明了，只在下面做简单的介绍。

abort()

这个方法的作用就很简单了，说白了就是终止 XMLHttpRequest 对象的一切活动，把XMLHttpRequest 对象还原到最开始的状态。比如一个请求长时间没有响应，就可以用这个方法终止这个请求，同时 XMLHttpRequest 对象也回到了最开始的状态，readyState 状态值也被设置为0。

getAllResponseHeaders()

这个方法的作用也很简单,就是以字符串的形式获取到服务器返回给我们的响应头部分,头信息每行用换行符隔开。

getResponseHeader()

这个方法用于获取服务器响应头信息中某一个具体的头信息的值,参数是响应头部的名称,返回值是这个头部名称对应的值。比如 getResponseHeader('Date'),参数忽略大小写。

如果要获取的这个头部名称不存在,或者 readyState 状态值小于 3(因为小于 3 的时候还没有开始接收服务器发来的头信息),就会返回空字符串。

3.3.2 XMLHttpRequest 对象的属性和事件

XMLHttpRequest 对象还有一些属性和事件,方便用户和服务器交互。XMLHttpRequest 对象常见的属性和事件如表 3-2 所示。

表 3-2 XMLHttpRequest 对象的属性和事件

属性或事件	描述
readyState 属性	HTTP 请求的状态。当一个 XMLHttpRequest 对象被初次创建时,这个属性的值从 0 开始,直到接收到完整的 HTTP 响应,这个值增加到 4
onreadystatechange 事件	每次 readyState 状态改变的时候调用的事件句柄函数。当 readyState 状态值为 3 时,它也可能调用多次。因为当 readyState 状态值为 3 的时候,是一个持续接收数据的过程
status 属性	由服务器返回的 HTTP 状态代码,如 200 表示成功,而 404 表示 "Not Found" 错误。当 readyState 状态值小于 3 的时候,读取这一属性会导致一个异常。 也就是只有当 readyState 状态值等于 4 的时候,才会用到 status 这个属性
statusText 属性	status 返回了状态码,statusText 返回了与状态码对应的状态名称。也就是说,当状态为 200 的时候它是 "OK",当状态为 404 的时候它是 "Not Found"。和 status 属性一样,当 readyState 状态值小于 3 的时候,读取这一属性会导致一个异常
responseXML 属性	对请求的响应,解析为 XML 并作为 Document 对象返回。这个属性现在很少使用,使用 JSON 数据会更加方便
responseText 属性	到目前为止(也就是这个属性被调用的时候),从服务器接收到的响应体(具体数据),如果 readyState 状态值为 3,则说明只接收到头信息,响应体就是空字符串;如果 readyState 状态值为 4,则说明全部数据接收完成。 如果服务器响应的头信息中包含了为响应体指定的字符编码,则使用该编码;否则,默认使用 Unicode UTF-8 字符集

readyState 状态值如表 3-3 所示。

表 3-3 readyState 状态值

状态值	名称	描述
0	Uninitialized	初始化状态。XMLHttpRequest 对象已创建或已被 abort()方法重置
1	Open	open()方法已被调用,但是 send()方法未被调用。请求还没有被发送
2	Sent	send()方法已被调用,HTTP 请求已发送到 Web 服务器。未接收到响应
3	Receiving	所有响应头部已经被接收到。响应体开始接收但未完成
4	Loaded	HTTP 响应(所有的数据)已经被完全接收到

readyState 状态值不会减少,只会增加,除非某个请求在处理过程中调用了 abort()或 open()方法。每次这个属性的值增加的时候,都会触发 onreadystatechange 事件句柄。

下面来看看 XMLHttpRequest 对象属性的使用。

实例代码:

```
//创建XMLHttpRequest对象
var xmlhttp = null;
if (window.XMLHttpRequest) {
    xmlhttp = new XMLHttpRequest();//主流浏览器创建XMLHttpRequest对象
    //弹出readyState值
    alert('XMLHttpRequest对象创建时readyState的值为: ' + xmlhttp.readyState);
}
else if (window.ActiveXObject) {
    //IE 5、IE 6创建XMLHttpRequest对象
    xmlhttp = new ActiveXObject("Microsoft.XMLHTTP");
    //弹出readyState值
    alert('XMLHttpRequest对象创建时readyState的值为: ' + xmlhttp.readyState);
}

var i = 1;  //定义计数变量
//每一次readyState的状态改变,都会触发onreadystatechange事件
xmlhttp.onreadystatechange = function () {
    //验证readyState状态的改变,触发这个事件
    if (xmlhttp.readyState == 1) {
        alert('open()方法执行完毕! readyState的值由0变为1!onreadystatechange第'
            + i++ + '次触发! ');
    } else if (xmlhttp.readyState == 2) {
        alert('send()方法执行完毕! readyState的值由1变为2!onreadystatechange第'
            + i++ + '次触发! ');
    } else if (xmlhttp.readyState == 3) {
        alert('接收响应头信息完成! readyState的值由2变为3!onreadystatechange第'
            + i++ + '次触发! ');
    } else if (xmlhttp.readyState == 4 && xmlhttp.status == 200) {
        alert('接收响应数据体完成! readyState的值由3变为4!onreadystatechange第'
            + i++ + '次触发! ');
        //弹出服务器响应状态
        alert('服务器响应状态码为: ' + xmlhttp.status + '! 响应状态文本为: '
            + xmlhttp.statusText);
        alert('服务器响应数据为: ' + xmlhttp.responseText);//弹出服务器响应的数据
```

```
43        } else {
44            //请求失败处理
45            alert('服务器响应失败，失败状态码为：' + xmlhttp.status + '失败文本为：'
46                  + xmlhttp.statusText);
47        }
48 };
49 //设置请求信息
50 xmlhttp.open("GET", "http://localhost:3000/3-3-2-readyState-data", true);
51 xmlhttp.send();
```

现在来看看上述代码的执行流程。

（1）第 9～21 行创建了一个 XMLHttpRequest 对象，并且可以发现此刻 readyState 状态值为 0，而此刻是不触发 onreadystatechange 事件的。

（2）接着执行第 50 行，当 open()方法执行完毕后，readyState 状态值由 0 变为 1，并且此刻触发 onreadystatechange 事件，同时触发第 28 行的弹框。

（3）然后执行第 51 行，当 send()方法执行完毕后，readyState 状态值由 1 变为 2，触发了 onreadystatechange 事件，并且触发第 31 行的弹框。

（4）接着，AJAX 对象开始接收响应头，readyState 状态值由 2 变为 3，触发了 onreadystatechange 事件，并且触发第 34 行的弹框。

（5）最后，接收响应的数据体，readyState 状态值由 3 变为 4，触发了 onreadystatechange 事件。如果此刻的状态码为 200（XMLHttpRequest 的 status 属性），则可以通过 responseText 属性（获取其他类型的数据使用其他属性，如 responseXML）获取到服务器返回的数据，如上述代码中的第 36～41 行；如果此刻的状态码不为 200，则执行第 45 行的弹框。

在上述代码中，必须注意一点，即 onreadystatechange 事件一定要放在 open()方法之前。只有这样，每次 readyState 状态值发生变动的时候，调用的 onreadystatechange 事件的回调函数才起作用。

运行结果（见图 3-7）：

图 3-7　XMLHttpRequest 对象属性执行效果

图 3-7 XMLHttpRequest 对象属性执行效果（续）

通过一个简单的例子，笔者把 XMLHttpRequest 对象的所有属性串联起来，让读者对 XMLHttpRequest 对象有了一个清晰的认识。下面总结一下 XMLHttpRequest 对象的工作流程，如图 3-8 所示。

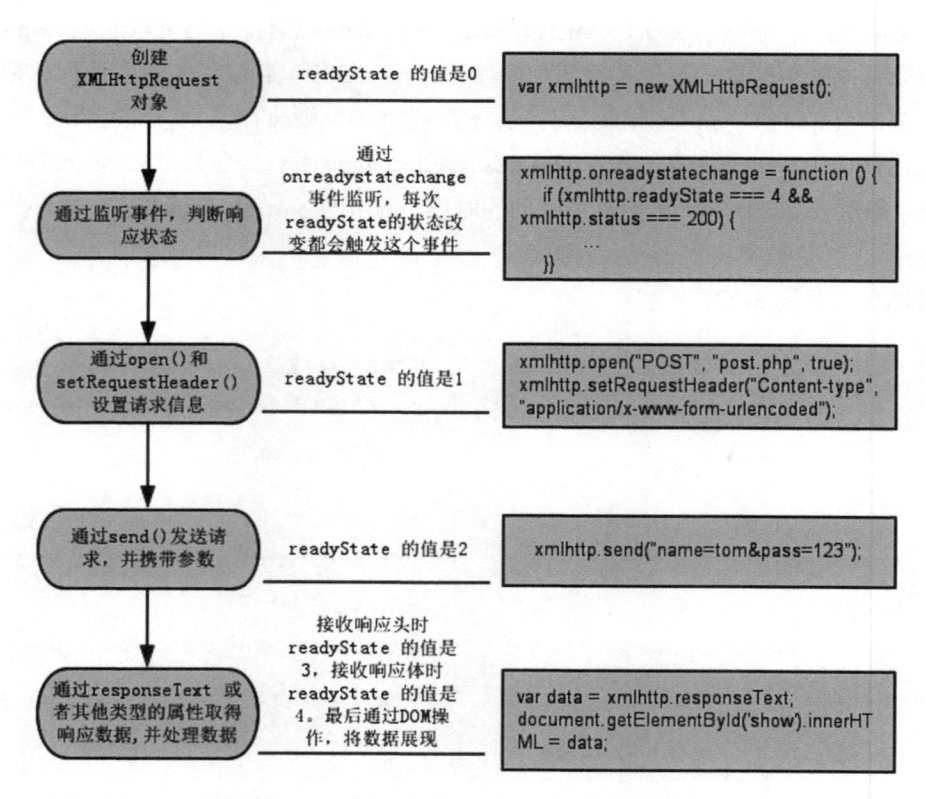

图 3-8 XMLHttpRequest 对象工作流程图

3.4 原生 AJAX 的例子

AJAX 的核心对象 XMLHttpRequest 大家已经掌握了，接下来写一个 AJAX 的实例，让大家熟悉一下 AJAX 在项目中是怎么使用的。

实例描述：

这个填写古诗的例子，提交的时候用 POST 方式，查看答案的时候用 GET 方式。

3.4.1 POST 请求实例

首先在服务器端新建模板文件 views/3-4-1-post.html，用它来完成向服务器提交答案的功能。

实例代码（客户端代码）：

```
11  <body>
12  <div class="title">
13      <h2>过零丁洋</h2>
14      <h3>辛苦遭逢起一经，干戈寥落四周星。</h3>
15      <h3>山河破碎风飘絮，身世浮沉雨打萍。</h3>
16      <h3>惶恐滩头说惶恐，零丁洋里叹零丁。</h3>
17      <input type="text" name="answer1" id="answer1">，
18      <input type="text" name="answer2" id="answer2">。<br /><br />
19      <button onclick="putAnswer()">提交答案</button>
20      <div id="showAnswer"></div>
21  </div>
22  </body>

25  //创建XMLHttpRequest对象
26  var xmlhttp = null;
27  if (window.XMLHttpRequest) {
28      xmlhttp = new XMLHttpRequest();//主流浏览器创建XMLHttpRequest对象
29  }
30  else if (window.ActiveXObject) {
31      xmlhttp = new ActiveXObject("Microsoft.XMLHTTP");//IE 5、IE 6创建XMLHttpRequest对象
32  }
33
34  //向服务器提交答案
35  function putAnswer() {
36      var answer1 = document.getElementById('answer1').value;
37      var answer2 = document.getElementById('answer2').value;
38      //onreadystatechange事件
39      xmlhttp.onreadystatechange = function () {
40          if (xmlhttp.readyState === 4 && xmlhttp.status === 200) {
41              var result = xmlhttp.responseText;         //获取服务器响应
42              alert('您的答案：' + result);               //提示结果
43          }
44      };
45      xmlhttp.open("POST", "http://localhost:3000/3-4-1-checkAnswer", true);//设置请求信息
46      //设置请求头信息
47      xmlhttp.setRequestHeader("Content-Type","application/x-www-form-urlencoded");
48      //发送请求
```

```
49      xmlhttp.send('answer1=' + answer1 + '&answer2=' + answer2);
50  }
```

现在看一下上述代码的整个流程。

（1）HTML 部分写了一首古诗的前三句，预留了两个 input 框，让用户来填写最后一句。

（2）Button 按钮有一个 click 事件，触发一个 putAnswer()函数。

（3）在 JavaScript 的第 25~32 行创建了一个 XMLHttpRequest 对象。

（4）在 JavaScript 的第 34~50 行发送了一个 POST 请求，用来验证答案。其中，第 45 行用 XMLHttpRequest 对象的 open()方法设置了请求参数（POST 方式，URL 地址，异步请求）；第 49 行用 XMLHttpRequest 对象的 send()方法发送请求，并把获取到的用户输入的内容保存在两个变量里，通过 send()方法把表单参数发送过去。

相应地，服务器端也要配置相应的路由来响应我们的请求。

实例代码（服务器端代码）：

```
3   //3-4-1加载页面
4   app.get('/3-4-1-post', function (req, res) {
5       res.render('3-4-1-post');
6   });
7   //3-4-1检查答案的路由
8   app.post('/3-4-1-checkAnswer', function (req, res) {
9       if (req.body.answer1 != '人生自古谁无死' && req.body.answer2 != '留取丹心照汗青') {
10          res.send('错误！');
11      } else {
12          res.send('正确！');
13      }
14  });
```

从上述代码中可以看出，第 8~13 行为古诗提交答案的服务器端逻辑代码，其中，路由为/3-4-1-checkAnswer，请求方式为 POST，响应为"错误！"或"正确！"两种文本格式。

注意：在浏览器中运行上述代码时，记得重启服务器。

运行结果（见图 3-9）：

图 3-9　AJAX 向服务器提交答案效果图

3.4.2 GET 请求实例

还是上一小节的实例，笔者再添加一个功能：如果不知道古诗答案，则可以直接向服务器请求正确答案。这个功能就是查看答案。

实例代码：

```html
11 <body>
12 <div class="title">
13     <h2>过零丁洋</h2>
14     <h3>辛苦遭逢起一经，干戈寥落四周星。</h3>
15     <h3>山河破碎风飘絮，身世浮沉雨打萍。</h3>
16     <h3>惶恐滩头说惶恐，零丁洋里叹零丁。</h3>
17     <input type="text" name="answer1" id="answer1">，
18     <input type="text" name="answer2" id="answer2">。<br /><br />
19     <button onclick="putAnswer()">提交答案</button>
20     <button onclick="getAnswer()">查看答案</button>
21     <div id="showAnswer"></div>
22 </div>
23 </body>
```

```javascript
52 //向服务器请求正确答案
53 function getAnswer() {
54     //onreadystatechange事件
55     xmlhttp.onreadystatechange = function () {
56         if (xmlhttp.readyState === 4 && xmlhttp.status === 200) {
57             var result = xmlhttp.responseText;  //获取服务器响应
58             var obj = JSON.parse(result);       //将服务器返回数据转为json对象
59             //展示数据
60             document.getElementById('showAnswer').innerHTML = obj.answer1
61                 + '？' + obj.answer2 + '。';
62         }
63     };
64     //设置请求信息
65     xmlhttp.open("GET", "http://localhost:3000/3-4-2-getAnswer", true);
66     xmlhttp.send();        //发送请求
67 }
```

现在看看上述代码的整体逻辑。

（1）在第 20 行中添加了一个"查看答案"按钮，并且为此按钮绑定了 getAnswer() 函数。

（2）上述代码省略了一部分内容，即上一小节中 POST 请求实例的代码，里面包含了 XMLHttpRequest 对象的创建和 putAnswer() 方法。

（3）第 54~66 行发送一个 GET 请求来向远程服务器请求古诗的正确答案。它和 putAnswer()方法大同小异，但还是有部分不同，其中，第 65 行把 POST 请求改为了 GET 请求。

（4）注意一点，第 58 行笔者使用了 JSON.parse()函数，表示服务器端和客户端采用了 JSON 序列化进行通信。

服务器端代码：

```
3  //3-4-2加载页面
4  app.get('/3-4-2-get', function (req, res) {
5      res.render('3-4-2-get');
6  });
7  //3-4-2查看答案的路由
8  app.get('/3-4-2-getAnswer', function (req, res) {
9      res.json({answer1: '人生自古谁无死', answer2: '留取丹心照汗青'});
10 });
```

运行结果（见图 3-10）：

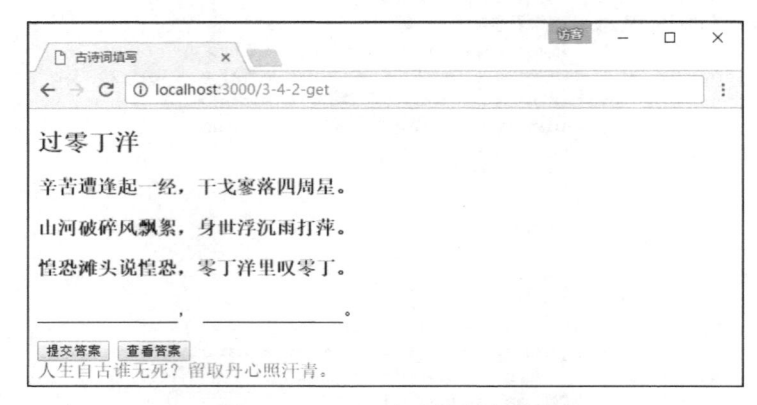

图 3-10　AJAX 查看答案效果图

注意：一旦修改了服务器的框架文件，比如入口文件 app.js，就需要重启服务器；而修改 HTML 页面是不用重启服务器的。

提示：JSON 数据是现在数据传输中最常用的数据格式，包括很多 API 在内都是 JSON 格式的数据，而 XML 很少有人在用，所以大家一定要熟练掌握 JSON 格式的数据。

3.5　封装 AJAX 对象

看了上面的例子，大家也发现了，简简单单的 AJAX 请求却要写这么多代码。那么，有简单的使用方法吗？就像笔者最开始介绍 AJAX 的时候，只用一行代码就实现了 AJAX 请求，只需导入一些别人封装好的 AJAX 对象，使用起来是非常方便的。本节笔者将带领大家一起来封装 AJAX 对象。想想在以后的开发项目中用着自己封装的 AJAX 对象，会有满满的成就感！

3.5.1 需求分析

在实现任何功能或者模块的时候，第一步是进行需求分析，以此来确定需要实现的功能，以及怎么实现。为了更方便地使用 AJAX，可对 AJAX 进行封装，封装之后，只需导入文件，然后调用 ajax.get()或者 ajax.post()函数即可。这就要定义一个 Ajax()函数，其返回值是一个对象，这个对象里面有两个属性：一个是 get()函数；另一个是 post()函数。笔者先创建一个 myAjax.js 文件，大概的代码模型如下：

```
//封装AJAX对象
function Ajax() {
    var ajax = new Object();     //定义一个新的AJAX对象
    //get请求方法
    ajax.get = function () {

    }
    //post请求方法
    ajax.post = function () {

    }
    return ajax;     //返回AJAX对象
}
```

3.5.2 封装 get()方法

万丈高楼平地起，笔者首先带领大家来封装 GET 请求方式。

使用 AJAX 的第一步就是要创建一个 XMLHttpRequest 对象，所以首先创建一个函数，专门负责创建 XMLHttpRequest 对象。

代码片段：

```
    //创建XMLHttpRequest对象
    ajax.createXMLHttpRequest = function() {
        //定义空的xmlRequset对象
        var xmlRequset = false;

        if (window.XMLHttpRequest) {
            //主流浏览器创建XMLHttpRequest对象
            xmlRequset = new XMLHttpRequest();
        } else if (window.ActiveXObject) {
            //IE 5、IE 6创建XMLHttpRequest对象
            xmlRequset = new ActiveXObject("Microsoft.XMLHTTP");
        }
        return xmlRequset;
    }

    //调用函数创建XMLHttpRequest,把创建好的XMLHttpRequest对象赋给AJAX的一个属性
```

```
21     ajax.xmlRequset = ajax.createXMLHttpRequest();
22
```

因为对象要优先创建，所以把 createXMLHttpRequest() 函数写在最前面。接下来就要初始化 AJAX 的基本配置信息，如下：

（1）AJAX 请求资源时是同步操作还是异步操作。

（2）服务器返回数据的类型是文本格式还是 JSON 格式或 XML 格式（不推荐使用）。

代码片段：

```
2  function Ajax(dataType, async) {
23     //处理数据类型,设定数据类型，就用设定的，并转换为大写；没有设定，默认HTML
24     ajax.dataType = dataType ? dataType.toUpperCase() : 'HTML';
25
26     //处理同步异步
27     if (typeof(bool)=="undefined") {   //如果没有设定同步异步的参数，默认异步
28         ajax.async = true;
29     } else {                           //如果设定了同步异步，就用你设定的
30         ajax.async = async;
31     }
32
```

可以发现，用户可以通过 Ajax() 主入口函数进行参数配置来设置 AJAX 请求时的特性。比如第 24 行用来设置服务器返回数据的类型处理方式，第 27～31 行用来设置 AJAX 请求是否为异步操作。

接着，在执行 xmlRequest.send() 方法发送请求之前，必须配置好 onreadystatechange 事件的回调函数，用于处理 AJAX 发送成功后的业务逻辑。下面就对此事件进行封装。

代码片段：

```
33     //onreadystatechange事件调用的函数
34     ajax.changeFuncition = function() {
35         //alert(ajax.xmlRequset.readyState);
36         //判断服务器响应状态，只有状态200并且readyState=4的时候，才是响应成功
37         if (ajax.xmlRequset.readyState == 4 && ajax.xmlRequset.status == 200) {
38             //根据用户设定的数据类型返回响应的格式的数据
39             if (ajax.dataType == 'HTML') {                   //HTML数据格式
40                 ajax.callback(ajax.xmlRequset.responseText);
41             } else if (ajax.dataType == 'JSON') {            //JSON数据格式
42                 //通过全局函数JSON.parse把返回的JSON字符串转化为JSON对象
43                 ajax.callback(JSON.parse(ajax.xmlRequset.responseText));
44             } else if (ajax.dataType == 'XML') {             //XML数据格式
45                 ajax.callback(ajax.xmlRequset.responseXML);
46             }
47         }
48     }
49
```

从上述代码中可以发现：

（1）第 40、43、45 行为用户自定义的回调函数。通过用户之前设置的 dataType 参数，为这个回调函数传入相应的实参。

（2）第 34 行封装的 ajax.changeFunction()方法并没有和 xmlRequest.onreadystatechange 事件进行关联，原因是里面含有用户自定义的回调函数。如果用户未设置这个回调函数，则会导致整个脚本出错。

接下来封装 get()方法，看看这个自定义的 AJAX 插件如何发送 GET 请求，以及如何搭配 ajax.callback()、ajax.changeFunction()和 xmlRequest.onreadystatechange 之间的逻辑关系。

代码片段：

```
50      /** Ajax中get请求方法
51       * @param string url 请求的url
52       * @param function callback 用来接收服务器返回数据的回调函数
53       */
54      ajax.get = function(url, callback) {
55          //判断是否有回调函数，有回调函数的话要调用onreadystatechange事件函数
56          if (callback != null) {
57              //把传递过来的回调函数给ajax的一个属性，
58              //便于onreadystatechange事件函数使用
59              ajax.callback = callback;    //
60              //调用onreadystatechange事件函数，把服务器返回的数据给回调函数
61              ajax.xmlRequset.onreadystatechange = ajax.changeFuncition;
62          }
63          //然后初始化GET请求
64          ajax.xmlRequset.open('GET', url, ajax.async);
65          //发送请求
66          ajax.xmlRequset.send();
67      }
```

从上述代码中可以发现：

（1）第 54 行对外提供了一个 get()方法，在其中用户可以设置两个参数，一个为 URL 请求地址，另一个为 callback。

（2）第 56 行判断用户是否设置了这个回调函数。如果没有设置这个回调函数，则将之前封装的 ajax.changFunction() 与 xmlRequest.onreadystatechange 事件进行关联，当 ajax.changFunction()执行到 ajax.callback()这个回调函数的时候会报错。

（3）第 59 行把用户自定义的 callback()函数赋给 ajax.callback 这个属性。

（4）第 61 行在安全的情况下把 ajax.changFunction()回调函数与 xmlRequest.onreadystatechange 事件进行关联。

（5）第 64 行初始化一个请求，并设置对应的请求方式、请求地址和是否为异步操作。

至此，自定义的 AJAX 插件的第一个功能基本完成，下面来测试一下 GET 请求的可行性。

实例代码（客户端代码）：

```
 7 <body>
 8 </body>
 9 <script src="/myAjax.js"></script>
10 <script>
11     Ajax().get('http://localhost:3000/3-5-2-get-data', function(data){
12         alert(data);
13     });
14 </script>
```

实例代码（服务器端代码）：

```
 3 //3-5-2-get加载页面
 4 app.get('/3-5-2-get', function(req, res){
 5     res.render('3-5-2-get');
 6 });
 7 //3-5-2响应ajax请求的数据
 8 app.get('/3-5-2-get-data', function(req, res){
 9     res.send('自封装的AJAX，使用GET请求成功！');
10 });
```

运行结果（见图 3-11）：

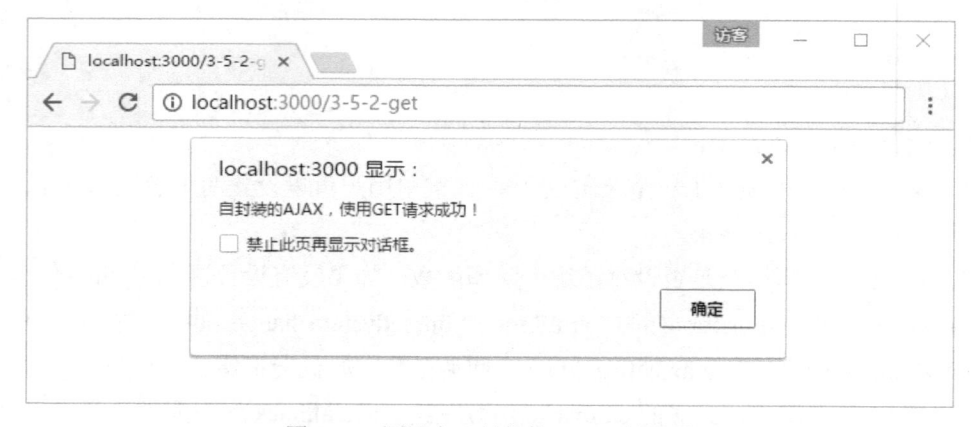

图 3-11　测试自己封装的 AJAX 效果图

3.5.3　封装 post() 方法

理解了上面的封装步骤和回调函数的原理，再来封装 post() 方法就简单多了。GET 请求可以把向服务器传递的参数放到 URL 里面去写，所以为了简单，笔者没有对 GET 请求的请求参数进行处理。而 POST 请求方式就不一样了，我们需要对 POST 请求提交的参数进行处理。

代码片段：

```
/** Ajax中post请求方法
 * @param string url 请求的url
 * @param string/object sendString post请求携带的参数 字符串或者JSON对象
 * @param function callback 用来接收服务器返回数据的回调函数
 */
ajax.post = function(url, sendString, callback) {
    //处理要向服务器提交的参数为XML支持的格式
    if (typeof(sendString == 'object')) {
        //如果是JSON对象,转化成字符串
        var str = '';
        //循环遍历这个JSON对象
        for (var key in sendString) {
            //把JSON对象转换成name=Tom&age=19的形式
            str += key + '=' + sendString[key] + '&';
        }
        //删除字符串最后一个字符'&'
        sendString = str.substr(0, str.length-1);
    }
    //判断是否有回调函数，有回调函数的话要调用onreadystatechange事件函数
    if (callback != null) {
        //把传递过来的回调函数给ajax的一个属性
        //便于onreadystatechange事件函数使用
        ajax.callback = callback;
        //调用onreadystatechange事件函数，把服务器返回的数据给回调函数
        ajax.xmlRequset.onreadystatechange = ajax.changeFunction;
    }
    //然后初始化POST请求
    ajax.xmlRequset.open('POST', url, ajax.async);
    //设置POST请求头信息
    ajax.xmlRequset.setRequestHeader('Content-Type', 'application/x-www-form-urlencoded');
    ajax.xmlRequset.send(sendString);                    //发送请求
}

return ajax;      //返回ajax对象
}
```

这段代码对比前面的 get() 方法，其实就多了一个对数据格式的处理功能，把用户传递过来的 JSON 对象转化成字符串，再用 send() 方法发送出去。

下面写一段测试代码，来验证一下 POST 请求的可行性。

实例代码（客户端代码）：

```
<body>
</body>
<script src="/myAjax.js"></script>
<script>
    Ajax('JSON').post('http://localhost:3000/3-5-2-post-data',{name:'test',city:'bj'}, function(data){
        alert('您提交的名字是: ' + data.name + '  您提交的城市是: ' + data.city);
    });
</script>
```

实例代码（服务器端代码）：

```
3  //3-5-2-post加载页面
4  app.get('/3-5-2-post', function(req, res){
5      res.render('3-5-2-post');
6  });
7  //3-5-2-post响应ajax请求的数据
8  app.post('/3-5-2-post-data', function(req, res){
9      var getName = req.body.name;                      //客户端提交的名字
10     var getCity = req.body.city;                      //客户端提交的城市
11     res.json({name: getName, city: getCity});         //返回给客户端信息
12 });
```

运行结果（见图 3-12）：

图 3-12　POST 方式 AJAX 请求测试效果图

3.6 跨域请求

在一开始使用 AJAX 的时候，笔者就一直在强调，为什么 AJAX 文件一定要放到服务器上去执行，主要是因为在本地打开去请求服务器的内容就会产生跨域请求，这是不被浏览器允许的。下面笔者为大家详细讲解一下什么是跨域以及如何处理跨域。

3.6.1 什么是跨域请求

浏览器为了安全性问题，做出了同源策略的限制，跨域请求默认是不可进行的。在介绍跨域之前，先说一下什么是域。域就是协议名（http）+主机名（www.baidu.com）+端口号（80），只有这三部分都一样，才能说是相同的域。相同域之间的请求是不受限制的，而不同域之间就不能互相请求了。下面来看几个域对比的例子，如下：

http://www.ydma.cn:80 和 ftp://www.ydma.cn:80	不同域，协议不一样
http://www.ydma.cn:80 和 http://www.ydma.com:80	不同域，主机不一样
http://www.ydma.cn:80 和 http://www.ydma.cn:8080	不同域，端口不一样
http://www.ydma.cn:80/a.html 和 http://www.ydma.cn:80/b.js	同域

看了上面的例子，大家应该对域有了一定的理解，而跨域请求就是不同域之间的访问，比如 http://www.ydma.com 访问 http://www.ydma.cn 就是跨域请求。下面来看一个例子，打开本地的 HTML 页面，里面的 AJAX 请求的地址是服务器地址 http://127.0.0.1:3000，结果如图 3-13 所示。

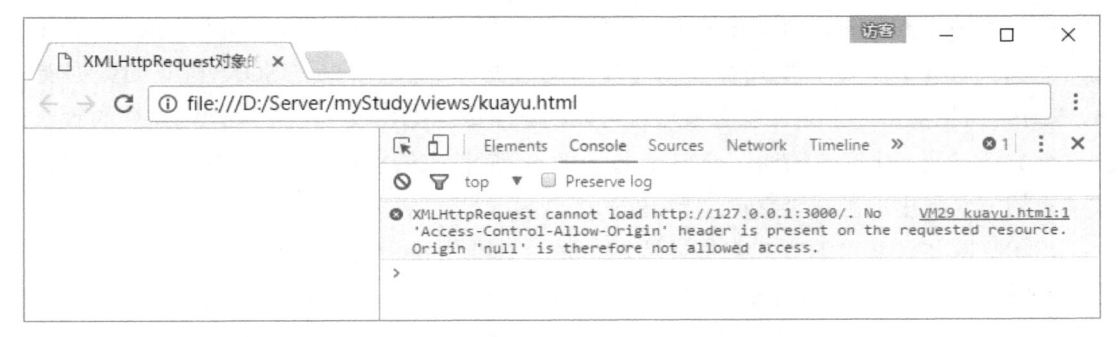

图 3-13　AJAX 跨域请求

可以看到，控制台报错了，意思是不允许请求。看一下浏览器的地址，是 file:///D:/Server/myStudy/views/kuayu.html，而 AJAX 请求的服务器地址是 http://127.0.0.1:3000，通过之前的讲解，很容易看出二者不是同一个域，于是产生了跨域请求。

跨域请求被限制的主要原因就是安全性问题，比如 CSRF 攻击。如果支持跨域请求，就有可能出现下面这则不安全的事件：

用户访问银行网站 www.money.com 进行网银操作，生成的 Cookie 都是存储在本地的。这时候用户看到一个非常吸引人的弹出广告，点击进入，地址是 www.xxxxx.com，这个网站就可以在自己的页面中获取到银行存储在本地的 Cookie，然后模拟用户登录后的操作，进行一系列非法操作。

既然存在这么大的安全性问题，我们为什么还要跨域请求呢？因为在一些公司不会把所有资源都放到一台服务器上，还会有很多不同的子域。比如主站放在 index.myweb.com，应用层放在 app.myweb.com，那么想要从 index.myweb.com 访问应用层 app.myweb.com，就会出现跨域请求。

当然，跨域请求的问题是有办法解决的，下面笔者就为大家详细介绍。

3.6.2 如何处理跨域请求

1. JSONP 处理跨域请求

处理跨域请求的方式有很多，最常见的是 JSONP，所以将其作为重点来介绍。

JSONP 是怎么产生的？笔者来分析一下。

笔者在前面说过，AJAX 请求不同域的资源会出现跨域请求，无访问权限。但是大家发现，平时写在 HTML 页面中的<img>、<link>、<script>等标签的 src 属性是不受跨域请求限制的。于是就想到，能不能让<script>去请求服务器的 JS 文件来获得需要的数据呢？答案是肯定的。但是服务器的数据又总是在更新变动，所以服务器端就有必要动态生成 JS 文件。同时大家又知道，JSON 格式可以描述复杂的数据，更重要的是 JSON 格式的数据能被 JavaScript 原生支持。于是，服务器端就可以动态生成 JSON 文件，把客户端需要的数据放到这个文件里面，让客户端通过<script>标签的 src 属性来请求这个文件。这样，一种解决跨域请求的方案就出现了，大家称之为 JSONP。

JSON 以非常简单的方式来描述数据，是一种非常常用的数据传输格式；AJAX 通过 XMLHttpRequest 对象获取非本页的内容；JSONP 是为了解决客户的跨域请求，由开发者想出来的一种解决方案，而后逐渐形成了一种非正式的传输协议。三者不是一回事，大家不要混淆了。

下面笔者来逐步实现 JSONP 的使用。

从最简单的开始，使用<script>标签向服务器请求一个 JS 文件。为了模拟跨域请求，在本地打开 HTML 页面（双击浏览器执行），请求的地址为 Node.js 服务器地址 127.0.0.1:3000。首先在任意位置新建一个 jsonpDemo.html 文件，并写入代码。

实例代码：

```
2 <html>
3 <head>
4     <title></title>
5     <meta charset="utf-8"/>
6 </head>
7 <body>
8 </body>
9 <script src="http://localhost:3000/3-6-2-json-1.js"></script>
10 </html>
11
12
```

然后进入服务器的根目录，找到 public 文件夹，里面存放的就是静态资源（CSS、JS、图片等）。进入 public 目录，新建一个 3-6-2-json-1.js 文件，并写入代码。

实例代码：

```
1 alert('This message from server');
```

运行结果（见图3-14）：

图3-14　JSONP原理1效果图

可以发现浏览器的地址是 file:///D:/Server/myStudy/views/3-6-2-json-1.html，而<script>标签的 src 属性请求的地址是 http://localhost:3000/3-6-2-json-1.js，从而证明了这种跨域设想是行得通的。

提示：请求地址 http://localhost:3000/3-6-2-json-1.js，服务器判断请求的是 JS 静态文件，就会去静态资源目录 public 里面寻找对应的静态文件，这是在项目入口文件 app.js 中配置好的，大家不必纠结于此。

下面笔者继续扩展代码。既然可以通过<script>标签的 src 属性跨域请求服务器的 JS 文件，那么笔者再做一个测试。在 3-6-2-json-2.html 页面中的 JavaScript 代码部分写一个 JavaScript 函数 getDate()。

实例代码：

```
<body>
</body>
<script>
    function getData(data){
        alert('我是本地函数，跨域请求服务器的JS文件，服务器返回的数据是：'+data.result)
    }
</script>
<script src="http://localhost:3000/3-6-2-json-2.js"></script>
```

然后让服务器的 JS 文件调用这个函数，并传递一些服务器想要返回给我们的 JSON 数据。

实例代码：

```
getData({result:'This message from server'});
```

运行结果（见图3-15）：

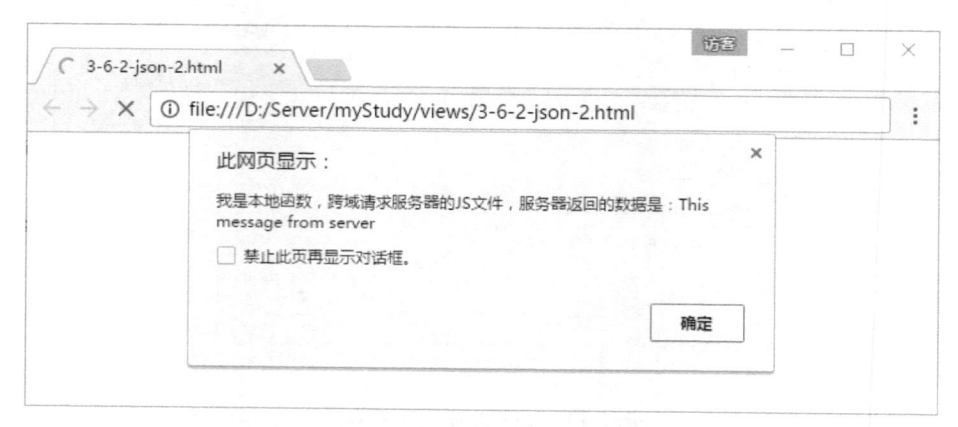

图3-15 服务器调用本地函数并返回数据效果图

这样做有什么好处呢？好处就是开发者的代码不是写死的，服务器端可以动态地给客户端返回需要的数据。到这里，跨域请求数据基本可以使用了。但是还有一台弊端，毕竟一个后台服务器提供的接口要同时面对众多不同的使用者，而本地函数的名字又不一定都是相同的，那么，怎么让服务器知道本地函数的名字呢？

笔者突然想到，可以在 URL 后面传递一个本地函数的参数，这样服务器就可以拿到这个函数名并返回数据了。并且还可以有一些其他的参数，告诉服务器客户端需要获取的特定数据。但是，在<script>标签里只能执行 JavaScript 代码，所以，需要让服务器动态返回一段调用本地函数的 JavaScript 代码，并把需要的数据传递过来。比如查询天气的服务器查询北京的天气信息，并且指定日期为 20170101。

实例代码：

```
 7 <body>
 8 </body>
 9 <script>
10     function getWeather(data){
11         alert(data.city+'在'+data.date+'的天气为'+data.weater)
12     }
13 </script>
14 <script src="http://localhost:3000/3-6-2-json-3-data?callback=getWeather&city=bj&date=20170101"></script>
```

上述代码写了一个供服务器调用的本地函数，并把这个函数名通过 URL 传参"?callback=getWeather"的方式，让服务器知道本地函数的名字。通过<script>标签请求了 getWeather 这个路由，相应地，在服务器端的入口文件 app.js 中也这样定义这个路由。

实例代码：

```
3 //3-6-2-json-3返回天气数据
4 app.get('/3-6-2-json-3-data', function (req, res) {
5     var city = req.query.city;    //获取请求参数的查询城市
6     var date = req.query.date;    //获取请求参数的查询日期
7     //返回指定城市、指定日期的天气信息
```

```
 8      //jsonp函数已经帮我们做好了处理，会自动获取参数中callback的值作为函数名
 9      res.jsonp({city: city, date: date, weater: '小雨转中雨'});
10  });
```

运行结果（见图 3-16）：

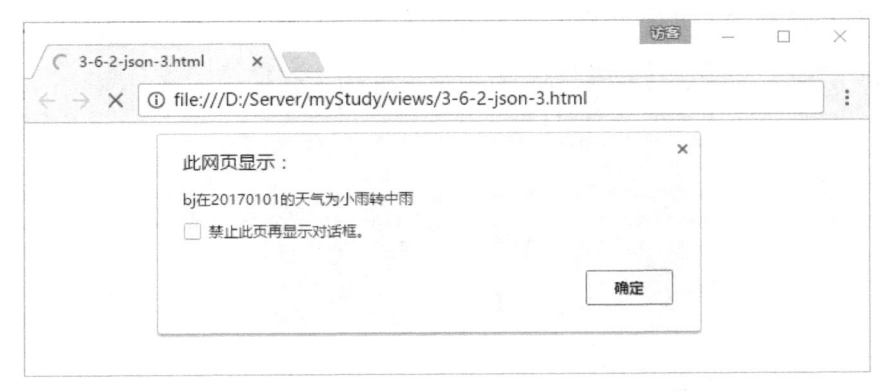

图 3-16　服务器返回调用本地函数的 JavaScript 代码效果图

由于使用了 express 框架，在返回数据的时候并不像之前的例子，返回 getWeather({...}) 这种形式的数据。其实 express 在底层已经帮我们做好了封装，会自动获取到 URL 中的 callback 参数的值，并且返回相应的 JavaScript 代码格式。

可以看到地址是本地，请求的是服务器，又是一个成功的跨域请求。为了验证我们刚才说的 express 框架对 JSONP 进行了封装，来看一下服务器返回的数据，如图 3-17 所示。

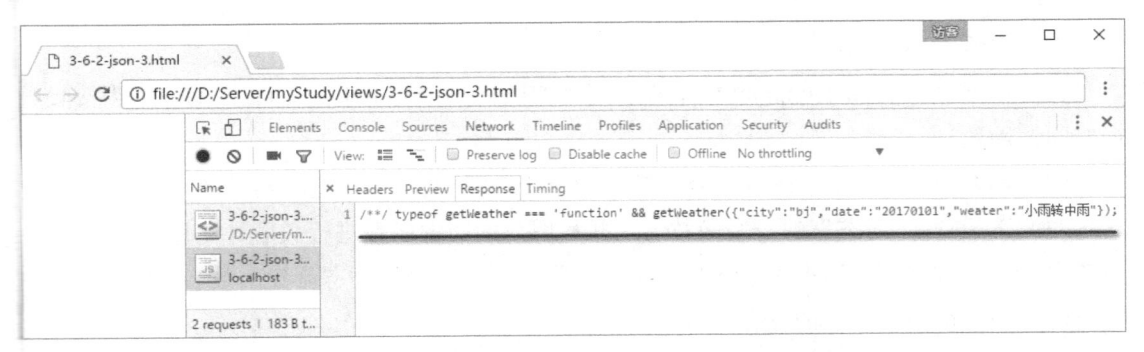

图 3-17　服务器返回的 JSONP 数据

从代码中可以看到，通过 JSONP 方式写一个跨域请求，就要定义一个函数，并且用 <script> 标签去请求一次。在网站中，可能一个页面要写十几个或者几十个这样的请求，想想都是一种痛苦。那么，有没有什么办法实现一种封装，实现代码的复用呢？很简单，就像前面自己动手封装的 AJAX，只要稍微进行扩展，把 JSONP 也封装到上述 AJAX 里面，这样以后使用起来就会非常方便。

代码片段：

```
77   /** JSONP跨域请求
78    * @param string url 请求的url
79    * @param function callback 用来接收服务器返回数据的回调函数
80    */
81   ajax.jsonp = function(url, callback) {
82       //动态创建script标签,为了使用它的src属性去请求服务器
83       var script = document.createElement('script');
84       //随机生成函数名,不然会读取本地缓存的js文件
85       var time = new Date();
86       var funcName = 'jsonp' + time.getTime();
87
88       //拼接URL,判断url中是否传有参数
89       if (url.indexOf('?') > 0) {   //如果url中有传递参数,这样拼接URL
90           url = url + '&callback=' + funcName;
91       } else {  //如果url中没有传递参数,这样拼接URL
92           url = url + '?callback=' + funcName;
93       }
94
95       //注册回调函数到全局
96       window[funcName] = function(data) {
97           callback(data);
98           //把数据给回调函数之后销毁我们注册的函数和创建的script标签
99           delete window[funcName];                      //删除函数
100          script.parentNode.removeChild(script); //删除script标签
101      }
102
103      //设置script标签的src属性
104      script.setAttribute('src', url);
105      //把script标签加入head,请求服务器得到数据
106      document.getElementsByTagName('head')[0].appendChild(script);
107  }
```

现在看看上述代码。

（1）第 81 行，ajax.jsonp()函数接收了两个参数：一个为请求的 URL；另一个为接收数据的回调函数。

（2）第 83 行，创建一个<script>标签，用于 JSONP 请求远程服务器资源。

（3）第 86 行，动态创建一个函数名，并与用户的回调函数进行关联，让每次<script>标签请求返回的数据都可以调用用户自定义的回调函数。之所以动态创建函数名，是为了解决针对同一个地址多次请求的缓存问题。

（4）第 89～93 行，把 callback 参数拼接到对应的 URL 上，通过判断 URL 中是否已经包含其他参数来进行不同方式的拼接。

（5）第 96～101 行，封装回调函数，它的名字是随机的，让其作为 window 对象的一个属性，并把其回调结果通过一个实参传递到函数里，最后消除这个 window 对象属性，并移除对应的标签。

实例代码（客户端代码）：

```
 7  <body>
 8  </body>
 9  <script src="../public/myAjax.js"></script>
10  <script>
11      Ajax().jsonp('http://localhost:3000/3-6-2-json-4-data?city=tj&date=20170101',
12          function(data){
13              alert(data.city+'在'+data.date+'的天气为'+data.weater);
14          });
15  </script>
```

注意导入 myAjax.js 文件的路径。因为要在本地双击打开 HTML 页面测试跨域，所以笔者将加载 myAjax.js 文件的路径换成了本地的路径。还有一点要注意的是，在传递参数的时候不用再传递一个本地函数的名字了，因为我们在 myAjax() 函数中已经做好了相应的封装。

实例代码（服务器端代码）：

```
 3  //3-6-2-json-4返回天气数据
 4  app.get('/3-6-2-json-4-data', function (req, res) {
 5      var city = req.query.city;   //获取请求参数的查询城市
 6      var date = req.query.date;   //获取请求参数的查询日期
 7      //返回指定城市、指定日期的天气信息
 8      //jsonp函数已经帮我们做好了处理，会自动获取参数中callback的值作为函数名
 9      res.jsonp({city: city, date: date, weater: '小雨转中雨'});
10  });
```

运行结果（见图 3-18）：

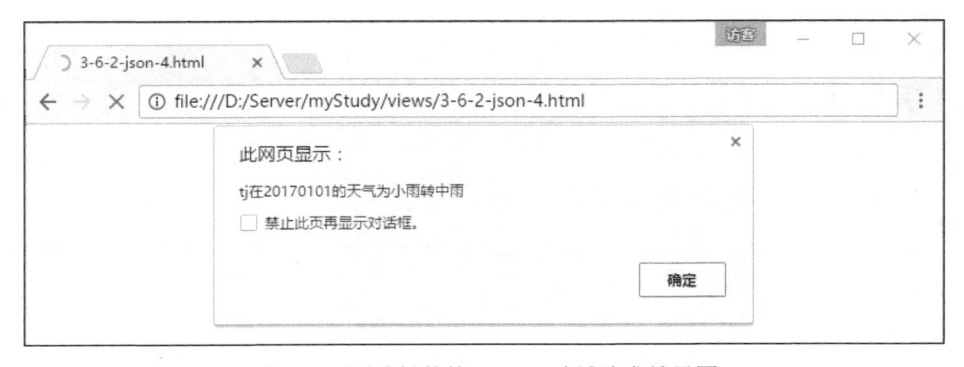

图 3-18 测试封装的 JSONP 跨域请求效果图

重启服务器，双击打开 3-6-2-json-4.html 页面进行跨域请求，就可以看到如图 3-18 所示的结果。

刚刚我们简单地对 JSONP 进行了封装，其实很多 JavaScript 类库都已经封装好了，比如 jQuery，在本书的后续章节中笔者还会讲到。如果大家理解了 JSONP，那么后面的几种跨域方式就更简单了，下面一起来看一看。

即使 JSONP 非常好用，但是仍然需要在后端约定一个参数 callback，以便适合我们自己开发的项目，可以自定义返回值，而且一些常见的框架还会对 JSONP 进行封装，使返回数

67

据更简单、便捷。然而对于一些其他的第三方 API 接口，通常直接返回的就是 JSON 或者 XML，这时候再通过 JSONP 形式获取数据就不合适了。JSONP 方式还无法发送 POST 请求，而且想要确定 JSONP 的请求是否失败并不容易，大多数实现都是结合超时时间来进行判断的。另外，因为 JSONP 请求的是可执行脚本，所以在请求第三方的服务器时，可能会存在安全隐患。当然，我们还会采用其他的方式，这就是我们下面要说的代理服务器处理跨域请求。

2. 代理服务器处理跨域请求

大家知道跨域访问其实只是浏览器的同源策略，从服务器方面来说，并没有这个限制。像使用 PHP 的 CURL、Python 的 Urllib 库，以及 Node.js 的 http 模块，都可以抓取其他网站的页面，不存在跨域的问题。

这样就可以把前台客户端 AJAX 需要跨域请求的地址交由后台服务器端，服务器通过自己的抓取工具去请求相应的地址，然后把得到的数据返回给客户端。这种通过服务器做代理请求的方式就是我们常说的代理服务器。

这里使用的是 nodegrass 模块，这是针对 http 模块进行封装后的模块，使用起来非常方便。当然也可以直接使用 http 模块，不过代码量会很大。nodegrass 模块在 Node.js 扩展模块中是没有的，需要进行安装，安装方法如下：

```
npm install nodegrass -g     //-g 是全局安装的意思
```

安装之后，就可以直接导入这个模块，使用代理服务器了。

实例代码（客户端代码）：

```
 7 <body>
 8 </body>
 9 <script src="/myAjax.js"></script>
10 <script>
11     Ajax().get('http://localhost:3000/3-6-2-proxy-data', function(data){
12         document.write(data);
13     });
14 </script>
```

实例代码（服务器端代码）：

```
 3 //加载nodegrass模块
 4 var nodegrass = require('nodegrass');
 5 //3-6-2-proxy加载代理服务器页面模板
 6 app.get('/3-6-2-proxy', function (req, res) {
 7     res.render('3-6-2-proxy');
 8 });
 9 //3-6-2-proxy测试代理服务器
10 app.get('/3-6-2-proxy-data', function (req, res) {
11     //使用http模块请求要访问的地址
12     nodegrass.get('http://www.baidu.com', function (data) {
13         res.send(data);   //返回结果给Ajax请求
```

```
14     });
15 });
```

提示：细心的读者或许会发现，基于这个模块，我们可以抓取任何我们想要的其他网站的数据，以及一些 API 接口数据。

运行结果（见图 3-19）：

图 3-19　通过代理服务器处理跨域请求

可以发现，在 HTML 代码中直接请求百度就会存在跨域的问题，但是笔者巧妙地利用了服务器不受同源策略的限制，让服务器去请求百度，并把请求后的数据返回给客户端，这就是服务器代理。在获取一些 API 接口的时候，通常都是这样做的。

3．基于<iframe>标签

window 对象有一个 name 属性，这个属性有一个很大的特征，就是在打开的这个窗口中，所有页面使用的都是同一个 window.name 属性，而且都可以读取和修改 window.name 属性的值。window.name 属性始终存在于当前窗口所打开过的所有页面中，不会因页面的刷新和新页面的载入而重置。下面通过一个简单的例子来测试 window.name 属性的值。

实例代码（第一个页面）：

```
 7 <body>
 8 <a href="./3-6-2-iframe-2.html">点击在本窗口打开一个新的页面，并查看window.name的值</a>
 9 </body>
10 <script>
11     window.name = '这是第一个页面设置的name属性的值！';
12 </script>
```

细说 AJAX 与 jQuery

实例代码（第二个页面）：

```
 7 <body>
 8 <h3>这是在本窗口新打开的第二个页面，在这个页面显示window.name的值</h3>
 9 </body>
10 <script>
11     alert(window.name); //显示window.name的值
12 </script>
```

运行结果（见图 3-20）：

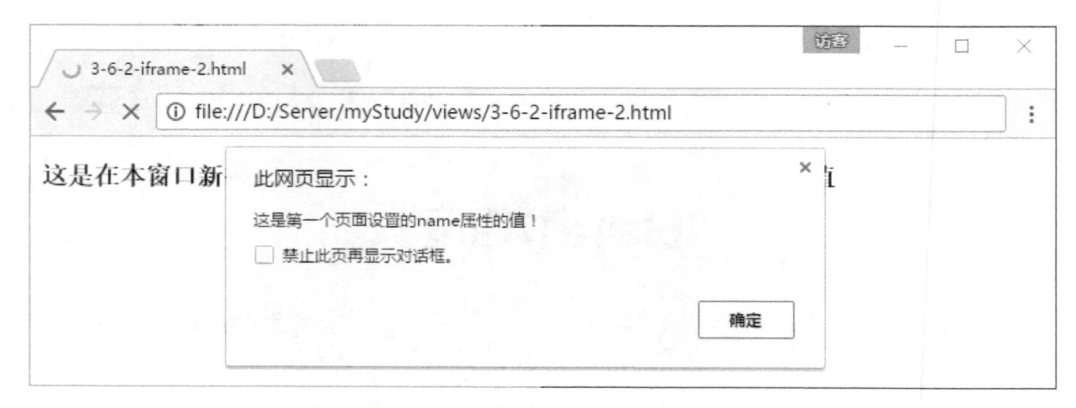

图 3-20　测试 window.name 属性的值效果图

可见，window.name 属性确实是在同一个窗口中共用并且始终存在的，除非你关闭这个窗口。那么就可以设计利用 window.name 属性来实现跨域请求。具体思路如下：

（1）要想让当前页面不刷新、不跳转就能使用 window.name 属性跨域获取服务器数据，就需要使用一个标签，在这个标签中打开一个新的页面（<iframe>标签足以胜任），然后把这个标签隐藏起来。

（2）将<iframe>标签的 src 属性设置成需要跨域请求的地址就可以获得数据了。怎么让服务器返回动态的数据呢？可以在 URL 后面加入一些参数，这样服务器就可以返回相应的数据了。服务器返回的代码大概如下：

```
//服务器返回一段设置 window.name 属性的代码
res.send("<script>window.name = '" + data + "';</script>"); //data 是服务器处理后的数据
```

（3）可是，客户端的<iframe>标签访问的服务器地址和当前父页面访问的地址之间处于跨域状态，并不能通过 window.name 属性进行通信（因为当它们之间存在跨域时是不可以访问的）。但是，此刻数据已经请求到客户端的<iframe>标签窗口内，只需重置<iframe>标签的域就可以再次拿到数据。把<iframe>标签的域重置成空白域，因为空白域是不存在跨域问题的。

（4）此刻 HTML 页面的 JavaScript 代码如下所示：

```javascript
var iframe = document.getElementById('iframe');    //获取节点
iframe.src = 'about:blank';                         //重置 src 属性
iframe.onload = function(){                         //重新执行<iframe>
    alert(iframe.contentWindow.name);               //拿到数据
}
```

实例代码（客户端实例）：

```html
7  <body>
8  <button onclick="getData()">点击发起跨域请求数据</button>
9  <iframe id="iframe" src="http://localhost:3000/3-6-2-iframe-data?name=兄弟连"
10   style="display:none"></iframe>
11 </body>
12 <script>
13 function getData(){
14     //获取iframe元素标签对象
15     var iframe = document.getElementById('iframe');
16     iframe.src = 'about:blank';    //因为是空白页面，所以就不存在域了
17     //让iframe重新加载一次，地址就变成我们同域的了（空白页面和任何域都同域）
18     iframe.onload = function(){
19         //iframe中的contentWindow对象相当于我们正常打开页面的window对象，获取它的name值
20         var data = iframe.contentWindow.name;
21         data = JSON.parse(data);    //把它的值转为json格式
22         alert(data.name + '的口号是：' + data.info);   //输出答应数据
23     }
24 }
25 </script>
```

实例代码（服务器端实例）：

```javascript
3  //3-6-2-iframe-data返回iframe标签需要的数据
4  app.get('/3-6-2-iframe-data', function (req, res) {
5      var param = req.query.name;                          //接收请求的参数
6      var data = {name: param, info: '无兄弟不编程！'};    //返回json格式数据
7      var data = JSON.stringify(data);                     //将JSON数据转换为JSON字符串
8      res.send("<script>window.name ='" + data + "';</script>");  //返回可执行JS代码
9  });
```

运行结果（见图 3-21）：

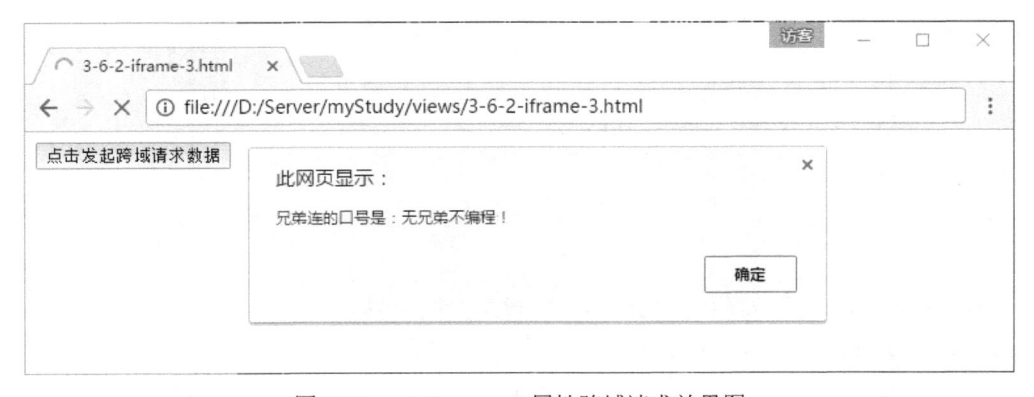

图 3-21　window.name 属性跨域请求效果图

写到这里，window.name 属性基本上可以拿出来使用了。但是，不可能每次使用的时候我们都写这么一大段重复无意义的代码，编程的思想就是不要重复造轮子。下面把这种跨域方式继续封装到 myAjax.js 中。

实例代码：

```
108     /** window.name跨域请求
109      * @param string url 请求的url
110      * @param function callback 用来接收服务器返回数据的回调函数
111      */
112     ajax.iframe = function (url, callback) {
113         //创建iframe标签
114         var iframe = document.createElement('iframe');
115         //设置属性为隐藏
116         iframe.style.display = 'none';
117         //指定iframe的src
118         iframe.src = url;
119         //把iframe节点写入到body中
120         document.getElementsByTagName('body')[0].appendChild(iframe);
121         //设置标志,用于判断,保证src只设定一次
122         var flag = true;
123         //src改变一次,iframe重新加载一次
124         ajax.onload = function () {
125             //判断标志状态,防止重复设置src
126             if (flag) {
127                 //将域设置成同域
128                 iframe.src = 'about:blank';
129                 //一旦设置好src之后,立刻改变标志状态
130                 flag = false;
131             } else {
132                 // 同域的src加载好之后,就可以获取window.name的值了
133                 //获取服务器设定name值
134                 var data = iframe.contentWindow.name;
135                 //判断用户想要接收的数据类型
136                 if (ajax.dataType == 'JSON') {
137                     //将JSON格式字符串转换为JSON对象
138                     data = JSON.parse(data);
139                 }
140                 //将数据给回调函数
141                 callback(data);
142                 //销毁节点
143                 document.body.removeChild(iframe);
144             }
145         };
146         //考虑到浏览器兼容问题,这样绑定事件
147         if(iframe.attachEvent){
148             iframe.attachEvent('onload', ajax.onload);
149         }else{
150             iframe.onload = ajax.onload;
151         }
152     }
```

看看上述代码，可以发现它和 JSONP 的封装大同小异。

（1）第 114 行，创建<iframe>标签用来请求远程资源。

（2）第 126～131 行，一旦远程资源请求成功，立即设置<iframe>标签的 src 属性为"about:blank"，让它和父级页面同域。

（3）第 132～143 行，一旦将二者设置为同域状态，此刻父级页面就可以通过 window.name 属性获取跨域服务器资源了。

（4）第 146～151 行，用来设置浏览器兼容问题。

至此，整个<iframe>跨域获取资源封装完成，现在通过一个实例测试一下。

实例代码：

```
7  <body>
8  <button onclick="getData()">点击发起跨域请求数据</button>
9  </body>
10 <script src="../public/myAjax.js"></script>
11 <script>
12 function getData(){
13     Ajax('JSON').iframe('http://localhost:3000/3-6-2-iframe-data?name=兄弟连',
14     function(data){
15         alert(data.name + '的口号是：' + data.info);   //输出答应数据
16     });
17 }
18 </script>
```

运行结果（见图 3-22）：

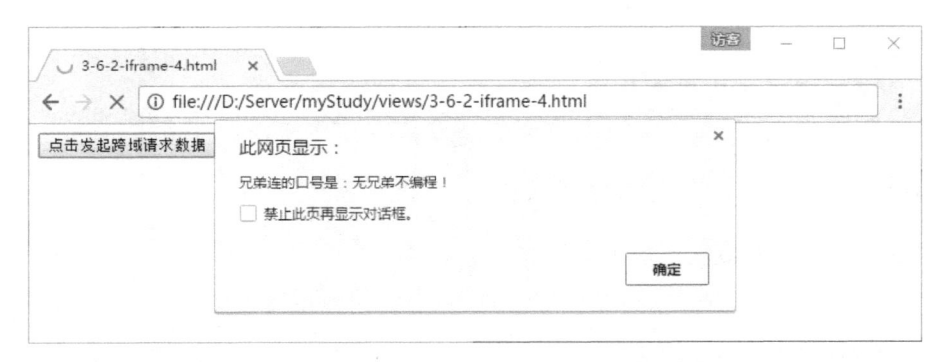

图 3-22　测试封装的 window.name 属性跨域请求效果图

当然，这里笔者只是做了一些简单的封装，相比一些成熟的框架还有不足之处，目的是让大家理解常见框架的底层是怎么实现封装的，以及通过自己的封装理解它们的原理。

遗憾的是，window.name 属性也不支持 POST 跨域请求。笔者还有其他的跨域解决方案，接下来就给大家介绍一下 CORS 跨域请求。

4. CORS

CORS 是 W3C 推出的一种新的机制，即跨源资源共享（Cross-Origin Resource Sharing）。这种机制允许浏览器向跨源服务器发出 XMLHttpRequest 请求，它基于浏览器的一个内置机制，需要浏览器的支持。由于这是浏览器的支持，所以我们在使用 CORS 处理跨域请求的时候，浏览器判断这是一个跨域请求，会自动帮我们做好相应的跨域请求配置，添加一些附加的头信息，而我们要做的仅仅是在服务器端判断是否允许这个域访问。

下面通过常见的三个场景来讲解一下 CORS 的跨域流程。

1）简单请求

所谓的简单请求必须满足以下要求：

（1）请求方式为 GET、POST、HEAD。

（2）数据类型 Content-Type 只能是 application/x-www-form-urlencoded、multipart/form-data 或 text/plain 中的一种。

（3）不使用自定义的请求头。

实例代码：

```
<body>
<button onclick="sendGet()">点击发起一个简单请求</button>
</body>
<script>
    //Ajax发送请求的函数
    function sendGet(){
        var xmlHttp = new XMLHttpRequest();        //XMLHttpRequest对象
        xmlHttp.onreadystatechange = function(){   //监听事件
            if (xmlHttp.readyState == 4 && xmlHttp.status == 200) {
                var data = xmlHttp.responseText;
                alert(data);
            }
        };
        //GET方式的简单请求
        xmlHttp.open('GET', 'http://localhost:3000/3-6-2-cors-1-data', true);
        xmlHttp.send();                //发送请求
    }
</script>
```

运行结果（见图 3-23）：

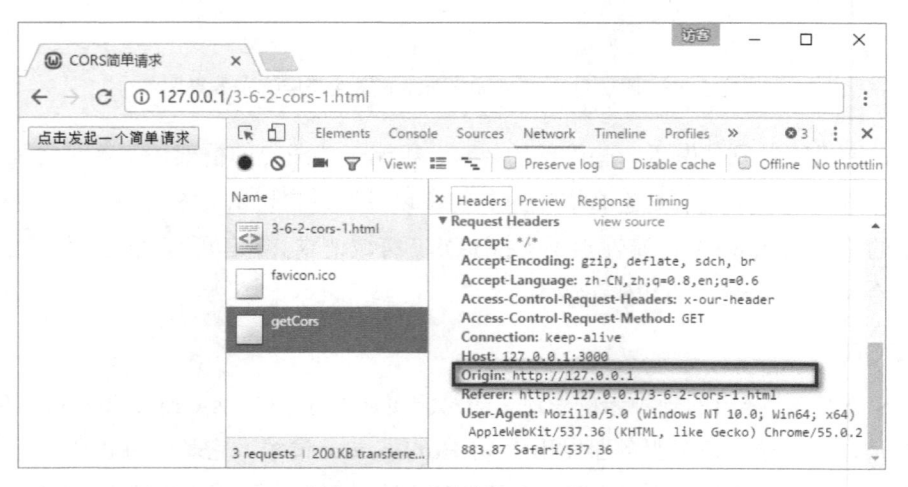

图 3-23　跨域请求头信息

笔者测试了一下，如果双击打开 HTML 页面进行测试，则属于本地打开文件，并不存在域，浏览器捕获不到当前域。所以笔者把 corsDemo.html 文件放到 PHP 的 wamp 环境中去执行，模拟跨域。即 PHP 的 http://127.0.0.1 去请求 Node.js 的 http://127.0.0.1:3000，因为端口不一样也是跨域请求。运行结果如图 3-24 所示。

图 3-24　跨域请求被拒绝

可以看到，当点击按钮试图请求 Node.js 服务器的资源时，浏览器会自动设置好跨域的请求头信息。如果浏览器不允许跨域请求，就会在浏览器的控制台里报错。

如果想解决不允许跨域请求的问题，则只需设置一个允许跨域请求的头信息，浏览器就可以跨域请求目标服务器了。

实例代码（服务器端代码）：

```
//3-6-2-cors-2返回数据
app.get('/3-6-2-cors-2-data',function(req, res){
    res.set({
        'Access-Control-Allow-Origin': 'http://127.0.0.1' //允许http://127.0.0.1
    });
    res.send('这里是来自nodejs的数据！');
});
```

运行结果（见图 3-25）：

图 3-25　跨域请求成功

可以看一下服务器端的代码，笔者只是简单地设置了一个头信息，就允许 http://127.0.0.1 这个域请求我们的服务器了，如下：

'Access-Control-Allow-Origin':'http://127.0.0.1'

经过设置，只允许 http://127.0.0.1 这个域请求。如果想让任何域都能请求呢？也很简单，只需把 Access-Control-Allow-Origin 设置为 "*" 就可以了，如下：

'Access-Control-Allow-Origin':'*'

一旦设置成 "*" 之后，任何所属域的 AJAX 来请求这个服务器，都会被授予访问权限，都会正常地响应数据，甚至我们在本地打开的 HTML 文件都可以实现。

为什么这样设置就可以实现跨域请求了呢？下面来看一下当设置好响应头之后，服务器发送的响应头是怎样的，如图 3-26 所示。

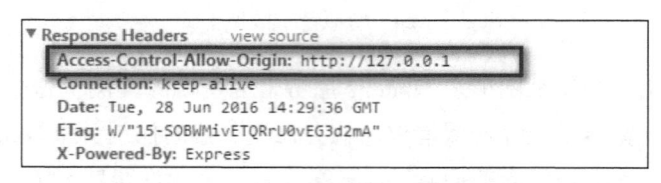

图 3-26　服务器响应跨域请求头信息

服务器返回了允许当前域跨域请求的头信息，这样浏览器就能获得服务器返回的数据了。

2）预请求

预请求是一种相对复杂一些的请求。当出现以下条件时，就会被当作预请求处理：

（1）请求方式是 GET、HEAD、POST 以外的方式，比如 PUT、DELETE 等。

（2）使用 POST 请求方式，但数据类型是 application/xml 或者 text/xml 的 XML 数据请求。

（3）使用了自定义的请求头信息。

实例代码（客户端代码）：

```
1  <!DOCTYPE html>
2  <html>
3  <head>
4      <title>测试CORS</title>
5      <meta charset="UTF-8"/>
6  </head>
7  <body>
8  <button onclick="sendGet()">点击发起一个预请求</button>
9  <script>
10     //Ajax发送请求的函数
11     function sendGet() {
12         var xmlHttp = new XMLHttpRequest();        //XMLHttpRequest对象
13         xmlHttp.onreadystatechange = function () {  //监听事件
14             if(xmlHttp.readyState == 4 && xmlHttp.status ==200) {
15                 var data = xmlHttp.responseText;
16                 alert(data);
```

```
17            }
18        }
19        //PUT方式的简单请求
20        xmlHttp.open('PUT', 'http://127.0.0.1:3000/getCors', true);
21        //设置头信息
22        xmlHttp.setRequestHeader('X-Our-Header', 'xdl');
23        xmlHttp.send();           //发送请求
24    }
25 </script>
26 </body>
27 </html>
```

这时候服务器端的代码还没有进行修改,只能响应普通请求。此刻在浏览器地址栏中输入 http://127.0.0.1/test/corsDemo.html,通过 PHP 服务器打开我们的 HTML 页面,然后点击按钮,触发 AJAX 发送一个复杂请求。我们来看 Network 的请求头信息都有什么,如图 3-27 所示。

图 3-27　复杂跨域请求先发送 OPTIONS 请求探测

可以看到请求方法是 OPTIONS,也就是在处理复杂请求的时候,AJAX 会先发送一个 OPTIONS 的请求,并设置好复杂请求方式和自定义的头信息,然后一起发给服务器,探测服务器是否允许复杂请求。如果服务器允许复杂请求,那么 AJAX 会再发送一个正常的 PUT 请求,获取客户端想要的数据。现在修改服务器端的 app.js 代码,让服务器支持该复杂请求。

实例代码(服务器端代码):

```
3  //3-6-2-cors-3返回数据
4  app.use('/3-6-2-cors-3-data',function(req, res){
5      res.set({
6          'Access-Control-Allow-Origin': 'http://127.0.0.1',   //允许http://127.0.0.1
7          'Access-Control-Allow-Methods':'GET,PUT,POST',       //允许PUT方式
8          'Access-Control-Allow-Headers':'X-Our-Header'        //允许X-Our-Header头
9      });
10     res.send('这里是来自nodejs的数据!');
11 });
```

这里笔者先把接收的请求方式设置为 app.use,表示接收任何请求方式;然后设置了一

些响应头信息，允许对应的复杂请求访问；最后在浏览器中执行请求，可以看到服务器返回了响应头信息，如图 3-28 所示。

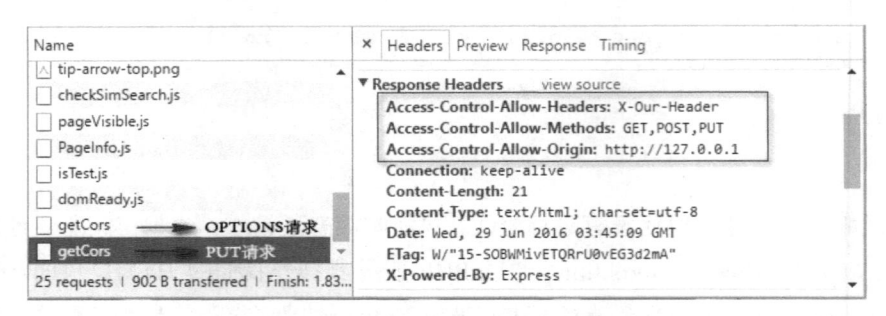

图 3-28　服务器响应复杂请求的头信息

服务器告诉浏览器，我允许你这个域的请求，不仅允许你使用 PUT 方式请求，头信息中设置的请求方式都被允许。

注意：只有 Access-Control-Allow-Origin 可以设置为"*"，表示接收任何域的请求。Access-Control-Allow-Methods 和 Access-Control-Allow-Headers 是不能设置为"*"的，必须针对浏览器特定的请求来进行设置。

3）附带凭证信息的请求

XMLHttpRequest 对象在发送同域请求的同时会发送凭证（HTTP Cookie 和验证信息）信息，但是跨域请求则不会发送。现在来看看之前的跨域请求头信息，如图 3-29 所示。

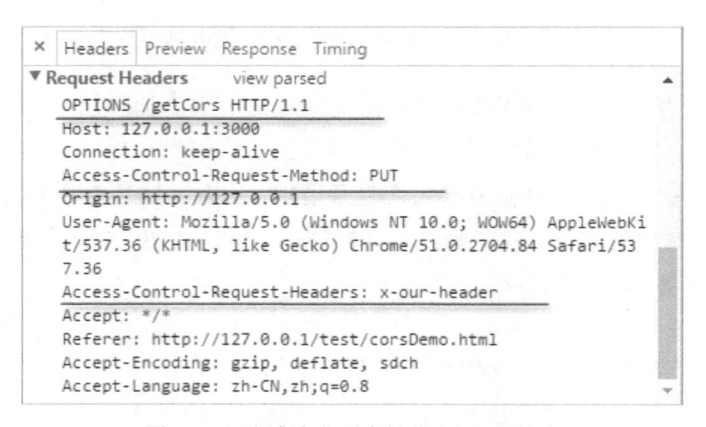

图 3-29　跨域请求不会携带 Cookie 信息

所以，如果想要传递 Cookie 给服务器，就要在请求头里设置允许发送凭证信息，仅在客户端设置而服务器没有做出允许发送凭证信息的响应，也不会请求成功。

实例代码（客户端代码）：

```
7  <body>
8  <button onclick="sendGet()">点击发起一个cors跨域请求</button>
9  </body>
10 <script>
11     document.cookie = "name=itxdl";              //设置cookie
12     //Ajax发送请求的函数
13     function sendGet(){
14         var xmlHttp = new XMLHttpRequest();      //XMLHttpRequest对象
15         xmlHttp.onreadystatechange = function(){ //监听事件
16             if (xmlHttp.readyState == 4 && xmlHttp.status == 200) {
17                 var data = xmlHttp.responseText;
18                 alert(data);
19             }
20         };
21         //GET方式的简单请求
22         xmlHttp.open('GET', 'http://localhost:3000/3-6-2-cors-4-data', true);
23         xmlHttp.withCredentials = true;
24         xmlHttp.send();                          //发送请求
25     }
26 </script>
```

只需在客户端简单设置一下 xmlHttp.withCredentials = true 就可以了。

实例代码（服务器端代码）：

```
3  //3-6-2-cors-4返回数据
4  app.get('/3-6-2-cors-4-data',function(req, res){
5      console.log(req.cookies);        //打印cookie信息
6      res.set({
7          'Access-Control-Allow-Origin': 'http://127.0.0.1',  //允许http://127.0.0.1
8          'Access-Control-Allow-Credentials': true
9      });
10     res.send('这里是来自nodejs的数据！');
11 });
```

服务器端只需设置'Access-Control-Allow-Credentials':true 就可以正常响应浏览器附带凭证信息的跨域请求了。下面再来看看请求头信息，如图3-30 所示。

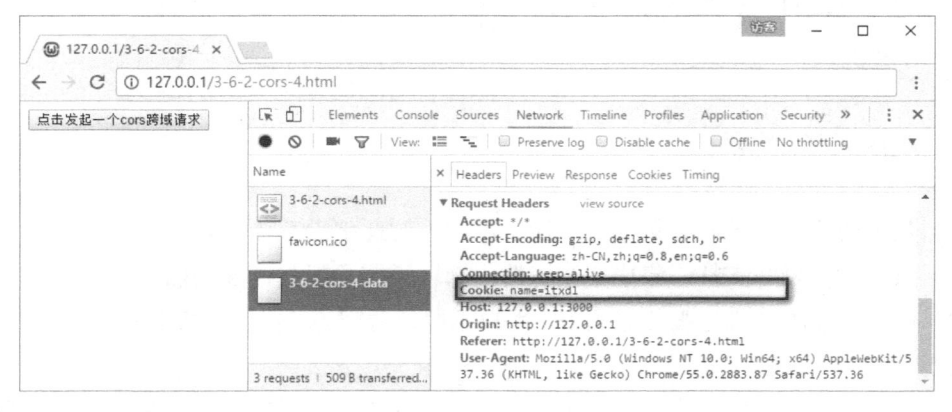

图 3-30　带凭证的跨域请求

可以看到，在请求的时候就会有 Cookie 传递过去，从而实现了附带凭证信息的跨域请求。

总结：

当然，跨域请求的处理方式还有很多，这里只介绍了常用的几种。下面笔者来总结一下这几种方式的优缺点，以便读者在不同的情况下选择最佳的解决方案。

（1）JSONP 需要后端服务器的配置，返回回调函数。这种方式无法发送 POST 请求，而且想要确定 JSONP 的请求是否失败并不容易，大多数实现都是结合超时时间来进行判断的。另外，JSONP 因为请求的是可执行脚本，所以在请求第三方的服务器时，可能会存在安全隐患。这种方式适用于请求我们自己的服务器。

（2）代理服务器处理跨域请求比较常用，我们在服务器端调用一些第三方 API 接口时，都是通过代理服务器去请求的，比如 PHP 的 CURL、Node.js 的 http 模块。基于这个原理，我们甚至可以写出一个爬虫程序去抓取其他网站的数据。

（3）window.name 最大的优点就是简单、安全，它仅仅设置了 window.name 属性的值，并不会被跨站脚本攻击。但是这种方式也不支持 POST 请求，比较适合配合我们自己的服务器跨域使用。

（4）CORS 是 H5 的一个新特性，使用方便且安全，基本支持所有方式的请求，但是一些老版本的浏览器是不能使用的，比如 IE 6、IE 7。所以要根据自己的业务需求来判断是否使用 CORS 方式跨域。

3.7 AJAX 的优缺点

事物都是有两面性的，AJAX 也不例外。尽管使用 AJAX 的好处众多，但是也存在许多缺点；虽然可以通过一些特殊方法解决，但是非常烦琐。下面我们一起来看看 AJAX 的优缺点。

3.7.1 AJAX 的优点

（1）最大的优点应该就是页面无刷新了，大家对此都深有体会。
（2）所有浏览器都支持，集成在浏览器内部，不需要下载额外的插件。
（3）使用异步的方式与服务器通信，用户不用长时间等待某一个操作，可以继续其他的操作。
（4）减轻了服务器的压力，加快了响应速度，这主要体现在 AJAX 是按需获取数据的。

3.7.2 AJAX 的缺点

（1）破坏了浏览器的后退功能，用户不能通过后退来取消前一次操作。虽有办法解决，但仍显得很笨重。

（2）网络延迟问题。通常会通过一些进度条或者图片告诉用户正在读取数据。

（3）安全性问题。AJAX 变相地提供了一个访问服务器数据的接口，而且 AJAX 的代码都是暴露在浏览器中的，很容易被黑客利用，进行跨站脚本攻击或者 SQL 注入，当然对应地也有一些方法去解决这些问题。

虽然缺点这么多，但是 AJAX 的优点更让人喜欢，所以使用 AJAX 成为一种趋势。

3.8 本章小结

本章主要深入学习 AJAX 的运用。首先让大家体验了一下封装成组件的 AJAX 运用是非常简单的，然后依次展开深入讲解 AJAX 的运用。具体如下：

➢ 首先，讲解了同步和异步的概念与作用。
➢ 其次，具体讲解了 XMLHttpRequest 对象，包括各种方法、属性和整个运转逻辑。
➢ 再次，使用原生的 AJAX 实现了两个实例后，把其封装成自己的 myAjax.js 库文件。
➢ 最后，主要讲解了在进行异步获取远程服务器时怎样处理跨域问题等。

练习题

一、选择题

1. 下面（　）不是 XMLHttpRequest 对象的方法。

A．open()

B．send()

C．readState()

D．responseText()

2. 创建 XMLHttpRequest 对象的部分代码如下，请在空白处填入关键代码。（ ）

```
//,,省略的代码
if(window.XMLHttpRequest){
xmlHttpRequest=_____
}else{
xmlHttpRequest=_____
}
```

A. new XMLHttpRequest();

　　new ActiveXObject("Microsoft.XMLHTTP");

B. new XMLHttpRequest();

　　new ActiveXObject();

C. new ActiveXObject("Microsoft.XMLHTTP");

　　new XMLHttpRequest();

D. new ActiveXObject();

　　new XMLHttpRequest();

3. 以下是 AJAX 的 XMLHttpRequest 对象属性的有（ ）。

A. onreadystatechange　　　　　B. abort

C. responseText　　　　　　　　D. status

4. 当 XMLHttpRequest 对象的状态发生改变时调用 callBackMethod()函数，下列格式正确的是（ ）。

A. xmlHttpRequest.callBackMethod=onreadystatechange;

B. xmlHttpRequest.onreadystatechange(callBackMethod);

C. xmlHttpRequest. onreadystatechange(new function(){callBackMethod });

D. xmlHttpRequest. onreadystatechange= callBackMethod;

5. XMLHttpRequest 对象的 readyState 状态值为（ ）时，代表请求成功，数据接收完毕。

A. 1　　　　　　　B. 2　　　　　　　C. 3　　　　　　　D. 4

6. XMLHttpRequest 对象的 status 属性表示当前请求的 HTTP 状态码，其中（ ）表示正确返回。

A. 200　　　　　　B. 300　　　　　　C. 500　　　　　　D. 404

7. 下列 JSON 表示的对象定义正确的是（ ）。

A. var str1={'name':'ls','addr':{'city':'bj','street':'ca'} };

B. var str1={'name':'ls','addr':{'city':bj,'street':'ca'} };

C. var str = {'study':'english','computer':20};

D. var str = {'study':english,'computer':20};

8．以下哪些情况属于跨域？（　　）

A．请求的协议不同　　　　　　　　B．请求的域名不同

C．请求的端口不同　　　　　　　　D．请求的路径不同

9．如何处理跨域问题？（　　）

A．使用 JSONP　　　　　　　　　　B．使用代理服务器解决

C．基于<iframe>中的 window.name 来解决　　D．配置对应的 CORS 可以解决

10．下面对 AJAX 的描述不正确的是（　　）。

A．AJAX 让页面异步获取服务器端数据，让用户等待不再那么尴尬

B．AJAX 减轻了服务器端数据交换的压力，只需进行少量的数据交换即可完成相应功能

C．AJAX 提升了对网页的 SEO 优化

D．AJAX 没有后退功能，导致用户操作一遍后不能反悔重写操作。

二、简答题

为什么要用 AJAX？

第4章

AJAX 在项目中的应用

实践才是检验真理的唯一标准，通过前两章的学习，我想大家已经对 AJAX 有了很深的认识，并且学会了如何使用 AJAX。本章我们将通过几个常见的实例来加深大家对 AJAX 的理解和使用。通过本章的学习，帮助大家在项目开发中更快、更好地使用 AJAX，不至于在项目中碰到 AJAX 的问题而感到束手无策。下面我们一起来看看都有哪些实例。

请访问 www.ydma.cn 获取本章配套资源，内容包括：
1. 本章的学习视频。
2. 本章所有实例演示结果。
3. 本章习题及其答案。
4. 本章资源包（包括本章所有代码）下载。
5. 本章的扩展知识。

4.1 瀑布流无限加载

在 AJAX 的应用中，瀑布流可以说是最常见的。使用瀑布流无限加载技术，取消了分页按钮，当用户浏览完当前页面的数据之后，会自动加载数据，无缝衔接，给人非常友好的体验，尤其是在移动端，更是随处可见。

现在笔者来带领大家整理一下思路。瀑布流技术，无非就是当滚动条拉到距离底部某一个位置的时候触发一个事件函数，通过 AJAX 请求后面的数据，从而替代了分页，使用 AJAX 请求达到了分页的目的。所以，我们需要写一个滚动条事件，并且判断当滚动条到达底部某一个位置的时候发送一个 AJAX 请求，去请求部分数据。

实例代码：

```html
1  <!DOCTYPE html>
2  <html>
3  <head>
4      <title>瀑布流</title>
5      <meta charset="utf-8" />
6      <style type="text/css">
7          *{margin: 0;padding: 0;border: 0;}
8          img{
9              width: 200px;
10             display: block;
11             position: absolute;
12             transition:0.5s;
13         }
14     </style>
15     <script src="/myAjax-mini.js"></script>
16 </head>
17 <body>
18     <img src="/images/1.jpg" width="200">
19     <img src="/images/2.jpg" width="200">
20     <img src="/images/3.jpg" width="200">
21     <img src="/images/4.jpg" width="200">
22     <img src="/images/5.jpg" width="200">
23     <img src="/images/6.jpg" width="200">
24     <img src="/images/7.jpg" width="200">
25     <img src="/images/8.jpg" width="200">
26     <img src="/images/9.jpg" width="200">
27     <img src="/images/10.jpg" width="200">
28 </body>
29 </html>
30 <script type="text/javascript">
31     //页面一加载就调用layout对页面布局
32     window.onload = layout;
33      //窗口改变也调用函数
34     window.onresize = function(){
35         layout();
36     }
37
38     //这个函数用来布局页面中的img排列方式
39     function layout() {
40         //获取所有的img标签
41         var allImg = document.getElementsByTagName('img');
42         //窗口视图的宽度
43         var windowWidth = document.documentElement.clientWidth;
44         //一行能容纳多少个img，并向下取整
45         var n = Math.floor(windowWidth/220);
46         //如果页面没有标签，则直接返回，不用布局
47         if (n <= 0) {return};
48         //计算页面两端有多少空白，用于居中
49         var center = (windowWidth - n*220)/2;
50         //定义一个数组存放img的高度
51         var arrH = [];
52         for (var i = 0; i < allImg.length; i++) {
53             //用来计算是第几个img，用于给数组做索引，
54             //保证数组长度始终是等于每行的个数n
55             var j = i%n;
56             //一行排满n个后到下一行，
57             //下一行开始，从高度最低的开始排
```

```javascript
            if (arrH.length == n) {
                //从高度最低的开始排
                var min = getMin(arrH);
                //左右定位, 并给一个20px的间距
                allImg[i].style.left = center + min*220 + "px";
                //上下定位, 并给一个20px的间距
                allImg[i].style.top = arrH[min] + 20 + "px";
                //把高度最低的img的高度放进数字, 并给一个20px的间距
                arrH[min] += allImg[i].offsetHeight + 20;
            } else {
                //这个是用来排列第一行的
                //把img的高度放入数组
                arrH[j] = allImg[i].offsetHeight;
                //左右定位, 居中空白加
                allImg[i].style.left = center + 220*j + "px";
                allImg[i].style.top = 0;        //上下定位0
            }
        };
    }

    //找出高度最小的那个索引并返回
    function getMin(arr) {
        var m = 0; //初始化一个用于比较的索引变量
        for (var i = 0; i < arr.length; i++) {
            //进行比较, 每次都返回最小的那个
            m = Math.min(arr[m], arr[i]) == arr[m] ? m : i;
        }
        return m;
    }

    //当滚动条发生变化时触发这个函数, 到一定值时触发Ajax请求
    window.onscroll= function () {
        // 可视区高度
        var windowHeight = document.documentElement.clientHeight;
        //滚动条的高度
        var srcollTop = document.documentElement.scrollTop || document.body.scrollTop;
        var srcollH = document.body.scrollHeight;
        // alert(srcollH);
        if (srcollTop+windowHeight >= srcollH-20) {
            //发送Ajax请求,同步方式
            Ajax('JSON',false).get('http://127.0.0.1:3000/getData', function(data){
                //拿到数据之后创建节点, 多个数据用循环
                for (var i=0;i<data.length;i++) {
                    //创建标签
                    var img = document.createElement('img');
                    //绑定url
                    img.src = data[i].url;
                    //放到页面中显示
                    document.body.appendChild(img);
                }
                //追加新的节点之后重新布局页面
                layout();
            });
        }
    }
</script>
```

现在来看看上述代码。

（1）第 18~27 行，加载页面时，就存在 10 张原始图片。

（2）第 39~76 行，为渲染页面图片，让页面通过绝对定位方式进行排序。

（3）第 32~36 行，表示当加载页面和浏览器窗口改变大小时，都会重新渲染页面。

（4）第 89~112 行，表示当页面滚动条触发滚动事件后达到一定条件时，将向远程服务器请求数据，增加 DOM 节点，形成瀑布流效果。

运行结果（见图 4-1）：

图 4-1　瀑布流执行效果图

4.2　表单验证

就像前面说的，其实 AJAX 一开始更多地用于表单验证。因为表单中的一些数据要和后台服务器数据库中的数据进行比较，看看是否存在。仅仅为了验证一两个字段而提交整个页面，很浪费带宽资源。而使用 AJAX，只需提交需要验证的字段即可。在表单中使用 AJAX 验证，需要知道最常用的有关表单的三个事件，下面一起来看看这三个事件。

4.2.1　表单常用的事件

表单常用的事件有 onsubmit（表单提交）事件、onfocus（获得焦点）事件、onblur（失去焦点）事件。下面一起来看看这些事件都有什么作用。

onsubmit 事件写在<form>标签中，其作用是阻止或者允许表单的提交，用法如下：

```
<form action="" method="post" onsubmit="return false">
```

当 return 的值是 false 的时候，在点击了提交按钮后是不能提交的，除非 return 的值是 true。利用这个事件就可以知道表单验证是怎么回事，一开始把 return 的值设置为 false，只有当所有验证都通过之后，才把它的值改成 true，这样才能提交表单。代码如下：

```
<form action="" method="post" onsubmit="return checkForm()">
```

这里返回的是一个函数的结果，这样在写 checkForm()这个函数的时候，就可以先把函数的默认返回值设置成 false，当所有验证都通过之后，再把返回值设置成 true，表单就可以提交了。来看一下 checkForm()函数的伪代码形式，如下：

```
 4 //当所有表单都验证通过之后才提交发送
 5 function checkForm(){
 6     if('所有验证都通过'){     //所有验证都通过返回true,允许表单提交
 7         return true;
 8     }else{                    //条件不通过返回false,阻止表单的提交
 9         return false;
10     }
11 }
```

onfocus 事件就是在点击输入框的时候触发的事件。这个事件常用来在用户点击输入框的时候清空输入框的内容，并且改变输入框的样式，让用户清晰地看到当前正在哪一个输入框中进行输入。

onblur 事件是在输入框中输入完内容之后，鼠标离开这个输入框时触发的事件。常利用这个事件来进行一系列验证，看用户的输入是否符合要求。

4.2.2 网页表单验证实例

有了上面的三个事件，再配合前面学习的 AJAX，就可以进行表单验证了。先写一个网站中常用的验证方式，后面还会再写一个混合 APP（Hybrid APP）常用的验证方式。

表单验证肯定需要一个表单，首先在 Node.js 服务器的 views 文件夹下创建一个 reg.html 文件。

实例代码（客户端代码）：

```
1 <!DOCTYPE html>
2 <html lang='zh-CN'>
3 <head>
4     <title>注册验证</title>
5     <meta charset='utf-8'>
6     <script src='myAjax.js'></script>
7 </head>
8 <body>
```

```
 9 <form action='http://127.0.0.1:3000/reqRes' method='post' onsubmit='return
   checkForm()'>
10     用户名：<input type='text' name='username'><span></span><br><br>
11     密  码：<input type='password' name='pass'><span></span><br><br>
12     确认密码：<input type='password' name='repass'><span></span><br><br>
13     邮  箱：<input type='text' name='email' ><span></span><br><br>
14     手  机：<input type='text' name='phone' ><span></span><br><br>
15       <input type='submit' value='提交' name=''>
16     <input type='reset' value='重写' name=''>
17 </form>
18 </body>
19 </html>
```

从上述代码中可以发现：

（1）第 9 行，笔者给 form 表单绑定了一个 onsubmit（表单提交）事件，其回调函数为 checkForm()。

（2）第 10~14 行，笔者在输入框的后面写了一个<span>标签，用于提示用户的输入信息是否正确。

（3）第 15 行和第 16 行分别为表单的提交按钮和重置按钮。

实例代码（服务器端代码，打开用户注册页面）：

```
86 //表单验证的路由
87 //加载页面
88 app.get('/reg',function(req, res){
89     res.render('reg');
90 });
```

如上述代码所示，在 Node.js 服务器的 app.js 文件中简单地写了一个路由来加载这个页面。

运行结果（见图 4-2）：

图 4-2 用户表单验证效果图

实例代码（客户端 JavaScript 代码片段）：

```javascript
20 //定义标志，所有标志为1才能提交注册
21 var flag_user = flag_pass = flag_repass = flag_email = flag_phone = 0;
22 //获取所有input节点
23 var inputs = document.getElementsByTagName('input');
24 //获取所有的span标签,用于给出提示信息
25 var spans = document.getElementsByTagName('span');
26 //遍历input节点，给不同的input绑定不同的事件
27 for(var i = 0; i < inputs.length; i++){
28     if(inputs[i].name == 'username'){    // 匹配到用户名
29
30     } else if(inputs[i].name == 'pass'){//匹配到密码框
31
32     }
33     ...                                    //同样的方式匹配其他的输入框
34 }
```

从上述代码中可以看到：

（1）第 21 行定义了一些标志，默认值都是 0。当某一项验证通过之后，这个标志会被改为 1。当所有验证都通过，也就是所有标志都为 1 的时候，才允许提交注册。

（2）第 23 行和第 25 行，首先拿到所有<input>和<span>标签的 DOM 对象，然后通过遍历这个对象来判断当前是哪个<input>标签，最后执行相应的事件绑定。

下面来看看用户名的验证。由于用户名是唯一的，所以当用户名的格式验证通过之后，就要使用 AJAX 把用户名发送到后台服务器，进行数据库唯一性验证。

实例代码（客户端，用户名唯一性验证代码片段）：

```javascript
28     if(inputs[i].name == 'username'){    // 匹配到用户名，进行验证
29         var index_u = i;                 //保存i的值，作为下标
30         //绑定获得焦点事件，获得焦点清空输入框
31         inputs[index_u].onfocus = function(){
32             //获得焦点事件提示用户输入正确格式
33             spans[index_u].innerHTML = '用户名为6-16位英文、数字和下画线';
34             this.value = '';             //  清空输入框
35         }
36         //绑定失去焦点事件，失去焦点进行验证
37         inputs[index_u].onblur = function(){
38             //失去焦点先进行用户名的格式验证,
39             //符合要求才发送Ajax到服务器验证是否存在
40             var reg = /^[a-zA-Z\d_]\w{6,16}$/;//正则表达式
41             if(reg.test(this.value)){
42                 //验证成功，Ajax远程请求服务器进行用户名验证
43                 Ajax('json',false).post('http://127.0.0.1:3000/checkReg',{
username:this.value},function(data){
44                     //判断结果，执行不同的操作
45                     if(data.flag == 0){ //该用户名不存在于数据库，可以注册
46                         flag_user = 1;
47                         spans[index_u].innerHTML = data.message;
48                     }else{
49                         flag_user = 0;
50                         spans[index_u].innerHTML = data.message;
51                     }
52                 });
```

```
53              }else{                          //验证失败，提示用户
54                  spans[index_u].innerHTML = '用户名格式不正确';  //提示用户
55              }
56          }
```

来看看上述代码。

（1）第29行，首先把i，也就是当前输入框的索引保存到一个变量中；否则，由于是循环绑定事件，i的值会一直变大，就不能准确地找到当前输入框的索引了。

（2）第31～35行为输入框绑定获得焦点事件，其目的是给<span>标签写一些提示信息，并且清空输入框的内容。

（3）第37～56行为输入框绑定失去焦点事件，失去焦点先进行用户名的格式验证，验证通过后再使用AJAX把用户名发送到后台服务器进行唯一性验证。

下面来看看服务器端是如何验证用户名的唯一性的。

实例代码（服务器端，用户名唯一性验证代码片段）：

```
3  app.post('/checkReg', function (req, res) {
4      //模拟数据库已经存在的数据
5      var users = [
6          {username: 'xdlxdh', password: '123123'},
7          {username: 'xdl123', password: '123123'},
8          {username: 'xdh123', password: '123123'},
9          {username: 'xdhxdl', password: '123123'},
10     ];
11     //判断用户提交的用户名是否已经存在
12     for (var i = 0; i < users.length; i++) {
13         if (req.body.username == users[i].username) {    //已存在，直接返回响应
14             res.json({flag: 1, message: '用户名存在，请换一个试试'});
15         }
16     }
17     //用户名不存在，可以注册
18     res.json({flag: 0, message: '用户名不存在，可以注册'});
19 });
```

服务器端代码就是对AJAX传递过来的用户名进行判断，如果用户名存在于数据库中，就返回响应，提示用户用户名已经存在；如果用户名不存在，则用户可以注册。

运行结果：

当鼠标选中了"用户名"输入框时，会弹出提示信息，并且清空输入框的值，如图4-3所示。

当失去焦点，输入不符合要求的3位字符串用户名时，其效果如图4-4所示。

如果用户名在数据库中已经存在，则服务器会返回提示信息，如图4-5所示。

图 4-3　获得焦点事件

图 4-4　用户名格式不正确

图 4-5　用户名存在提示信息

如果用户名在数据库中不存在，则服务器会返回"用户名不存在，可以注册"的提示信息，如图 4-6 所示。

图 4-6　用户名正常返回提示信息

其他输入框的验证思路和"用户名"输入框类似，甚至还要简单，仅仅做个样子就可以了。下面来看表单验证的完整 JavaScript 代码。

实例代码（完整的 JavaScript 代码）：

```javascript
20 //定义标志，所有标志为1才能提交注册
21 var flag_user = flag_pass = flag_repass = flag_email = flag_phone = 0;
22 //获取所有input节点
23 var inputs = document.getElementsByTagName('input');
24 console.log(inputs);
25 //获取所有的span标签,用于给出提示信息
26 var spans = document.getElementsByTagName('span');
27 //遍历input节点，给不同的input绑定不同的事件
28 for(var i = 0; i < inputs.length; i++){
29     if(inputs[i].name == 'username'){    // 匹配到用户名，进行验证
30         var index_u = i;                  //保存i的值，作为下标
31         //绑定获得焦点事件，获得焦点清空输入框
32         inputs[index_u].onfocus = function(){
33             //获得焦点事件提示用户输入正确格式
34             spans[index_u].innerHTML = '用户名为6-16位英文、数字和下画线';
35             this.value = '';              //   清空输入框
36         }
37         //绑定失去焦点事件，失去焦点进行验证
38         inputs[index_u].onblur = function(){
39             //失去焦点先进行用户名的格式验证，
40             //符合要求才发送Ajax到服务器验证是否存在
41             var reg = /^[a-zA-Z\d_]\w{6,16}$/;//正则表达式
42             if(reg.test(this.value)){
43                 //验证成功，Ajax远程请求服务器进行用户名验证
44                 Ajax('json',false).post('http://127.0.0.1:3000/checkReg',{username:this.value},function(data){
45                     //判断结果，执行不同的操作
46                     if(data.flag == 0){   //该用户名不存在于数据库，可以注册
47                         flag_user = 1;
48                         spans[index_u].innerHTML = data.message;
49                     }else{
50                         flag_user = 0;
51                         spans[index_u].innerHTML = data.message;
52                     }
53                 });
```

```javascript
            }else{                              //验证失败，提示用户
                spans[index_u].innerHTML = '用户名格式不正确';  //提示用户
            }
        }
    } else if(inputs[i].name == 'pass'){//密码只进行格式验证
        var index_p = i;
        var reg_p = /^[a-zA-Z\d]{6,16}$/;      //正则匹配
        //绑定获得焦点事件，获得焦点清空输入框
        inputs[index_p].onfocus = function(){
            //获得焦点事件提示用户输入正确格式
            spans[index_p].innerHTML = '密码为6-16位英文、数字';
            //清空输入框的值
            this.value = '';
        };
        //失去焦点事件,失去焦点
        inputs[index_p].onblur = function(){
            if(reg_p.test(this.value)){
                flag_pass = 1;
                spans[index_p].innerHTML = '密码格式正确';
            }else{
                flag_pass = 0;
                spans[index_p].innerHTML = '密码格式不正确';
            }
        }
    } else if(inputs[i].name == 'repass'){
        var index_r = i;
        //绑定获得焦点事件，获得焦点清空输入框
        inputs[index_r].onfocus = function(){
            //获得焦点事件提示用户输入正确格式
            spans[index_r].innerHTML = '请输入重复密码进行比对';
            //清空输入框的值
            this.value = '';
        };
        //失去焦点事件,失去焦点
        inputs[index_r].onblur = function(){
            if(inputs[index_p].value == inputs[index_r].value){
                flag_repass = 1;
                spans[index_r].innerHTML = '重复密码正确';
            }else{
                flag_repass = 0;
                spans[index_r].innerHTML = '密码不一致';
            }
        }
    } else if(inputs[i].name == 'email'){
        var index_e = i;
        //正则验证邮箱
        var reg_e = /^([a-zA-Z0-9_-])+@([a-zA-Z0-9_-]+(.[a-zA-Z0-9_-])+/;
        //绑定获得焦点事件，获得焦点清空输入框
        inputs[index_e].onfocus = function(){
            //获得焦点事件提示用户输入正确格式
            spans[index_e].innerHTML = '请输入正确的邮箱格式';
            //清空输入框的值
            this.value = '';
        };
        //失去焦点事件,失去焦点
        inputs[index_e].onblur = function(){
            if(reg_e.test(this.value)){
                flag_email = 1;
                spans[index_e].innerHTML = '邮箱格式正确';
```

```
113                }else{
114                    flag_email = 0;
115                    spans[index_e].innerHTML = '邮箱格式不正确';
116                }
117            }
118        } else if(inputs[i].name == 'phone'){
119            var index_ph = i;
120            //正则验证
121            var reg_ph = /^1[3|4|5|8]\d{9}$/;
122            //绑定获得焦点事件，获得焦点清空输入框
123            inputs[index_ph].onfocus = function(){
124                //获得焦点事件提示用户输入正确格式
125                spans[index_ph].innerHTML = '请输入正确的手机号';
126                //清空输入框的值
127                this.value = '';
128            };
129            //失去焦点事件,失去焦点
130            inputs[index_ph].onblur = function(){
131                if(reg_ph.test(this.value)){
132                    flag_phone = 1;
133                    spans[index_ph].innerHTML = '手机格式正确';
134                }else{
135                    flag_phone = 0;
136                    spans[index_ph].innerHTML = '手机格式不正确';
137                }
138            }
139        }
140 }
141 //当所有的表单都验证通过了之后才能提交发送
142 function checkForm(){
143     if(flag_user == 1 && flag_pass == 1 && flag_repass == 1 && flag_email == 1 && flag_phone == 1 ){
144         //所有验证都通过返回true，允许表单提交
145         return true;
146     }else{
147         //条件不通过返回false,阻止表单提交
148         return false;
149     }
150 }
151 </script>
```

看看上述的完整代码，其实和用户验证大同小异。

（1）第58～77行，验证用户的密码格式是否正确。

（2）第78～96行，验证用户的确认密码，主要验证两次密码是否一致。

（3）第97～117行，验证用户的邮箱格式是否正确。

（4）第118～138行，验证用户的手机格式是否正确。

（5）第142～150行，判断是否所有验证都通过，是否能提交表单。

运行结果（见图4-7）：

图4-7 表单提交效果图

第 5 章

jQuery 快速入门

本章主要带领读者快速学习 jQuery 的使用，让读者对 jQuery 有一个整体感性的认知。从概率入手，到了解其主要功能，最后学习其实际运用场景，一一进行系统讲解和学习，让读者更加清晰地了解 jQuery 的全貌，为后续的学习奠定良好的基础。下面我们就开始 jQuery 学习之旅吧。

请访问 www.ydma.cn 获取本章配套资源，内容包括：
1. 本章的学习视频。
2. 本章所有实例演示结果。
3. 本章习题及其答案。
4. 本章资源包（包括本章所有代码）下载。
5. 本章的扩展知识。

5.1 jQuery 概述及其功能

由于 jQuery 的主旨是"写得少，做得多（write less, do more）"，使得 jQuery 对页面的操作是其他 JavaScript 库所无法媲美的，当然这也是其优良的功能体现。其主要的功能如下。

【针对每个功能，笔者将在后面的章节中陆续讲解。读者可以先扫描章节下面的二维码，观看实例演示，体验一下 jQuery 的强大之处。】

5.1.1 访问和操作 DOM 节点

利用 jQuery 可以非常容易地获取和修改页面中的 DOM 节点。对节点的增、删、改操作，jQuery 封装了一套简洁的对象方法，可直接操作，减少了代码编写量，并且对页面的体验感有大幅度的提升。

开发典型实例有瀑布流特效、无刷新删除特效和贴吧评论盖楼等，如表 5-1 所示。

表 5-1　访问和操作 DOM 节点实例演示

1. 瀑布流	2. 无刷新删除	3. 贴吧评论盖楼

5.1.2 对页面的 CSS 动态控制

jQuery 也提供了对节点的 CSS 样式的支持，而且语法非常简单，和 CSS 的操作一模一样，并且 jQuery 操作页面的样式可以完美地兼容各个浏览器。

开发典型实例，简单的有导航条特效，复杂的有电商中商品的放大镜、表单验证提示等，如表 5-2 所示。

表 5-2　对页面的 CSS 动态控制实例演示

4. 导航条	5. 放大镜	6. 表单验证提示

5.1.3 对页面的事件处理

和 JavaScript 原生态相比，jQuery 不需要解决各大浏览器的兼容性问题，它的内部已经封装处理了。开发人员只需要注重其逻辑和特效层面，开发起来会更加省力、省时。

jQuery 对页面的事件处理是一项非常重要的功能，并且和其他功能是密不可分的。在

jQuery 事件中，它相当于一个个特效的触发开关，绝大部分功能建立在此基础之上。

开发典型实例有俄罗斯方块游戏、旋转 3D 球和抽奖器功能等，如表 5-3 所示。

表 5-3　对页面的事件处理实例演示

7. 俄罗斯方块游戏	8. 旋转 3D 球	9. 抽奖器

5.1.4　对页面的动画效果的支持

在页面动画效果方面，jQuery 已经做了完美的封装，调用接口简单，实现动画的接口非常全面，达到的效果也非常炫酷。在新手学 JavaScript 的时候，对于实现动画效果是可望而不可即的，但是 jQuery 可以轻松实现。

开发典型实例有轮播图的页面切换特效、导航条的切换特效、页面置顶的动画特效等，如表 5-4 所示。

表 5-4　对页面的动画效果的支持的实例演示

10. 轮播图	11. 导航条动画切换	12. 页面置顶

5.1.5　对 AJAX 技术的封装

AJAX 技术的出现使得 Web 的体验度有了一个质的提升。JavaScript 使用 AJAX 技术的时候，为用户提供了非常友好的体验。而 jQuery 对 AJAX 的封装，简化了 AJAX 的代码，使得 AJAX 的使用更加简洁、方便。

开发典型实例有通过表单字段的实时验证、搜索框自动提示等提高用户体验感，通过页面的异步加载减轻服务器的压力，等等，只要是与服务器做少量数据交互的特效都会使用 AJAX 技术，如表 5-5 所示。

表 5-5　对 AJAX 技术的封装实例演示

13. 表单字段的验证实例演示	14. 搜索框自动提示

5.1.6　可以支持大量的插件

　　jQuery 因具有良好的扩展性，使得全球的开发者都会为它写大量的插件，这极大地丰富了 jQuery 内库。而且很多功能是原始 JavaScript 代码不易实现的，使用插件可以轻松做到，这使得开发者对其更加爱不释手。

　　如今，网上有关 jQuery 的插件数不胜数，而插件在总体上来说没有最好，只有适不适合。由于本书的重点是学习原理，所以关于插件的使用，请读者自行学习。

　　综合上述六大功能可知，jQuery 功能非常强大，它的每个功能之间都是相互紧密联系的，只有相互配合使用才能发挥最大的效果。

5.2　配置 jQuery 环境

　　可以到 jQuery 的官方网站（见图 5-1）进行下载（http://jquery.com），本书所有实例将采用 3.1.1 版本进行讲解。

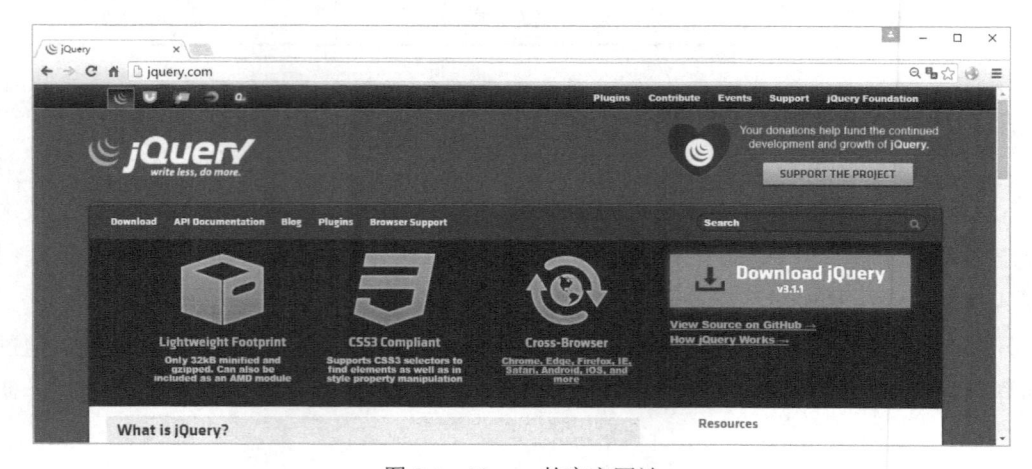

图 5-1　jQuery 的官方网站

5.2.1　jQuery 的库类型

jQuery 的库类型共有两种：一种是没有压缩的源码 jQuery 库文件；另一种是压缩的 jQuery 库文件。在使用项目的时候引入压缩版，想要阅读 jQuery 源码就下载未压缩版。库类型对比如表 5-6 所示。

表 5-6　jQuery 3.1.1 版本库类型的对比

版　　本	大　　小	描　　述
jQuery 3.1.1.js	264KB	完整无压缩版本，主要用于开发、学习和测试
jQuery 3.1.1.min.js	88KB	经过工具压缩后的版本，主要用于产品和项目

5.2.2　引入 jQuery 库文件

下载完 jQuery 库文件后，不需要安装，直接把它当作 JS 文件使用<script>标签引入脚本即可，如图 5-2 所示。

```
1  <!DOCTYPE html>
2  <html>
3  <head>
4      <meta charset="utf-8">
5      <title>引入jQuery环境</title>
6      <script src="js/jquery-3.1.1.min.js"></script>
7  </head>
8  <body>
9  </body>
10 </html>
```

图 5-2　引入 jQuery 库文件

如上所示，只需把此 JS 文件引入即可使用 jQuery。下面来完成我们的第一个 jQuery 程序。

【本书的所有实例都在谷歌浏览器中进行讲解。】

5.3　第一个 jQuery 程序

我们直接来编写第一个 jQuery 程序。通过下面的实例需求，依次展开 JavaScript 代码的整个执行流程和注意事项。

【为了更好地展示代码，我们以后所有的 JavaScript 代码全部使用内嵌式（在<script>标签内写 JavaScript 代码），而不使用引用式（用<script>标签引入 JS 文件）。】

实例描述：

写一段程序，在屏幕上输出"兄弟连--变态严管，让你破茧成蝶"字样。要求使用 jQuery 代码为<h1>标签添加文本。

5.3.1 JavaScript 代码的加载顺序

实例代码（方法一）（见图 5-3）：

```
1  <!DOCTYPE html>
2  <html>
3  <head>
4      <meta charset="utf-8">
5      <title>第一个jQuery程序</title>
6      <script>
7          //为h1标签内添加一段文本节点
8          $("h1").html("兄弟连--变态严管，让你破茧成蝶");
9      </script>
10     <script src="js/jquery-3.1.1.min.js"></script>
11 </head>
12 <body>
13     <h1></h1>
14 </body>
15 </html>
```

图 5-3 jQuery 的加载顺序——方法一代码

这段代码在浏览器中执行，我们发现浏览器并不会显示任何文字。我们打开谷歌控制台（在 Windows 系统中打开谷歌控制台按 F12 键，以后默认使用谷歌浏览器），就可以看见一行红字错误"`Uncaught ReferenceError: $ is not defined`"，说$是未定义的。

由于代码是从上到下执行的，我们引入的 jQuery 库文件在第 10 行，而我们用到的 jQuery 库定义的对象和方法都在第 8 行之上，所以这段代码会报上述错误。

实例代码（方法二）（见图 5-4）：

```
1  <!DOCTYPE html>
2  <html>
3  <head>
4      <meta charset="utf-8">
5      <title>第一个jQuery程序</title>
6      <script src="js/jquery-3.1.1.min.js"></script>
7      <script>
8          //为h1标签添加一段文本节点
9          $("h1").html("兄弟连--变态严管，让你破茧成蝶");
10     </script>
```

图 5-4 jQuery 的加载顺序——方法二代码

```
11 </head>
12 <body>
13     <h1></h1>
14 </body>
15 </html>
```

图 5-4　jQuery 的加载顺序——方法二代码（续）

执行方法二的代码，我们可以发现浏览器不会显示任何文本；打开控制台，也没有任何报错。这是运行时错误还是逻辑错误？显然，如果是运行时错误，则在控制台上会直接报错。所以本次错误为逻辑错误，控制台不会报任何错误信息。

因为程序从上到下执行，当执行到第 9 行的时候，内存中还没有加载 DOM 节点，所以 $("h1")找到的 jQuery 对象封装的 DOM 节点数为 0 个，执行后面的代码也是无意义的，不会有任何效果。但是程序不会报错，因为封装 DOM 节点仅仅是 jQuery 对象的一个属性，jQuery 对象还会继承父类方法，如 html()方法（此部分为 JavaScript 语法高级部分，在此无须深究，有兴趣的读者可以深入了解）。

实例代码（方法三）（见图 **5-5**）：

```
1  <!DOCTYPE html>
2  <html>
3  <head>
4      <meta charset="utf-8">
5      <title>第一个jQuery程序</title>
6      <script src="js/jquery-3.1.1.min.js"></script>
7  </head>
8  <body>
9      <h1></h1>
10 </body>
11 <script>
12     //为h1标签添加一段文本节点
13     $("h1").html("兄弟连--变态严管，让你破茧成蝶");
14 </script>
15 </html>
```

图 5-5　jQuery 的加载顺序——方法三代码

运行结果（见图 **5-6**）：

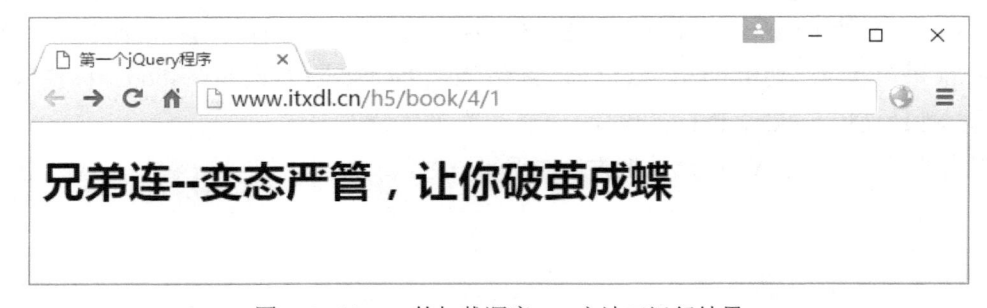

图 5-6　jQuery 的加载顺序——方法三运行结果

可以看到，笔者仅仅把方法一中<script>标签内（第6~9行）的代码放到了这个脚本的最后执行，它就正确显示了。然后打开控制台，无任何报错信息，表明方法三的代码完全正确。

部分开发人员习惯把所有的引入文件或代码都放在 HTML 的<head>标签里，HTML 文件只写 HTML 代码，把 JavaScript 和 CSS 代码分别写到单独的文件里，然后在<head>标签内分别引入（如方法二一样，全部在<head>标签中引入，然后使用触发 JavaScript 文档加载完毕事件来读取用户自定义的 JavaScript 代码）。这样对代码进行规范管理，无疑增加了代码的可读性、美观性和维护性。

但是如果采用上述方法来执行，则代码是一行一行执行的，也就意味着必须等所有的 JavaScript 代码下载、解析和执行完毕才开始呈现页面内容。如果 JS 文件比较大，网速比较慢，就会出现明显的延迟，窗口一片空白（阻塞 DOM 树的构建）；如果出现了完全阻塞，则后续页面无法加载。这些都大大降低了用户的体验感。

所以在开发的时候，尽量把 JavaScript 代码放到网页的底部。首先让页面快速渲染出来，然后再加载、解析 JavaScript，而此刻的 JavaScript 加载和解析对 DOM 树的构建不会存在阻塞问题，这样可以大大提高用户的体验感。

5.3.2　JavaScript 代码的注意事项

在方法三（直接解析 JavaScript 代码）中就一定能完成所有的需求吗？不一定，比如页面中有大量的图片，而且非常大，当浏览器正在请求下载图片的过程中，页面执行到 JavaScript 部分，并且正在使用 JavaScript 来获取图片的实际信息的时候，程序也许会发生错误。

如果出现这些突发状况，JavaScript 的全局对象就出现了一个属性 window.onload 来解决这类问题。它的定义为：一旦加载完所有内容（包括图像、脚本文件、CSS 文件等），就执行一段脚本（相当于延迟一段时间，再解析 JavaScript 代码）。

因此，window.onload 属性可以完全解决这类问题。比如，在方法二中由于内存无法找到 DOM 节点，使得 jQuery 对象执行没有效果；在方法三中，获取图片信息时会出现特殊状况等。所以，当把 JavaScript 代码放入<head></head>标签中时，有访问和设置 DOM 操作的 JavaScript 语句就应该使用 window.onload 属性；当把 JavaScript 代码写在<body>标签后面时，可以选择性地使用 window.onload 属性。

下面使用 window.onload 属性把方法二重写一遍。

实例代码（方法四）（见图 5-7）：

```html
1  <!DOCTYPE html>
2  <html>
3  <head>
4      <meta charset="utf-8">
5      <title>第一个jQuery程序</title>
6      <script src="js/jquery-3.1.1.min.js"></script>
7      <script>
8          window.onload = function(){
9  
10             //为h1标签添加一段文本节点
11             $("h1").html("兄弟连--变态严管，让你破茧成蝶");
12         }
13     </script>
14 </head>
15 <body>
16     <h1></h1>
17 </body>
18 </html>
```

图 5-7　JavaScript 代码的注意事项——方法四代码

执行方法四后，我们可以发现页面显示结果与方法三相同，完全解决了方法二的问题。

但是 jQuery 内库对其进行封装，使用$(document).ready()可以达到与 JavaScript 的 window.onload 同样的效果。现在使用$(document).ready()把方法四的代码再次重写。

实例代码（方法五）（见图 5-8）：

```html
1  <!DOCTYPE html>
2  <html>
3  <head>
4      <meta charset="utf-8">
5      <title>第一个jQuery程序</title>
6      <script src="js/jquery-3.1.1.min.js"></script>
7      <script>
8          $(document).ready(function(){
9  
10             //为h1标签添加一段文本节点
11             $("h1").html("兄弟连--变态严管，让你破茧成蝶");
12         });
13     </script>
14 </head>
15 <body>
16     <h1></h1>
17 </body>
18 </html>
```

图 5-8　JavaScript 代码的注意事项——方法五代码

执行方法五后，我们发现和方法三的效果也完全相同，页面正常显示且无 Bug。

虽说 jQuery 的$(document).ready()和 JavaScript 的 window.onload 都能实现同样的效果，但是也有一定的区别，如表 5-7 所示。

表 5-7　对比 window.onload 和 $(document).ready()

	window.onload = function(){ };	$(document).ready(function(){ });
调用时机	当页面全部加载完毕后才能执行	当页面框架下载完毕后就立即执行，执行效率优于前者
执行的数量	重复多个，相当于把方法进行重写	能同时执行多个，它们之间依次按照顺序被调用
简写方式	无	直接简写为$(function(){})

可以看出，jQuery 封装的$(document).ready()要比 window.onload 高效、灵活得多。所以，以后我们都默认采用$(document).ready()的简写形式$(function(){ })。将方法五改写如下。

实例代码（方法六）（见图 5-9）：

```
<!DOCTYPE html>
<html>
<head>
    <meta charset="utf-8">
    <title>第一个jQuery程序</title>
    <script src="js/jquery-3.1.1.min.js"></script>
    <script>
        $(function(){

            //为h1标签添加一段文本节点
            $("h1").html("兄弟连--变态严管，让你破茧成蝶");
        });
    </script>
</head>
<body>
    <h1></h1>
</body>
</html>
```

图 5-9　JavaScript 代码的注意事项——方法六代码

此刻方法六的执行效果和方法五相同，而且内部的机制都是一样的。

综合上述 6 个代码片段，读者可以发现整个代码从上到下执行，并且 JavaScript 代码放在<body>标签的后面可以加快 DOM 树的构建，大大提升用户的体验感。而$(document).ready()和 window.onload 延迟解析 JavaScript 代码的效果，可以解决和优化一部分页面功能和体验感，但二者相比，前者更加灵活和高效。

5.4　jQuery 的代码风格

5.4.1　"$"美元符号的作用

在 jQuery 程序中，使用最多的是"$"美元符号，它是 jQuery 的简写形式，如$("#xdl")

和 jQuery("#xdl")是完全等价的。因此，对于页面节点的选择、功能函数的前缀，都默认使用"$"美元符号简写方式，它也是 jQuery 的一种标识。

5.4.2 链式操作书写代码

jQuery 的链式操作书写代码是 jQuery 的一大亮点，它会节约大量的重复代码，而且会让整体的思路更加简单明了，对代码的阅读和日后的维护都有很大的帮助。但是，它也有一定的规范。下面来看一个实例，学习其中链式操作的语法结构和基本规范（具体实现功能仅做了解，后续会详细讲解）。

实例描述：

使用 jQuery 的链式操作完成一个选项卡效果。

实例代码（见图 5-10）：

```html
1  <!DOCTYPE html>
2  <html>
3  <head>
4      <meta charset="utf-8">
5      <title>jQuery的链式操作</title>
6      <link rel="stylesheet" type="text/css" href="css/1.css">
7      <script src="js/jquery-3.1.1.min.js"></script>
8  </head>
9  <body>
10     <div class="containt">
11         <ul>
12             <li>漫画一</li>
13             <li><img src="images/1.jpg"></li>
14         </ul>
15         <ul>
16             <li>漫画二</li>
17             <li><img src="images/2.jpg"></li>
18         </ul>
19         <ul>
20             <li>漫画三</li>
21             <li><img src="images/3.jpg"></li>
22         </ul>
23     </div>
24 </body>
25 <script>
26     $(function(){
27         $("ul").find("li:eq(0)").click(function(){
28             $(this).addClass("current").next().fadeIn("slow").parent().siblings().find(".current").removeClass("current").next().hide();
29         });
30     });
31 </script>
32 </html>
```

图 5-10 jQuery 的链式操作——不规范格式

运行结果（见图 5-11）：

图 5-11　jQuery 的链式操作——运行结果

上述实例很好地展现了 jQuery 的链式操作结构，其代码的大致含义为：首先，当点击 <ul> 下的第一个 <li> 标签时（图 5-11 中第一排的选项卡栏目），为此 DOM 节点添加 current 类名，来改变其层叠样式，表示其现在被选中；接着，使用 next() 方法选中其下面的一个 <li> 标签，使用 fadeIn() 函数让图片慢慢动画淡出；最后，使用一系列方法选中其他包含 current 类名的元素，去除其 current 类，并且将与其同级的第二个 <li> 标签进行隐藏。

可以发现，使用 jQuery 的链式操作可以非常快速地完成一个非常复杂的特效。但是读者也需要注意 jQuery 代码本身的层次结构和代码规范，以便后期的阅读和维护。如图 5-10 所示的代码，虽然实现了所需功能，但代码是极不规范的，还需要做进一步的改进，如图 5-12 所示。

这种代码就非常规范，阅读性大大提高。关于 jQuery 的链式操作的语法规范，具体总结如下：

（1）对于同一个对象，三个以下的操作事件链式结构代码，尽量以对象为参考点，把其写在同一行。

（2）对于同一个对象，三个以上的操作事件链式结构代码，尽量以事件为参考点，每个事件分别占据一行。

（3）对于多个对象、少量操作事件的链式结构代码，尽量以事件为参考点，但是对象与对象之间要有缩进，来表示对象之间的层级关系。

```
25 <script>
26     $(function(){
27         $("ul").find("li:eq(0)").click(function(){
28             /**
29              *   规范的jQuery链式语法格式
30              */
31             //为当前DOM节点添加current类
32             $(this).addClass("current")
33             //让下一个li节点动画淡出
34             .next().fadeIn("slow")
35             //找寻其他类名为current的节点,并移除此类名
36             .parent().siblings().find(".current").removeClass("current")
37             //并隐藏其下一个元素节点
38             .next().hide();
39         });
40     });
41 </script>
```

图 5-12　jQuery 的链式操作——规范格式

5.5　六大功能的简单应用

本章已经介绍了 jQuery 的六大功能，接下来对此分别进行简单的介绍，让读者快速入门 jQuery，学会其基本使用。其目的是让读者体验一下 jQuery 相比于 JavaScript 更简单、更高效，也为本书后面章节的学习奠定基础，学习之时也可以完成非常炫酷的特效（对插件的应用实例略过）。

5.5.1　jQuery 访问 DOM 节点

在 JavaScript 中获取页面 DOM 节点的方法只有三四种，对于某些节点的选择非常不方便，而且获取 DOM 节点的方法名也都特别长，如表 5-8 所示。

表 5-8　JavaScript 获取 DOM 节点的方法

方　　法	描　　述
Document.getElementById()	返回对拥有指定 id 的第一个对象的引用
Document.getElementsByClassName()	返回包含带有指定类名的所有元素的节点列表
Document.getElementsByTagName()	返回带有指定标签名的对象集合

上面三种方法都使用 JavaScript 方式去访问 DOM 节点，返回值都是 DOM 对象。而 jQuery 将其获取方式进行封装，全部使用 jQuery 对象去访问 DOM 节点。

1. 什么是 jQuery 对象

所谓 jQuery 对象就是框架对 JavaScript 中的 DOM 对象进行封装后的对象，让其获取方式更加简单、直观，如图 5-13 所示。

```html
1  <!DOCTYPE html>
2  <html>
3  <head>
4      <meta charset="utf-8">
5      <title>jQuery对象</title>
6      <script src="js/jquery-3.1.1.min.js"></script>
7  </head>
8  <body>
9      <div id="XDL">兄弟连让学习成为一种习惯</div>
10 </body>
11 <script>
12     $(function(){
13         //获取jQuery对象
14         var jQueryObj = $("#DXL");
15         //打印结果：[object Object]
16         alert(jQueryObj);
17
18         //获取DOM对象
19         var javaScriptObj = document.getElementById("XDL");
20         //打印结果：[object HTMLDivElement]
21         alert(javaScriptObj);
22     });
23 </script>
24 </html>
```

图 5-13　jQuery 对象和 DOM 对象

可以看出，jQuery 对象和 DOM 对象是两个不同的对象。在 jQuery 中无法使用 DOM 对象的任何方法，比如$("XDL").innerHTML 等，类似这种写法会直接报错；但是 jQuery 库对应封装了$("XDL").html()方法，可以直接获取或设置元素文本。同理，为了实现同样的页面效果，jQuery 对象访问自己封装好的方法会更加高效和简单。

获取 jQuery 对象的访问方式非常简洁：使用$()方法就可以直接返回 jQuery 对象。其实参为一个字符串，它的格式和 CSS 选择器的格式类似。

2. jQuery 对象转换为 DOM 对象

当使用 jQuery 对象时，需要用到 DOM 对象的某个方法而 jQuery 对象却没有提供对应封装的方法，就必须进行转换。

jQuery 对象提供了[index]索引和 get(index)方法，通过这两种方式都可以得到对应的 DOM 对象，如图 5-14 所示。

```html
1  <!DOCTYPE html>
2  <html>
3  <head>
4      <meta charset="utf-8">
5      <title>jQuery对象转DOM对象</title>
6      <script src="js/jquery-3.1.1.min.js"></script>
7  </head>
8  <body>
9      <div id="xdl"></div>
10 </body>
11 <script>
12     var jqObj = $("#xdl");             //jQuery对象
13     alert(jqObj);                      //打印[object Object]
14
15     var DomObj = jqObj.get(0);         //Dom对象
16     alert(DomObj);                     //打印[object HTMLDivElement]
17
18     var DomObj = jqObj[0];             //Dom对象
19     alert(DomObj);                     //打印[object HTMLDivElement]
20 </script>
21 </html>
```

图 5-14　jQuery 对象转换为 DOM 对象

3. DOM 对象转换为 jQuery 对象

在 jQuery 中，$()方法除了接收字符串参数，也能直接接收一个 DOM 对象，把 DOM 对象转换为 jQuery 对象，如图 5-15 所示。

```html
1  <!DOCTYPE html>
2  <html>
3  <head>
4      <meta charset="utf-8">
5      <title>DOM对象转jQuery对象</title>
6      <script src="js/jquery-3.1.1.min.js"></script>
7  </head>
8  <body>
9      <div id="xdl"></div>
10 </body>
11 <script>
12     var DomObj = document.getElementById('xdl');   //Dom对象
13     alert(DomObj);                                 //打印[object HTMLDivElement]
14
15     var jqObj = $(DomObj);                         //jQuery对象
16     alert(jqObj);                                  //打印[object Object]
17 </script>
18 </html>
```

图 5-15　DOM 对象转换为 jQuery 对象

再次强调，这两个对象不是同一个对象，而且它们之间的方法不能相互混用。关于 jQuery 对象对 DOM 节点的访问和操作将在接下来的章节中进行详细讲解。

5.5.2　jQuery 对页面的事件处理

jQuery 对事件进行了非常优秀的封装，处理起来十分高效。它与 JavaScript 原生事件绑定写法相比有明显的特点和优势。

第一，它把所有对应的事件按照其名字封装为 jQuery 对象方法和属性，比如调用节点击事件——$("#xdl").click()。

第二，在对页面节点元素进行事件绑定的时候，JavaScript 不能对集合 DOM 节点进行绑定，必须遍历这个节点集合进行一一绑定。而 jQuery 对象可以直接对集合 DOM 节点绑定事件，集合下的每个单独节点都会生效。

下面通过一个实例来看看其具体实现方式和特点。

实例描述：

做一个滚动游戏机，共三栏，分别为主语、状语和动词。开启游戏后，每个栏目开始滚动，点击对应的栏目即停止滚动，直至三栏全部停止，才得出游戏结果。

实例代码（见图 5-16）：

```html
1  <!DOCTYPE html>
2  <html>
3  <head>
4      <meta charset="utf-8">
5      <title>jQuery对页面的事件处理</title>
6      <link rel="stylesheet" type="text/css" href="css/2.css">
7      <script src="js/jquery-3.1.1.min.js"></script>
8  </head>
9  <body>
10     <div>
11         <h1>点击对应的文字，即停止滚动</h1>
12         <ul>
13             <li class="one"></li>
14             <li class="two"></li>
15             <li class="three"></li>
16         </ul>
17         <button>开　始</button>
18     </div>
19 </body>
20 <script>
21     $(function(){
22         var s = ["师傅","二师兄","小弟弟"];        //主语数组
23         var v = ["在冰箱里","对着梦中女孩","在梦中"]; //状语数组
24         var o = ["洗澡","唱歌","胡言乱语"];          //动词数组
25         var snum = 0,vnum = 0,onum = 0;            //数组的偏移量
26         var stime = 0,vtime = 0,otime = 0;         //记录定时器的值
27
28         $("button").click(function(){
29             stime = setInterval(function(){        //主语开始随机
30                 snum = ++snum%(s.length);
31                 $("li:eq(0)").html(s[snum]);
```

图 5-16　滚动游戏机实例代码

```
                },100);
                vtime = setInterval(function(){              //状语开始随机
                    vnum = ++vnum%(v.length);
                    $("li:eq(1)").html(v[vnum]);
                },100);
                otime = setInterval(function(){              //动词开始随机
                    onum = ++onum%(o.length);
                    $("li:eq(2)").html(o[onum]);
                },100);
            });
            $("li").click(function(){                        //jQuery对象集合绑定点击事件
                var name = $(this).attr("class");
                if(name == "one"){
                    clearInterval(stime);                    //主语抽取
                }else if(name == "two"){
                    clearInterval(vtime);                    //状语抽取
                }else if(name == "three"){
                    clearInterval(otime);                    //动词抽取
                }
            });
        });
</script>
</html>
```

图 5-16 滚动游戏机实例代码（续）

运行结果（见图 5-17）：

图 5-17 滚动游戏机实例的运行结果

可以发现，jQuery 对事件的封装让其对事件的操作变得更加简单和高效，使得整体的 jQuery 代码变得简洁和干净。关于 jQuery 对页面的事件处理，在后续章节将详细讲解。

5.5.3 jQuery 动态控制页面 CSS

在 jQuery 中也对页面的层叠样式做了相应的封装，并且在实际运用中，一般使用两种

方式来修改页面的层叠样式：方法一，直接为 DOM 节点添加 CSS 样式；方法二，使用 class 类的增添和删除操作来控制页面的层叠样式。

下面笔者将带领大家完成两个实例，分别看看其具体实现方式。

实例描述一：

将"让学习成为一种习惯"这段文字输出在屏幕中间，并且添加一些修饰样式。

实例代码（见图 5-18）：

```html
<!DOCTYPE html>
<html>
<head>
    <meta charset="utf-8">
    <title>jQuery控制页面css</title>
    <script src="js/jquery-3.1.1.min.js"></script>
</head>
<body>
    <div>让学习成为一种习惯</div>
</body>
<script>
    $(function(){
        $("div").css("color","red")         //颜色
        .css("fontSize","30px")             //字体大小
        .css("fontweight","bold")           //字体加粗
        .css("textAlign","center")          //字体居中
        .css("padding","100px");            //内补白
    })
</script>
</html>
```

图 5-18　jQuery 控制页面 CSS

运行结果（见图 5-19）：

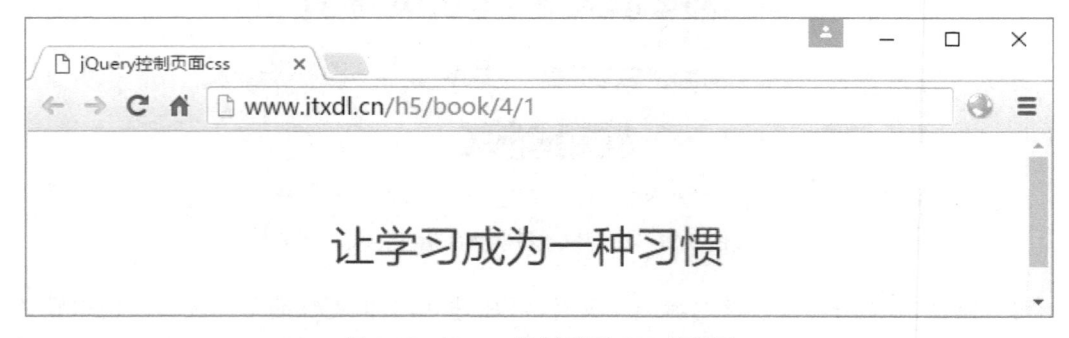

图 5-19　jQuery 控制页面 CSS 效果图

由上述实例可以发现，当需要对某个节点添加少量的 CSS 样式时，可以直接使用 jQuery 对象的 css() 方法来为 DOM 节点添加层叠样式。

而 jQuery 正确使用 css() 方法的方式为：首先获取到页面中的某个 jQuery 对象，然后直接使用其 css() 方法即可。第一个实参为 CSS 的属性名，第二个实参为 CSS 属性。如果属性

名是由多个单词组成的（单词与单词之间用"-"隔开，如 font-size），则需要把多个单词改为小驼峰（驼峰式命名规范的一种），如 fontSize。

链接操作的补充：

当某个 jQuery 对象调用了自己的某个方法后，如果该方法不是访问和操作 DOM 节点的时候，那么该方法调用完毕后返回这个 jQuery 对象本身。

实例描述二：

做一个导航条，要求提前自定义好 class 的页面样式。当鼠标光标移入的时候，添加 class 名，导航条的选项栏显示选中状态；当鼠标光标移出的时候，删除 class 名，导航条的选项栏恢复正常。

实例代码（见图 5-20）：

```html
1  <!DOCTYPE html>
2  <html>
3  <head>
4      <meta charset="utf-8">
5      <title>控制class来控制页面层叠样式</title>
6      <link rel="stylesheet" type="text/css" href="css/3.css">
7      <script src="js/jquery-3.1.1.min.js"></script>
8  </head>
9  <body>
10     <div class="nav">
11         <ul>
12             <li>兄弟连</li>
13             <li>兄弟会</li>
14             <li>猿代码</li>
15             <li>专家讲师</li>
16             <li>战地日记</li>
17             <li>小电影</li>
18         </ul>
19     </div>
20 </body>
21 <script>
22 $(function(){
23     $(".nav li").mouseover(function(){
24         $(this).addClass("current");     //添加一个类名
25     }).mouseout(function(){
26         $(this).removeClass("current"); //删除一个类名
27     });
28 });
29 </script>
30 </html>
```

图 5-20　控制 class 来控制页面层叠样式

运行结果（见图 5-21）：

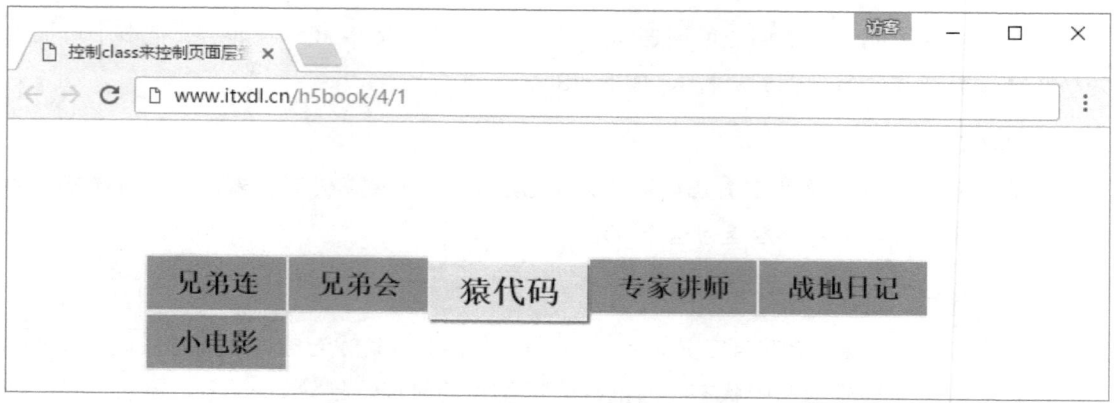

图 5-21　控制 class 来控制页面层叠样式效果图

由于在 jQuery 库内提供了 addClass()、removeClass() 和 toggleClass() 方法来控制 DOM 节点中的 class 属性，开发人员只需提前在 CSS 样式文本中定义好对应的 class 层叠样式，然后通过上述三种方法就可以灵活地控制页面节点层叠样式的切换。

顾名思义，addClass() 方法为节点添加 class 类名，removeClass() 方法为节点移除 class 类名，而 toggleClass() 方法为节点切换 class 类名。当页面中需要对样式进行切换时，这三种方法就会派上用场。

5.5.4　jQuery 处理页面动画效果

jQuery 对动画效果的处理也是非常优秀的，操作起来简单易懂，在网页中的运用也是非常常见的。其基本原理都是让对应的 DOM 节点进行隐藏和显示（CSS 的 display 属性），只是在显示和隐藏过程中进行不同的处理，从而形成不同的动画。

jQuery 封装好的动画效果方法有：基本动画 show() 和 hide()、滑动动画 slideDown() 和 slideUp()、淡入淡出动画 fadeIn() 和 fadeOut()，以及自定义动画。

下面来看一个基本动画实例。

实例描述：

用三个按钮来控制一张图片：一个为隐藏按钮；一个为显示按钮；一个为隐藏/显示的切换按钮。

实例代码（见图 5-22）：

```html
1  <!DOCTYPE html>
2  <html>
3  <head>
4      <meta charset="utf-8">
5      <title>jQuery处理页面动画效果</title>
6      <script src="js/jquery-3.1.1.min.js"></script>
7  </head>
8  <body>
9  <center>
10      <img src="images/9.jpg"><br>
11      <button>隐藏</button>
12      <button>显示</button>
13      <button>切换</button>
14  </center>
15  </body>
16  <script>
17      $(function(){
18          $("button").click(function(){        //绑定点击事件
19              switch($(this).html()){          //获取当前对象的文本节点
20                  case "隐藏":
21                      $("img").hide();         //让图片隐藏
22                      break;
23                  case "显示":
24                      $("img").show();         //让图片显示
25                      break;
26                  case "切换":
27                      $("img").toggle();       //让图片切换
28                      break;
29              }
30          });
31      });
32  </script>
33  </html>
```

图 5-22　jQuery 处理页面动画效果

运行结果（见图 5-23）：

图 5-23　jQuery 处理页面动画效果的效果图

117

可以看出，经过 jQuery 对动画的封装后，代码变得十分简洁明了。同理，它的滑动动画、淡入淡出动画的使用方式大同小异，请读者自行尝试运用和体会，后续章节将详细讲解。

5.5.5 jQuery 的 AJAX 技术应用

在前面笔者已经讲解了 AJAX 技术的学习，但是读者可以发现实现原生 JavaScript 的 AJAX 技术代码大量都是复用的，它主要侧重于原理，不适合开发。现在 jQuery 对原生的 AJAX 技术进行了完美封装，完全突出了"write less, do more"的特点。

下面笔者将使用 jQuery 的$.AJAX()方法（此方法属性对原生的 AJAX 技术进行了封装）去请求服务器端数据，然后使用弹框输出返回值。

实例代码（服务器端代码）：

```
29 /**
30      服务器端代码
31 */
32 app.get("/testajax",function(req,res){
33     res.send("你已经学会jQuery了ajax文本");
34 });
```

实例代码（客户端代码）：

```
1 <!DOCTYPE html>
2 <html>
3 <head>
4     <meta charset="utf-8">
5     <title>jQuery的ajax技术运用</title>
6     <script src="js/jquery-3.1.1.min.js"></script>
7 </head>
8 <body>
9 </body>
10 <script>
11     $(function(){
12         $.ajax({
13             url: "http://localhost:3000/textajax",    //请求地址
14             type:"get",                               //请求方式
15             dataType:"text",                          //接收数据的格式
16             success: function(msg){                   //执行成功的回调函数
17                 alert(msg);
18             },
19             error:function(){                         //执行失败的回调函数
20                 alert("ajax请求错误");
21             }
22         });
23     });
24 </script>
25 </html>
```

运行结果（见图 5-24）：

图 5-24　jQuery 的 AJAX 技术应用效果图

由上述代码可以看出，jQuery 把 AJAX 封装得极为简洁，不需要调节兼容，不需要写大量的重复代码，完全基于配置来实现 AJAX 技术。

$.AJAX()方法的正确使用方式：实参为一个 JSON 格式的对象，而这个对象下面可以配置许多属性。如果没有手动配置，则保持 jQuery 的默认值。

5.6　本章小结

本章主要是 jQuery 快速入门。首先介绍了 jQuery 的六大功能，然后对此展开了具体的实战演练，主要学习了如何配置 jQuery 环境、第一个 jQuery 程序、jQuery 代码风格、jQuery 六大功能的简单运用，让读者对 jQuery 有一个感性认知。本章知识点具体如下：

- 了解 jQuery 的六大功能，并进行了相应的实例演示。
- 配置 jQuery 环境。选择 jQuery 3.1.1 版本进行演示，并且本书后面实例都将以 3.1.1 版本为基础进行讲解。
- 第一个 jQuery 程序介绍了 JavaScript 代码的加载顺序和 jQuery 中$(function(){ })方法的作用。
- 通过对 jQuery 代码风格的学习，知道了"$"美元符号的作用和含义，以及链式操作的语法格式及其基本规范。
- 为 jQuery 的六大功能分别写了最基本的应用实例，让读者快速入门 jQuery，能够写出和读懂最基本的 jQuery 语句。

细说 AJAX 与 jQuery

通过本章的学习，读者对 jQuery 有了基本了解。本章最后对 jQuery 的六大功能进行了简单介绍，为后续的学习奠定了基础。

练习题

一、选择题

1. 当 DOM 加载完成后要执行的函数，下面哪个是正确的？（　　）

   A．jQuery(expression, [context])

   B．jQuery(html, [ownerDocument])

   C．jQuery(callback)

   D．jQuery(elements)

2. 下面哪个不是 jQuery 对象访问的方法？（　　）

   A．each(callback)　　　　　　　　B．size()

   C．index(subject)　　　　　　　　D．index()

3. 在 jQuery 中，想要给第一个指定的元素添加样式，下面哪种方式是正确的？（　　）

   A．first　　　　　　　　　　　　B．eq(1)

   C．css(name)　　　　　　　　　　D．css(name,value)

4. 在 jQuery 中指定一个类，如果存在就执行删除功能，如果不存在就执行添加功能，下面哪种方式是可以直接完成该功能的？（　　）（单选）

   A．removeClass()　　　　　　　　B．deleteClass()

   C．toggleClass(class)　　　　　　D．addClass()

5. 在 jQuery 中想要找到所有元素的同辈元素，下面哪种方式是可以实现的？（　　）

   A．eq(index)　　　　　　　　　　B．find(expr)

   C．siblings([expr])　　　　　　　D．next()

6. 使用 jQuery 检查 D<input type="hidden" id="id" name="id" />元素在网页上是否存在，下面哪种方式是正确的？（　　）

   A．if($("#id")) { //do　　　　　　B．if($("#id").length){
   　　someing... }　　　　　　　　　　　//do someing... }

   C．if($("#id").length() > 0){　　　D．if($("#id").size > 0) > 0){
   　　//do someing... }　　　　　　　　　//do someing... }

120

7．下列选项中，哪一个是和$("#foo")等价的写法？（ ）

A．$("foo#") B．$(#"foo")

C．$ ("foo") D．jQuery("#foo")

8．以下关于 jQuery 的描述，错误的是（ ）。

A．jQuery 是一个 JavaScript 函数库

B．jQuery 极大地简化了 JavaScript 编程

C．jQuery 的宗旨是 "write less, do more"

D．jQuery 的核心功能不是根据选择器查找 HTML 元素，然后对这些元素执行相应的操作

9．在 jQuery 中，下列关于文档就绪函数的写法，错误的是（ ）。（单选）

A．$(document).ready(function() { }); B．$(function() { });

C．$(document)(function() { }); D．$().ready(function() { });

10．有以下标签：<input id="txtContent" class="txt" type="text" value="张三"/>。请问不能正确获取文本框里的值"张三"的语句是（ ）。（单选）

A．$(".txt").val() B．$(".txt").attr("value")

C．$("#txtContent").text() D．$("#txtContent").attr("value")

二、简答题

1．什么是 jQuery？

2．有如下 HTML 代码：

This is a DIV

（1）把这个 HTML 元素转换为 jQuery 对象的语句是什么？

（2）得到 div 元素内的文本的语句有哪些？

（3）把元素内的文本设置为粗体的方法有哪些？

（4）清空文本的方法有哪些？

3．$(document).ready()方法和 window.onload 属性有什么区别？

第6章 jQuery 选择器和过滤

在上一章中，读者对 jQuery 有了一个感性认识，学会了 jQuery 的基本运用，并且详细了解了 jQuery 的六大功能并完成了相应的实例。其中，jQuery 对 DOM 节点的访问和操作是页面中最基本也是最核心的功能。因此，本章将首先讲解 jQuery 如何获取 DOM 节点——jQuery 选择器。

请访问 www.ydma.cn 获取本章配套资源，内容包括：
1. 本章的学习视频。
2. 本章所有实例演示结果；本章习题及其答案。
3. 本章资源包（包括本章所有代码）下载。
4. 本章的扩展知识。

6.1 jQuery 选择器介绍

在实现前端页面特效时，一般都是针对页面的某个元素来实现特定的渲染或事件，而这些操作都是在选中页面 DOM 节点的前提下完成的。当然，jQuery 也有特定的方法属性来完成选中页面 DOM 节点——jQuery 选择器。

6.1.1 CSS 选择器

首先，我们大致了解一下 CSS（层叠样式表）这项技术。

CSS 是一项非常优秀的技术。因为它的出现，把网页的结构和样式进行了完全分离，告别了之前混写的糟糕局面，使得 HTML 的开发变得更为清晰和规范。

其实现原理为：利用 CSS 的选择器快速定位到页面 DOM 节点，然后在对应的 CSS 选择器下添加所需样式，从而形成不同风格的网页。

CSS 选择器的种类繁多，从而使得 CSS 对 HTML 的 DOM 节点选择提供了非常高的灵活性。在 CSS3 出现后，又添加了许多非常好用的选择器，使得其用法更加灵活多变。

下面看看 CSS 中的一部分选择器，如表 6-1 所示。

表 6-1 CSS 选择器

选择器	语　法	含　义	范　例
标签选择器	标签名 E{ 属性:属性值}	匹配所有标签名为 E 的元素节点	P {Color:red; Font-size:14px;}
ID 选择器	#ID 名 D{ 属性:属性值}	匹配 id 属性为 D 的元素节点	#xdl {Color:red; Font-size:14px;}
类选择器	.类名 C{ 属性:属性值}	匹配所有 class 属性为 C 的元素节点	.xdl {Color:red; Font-size:14px;}
组合选择器	E1,E2{ 属性:属性值}	匹配所有 E1 和 E2 的元素节点	p,li {Color:red; Font-size:14px;}
包含选择器	E1 E2{ 属性:属性值}	匹配所有 E1 里面的 E2 的元素节点	ul li {Color:red; Font-size:14px;}

表 6-1 中仅列举了几个最基本的 CSS 选择器，其他的还有伪类选择器、属性选择器等。大家可以看出，使用 CSS 选择器选择页面 DOM 节点是十分灵活和便捷的。

6.1.2 jQuery 选择器

jQuery 选择器完全继承了 CSS 和 path 语言的风格，可以通过标签名、属性名等方式来定位到页面 DOM 节点。

实例描述：

为页面的一段文字添加 CSS 样式，用 CSS 选择器渲染段落字体样式为红色，用 jQuery 选择器渲染段落背景样式为黄色（运行结果省略）。

实例代码（见图 6-1）：

```
1 <!DOCTYPE html>
2 <html>
3 <head>
4     <meta charset="utf-8">
```

图 6-1 jQuery 选择器介绍

```
5   <title>jQuery选择器介绍</title>
6   <script src="js/jquery-3.1.1.min.js"></script>
7   <style>
8       p{
9           color:red;
10      }
11  </style>
12 </head>
13 <body>
14     <p>变态严管，只是让学习成为一种习惯</p>
15 </body>
16 </html>
17 <script>
18     $("p").css("background","yellow");
19 </script>
```

图 6-1　jQuery 选择器介绍（续）

从中可以看出，jQuery 选择器的写法为$("p")，而 CSS 选择器的写法为 p，二者的写法完全相同，使用都是的标签选择器，精准定位到 HTML 文档的元素节点。不同的是，CSS 选择器用来为元素节点添加层叠样式，而 jQuery 选择器则用来为元素节点添加行为事件。

6.2　jQuery 选择器的特点

jQuery 在访问 DOM 节点时，继承了 CSS 选择器简单、便捷和快速的特点，从而形成了一套 jQuery 选择器。下面看看 jQuery 选择器的特点。

6.2.1　简便而又灵活的写法

由于 CSS 选择器对元素节点选择的处理方式非常精妙，所以很多 JavaScript 库也都封装了$()函数，来仿照 CSS 处理机制作为页面 DOM 节点的选择器。jQuery 也不例外。这就使得原生态的 JavaScript 去访问 DOM 节点显得十分笨拙。例如，获取一个 id 值为 xdl 的 DOM 节点，原生态的为 document.getElementById("xdl")，而使用 jQuery 选择器则为$("#xdl")，由此可见 jQuery 相比之下更简单、灵活。

由于 jQuery 选择器支持 CSS 中的全部选择器（从 CSS1 到 CSS3），使得 jQuery 选择器的选择非常灵活。

6.2.2　完善的检测机制

当对页面中的某个 DOM 节点进行行为事件处理时，第一步就是获取对应的 DOM 节点。如果这个节点不存在，则在后面的行为事件处理中，jQuery 和 JavaScript 将会出现完全不同的反应。

第 6 章 jQuery 选择器和过滤

如果采用原生态的 JavaScript 去访问节点,则当 JavaScript 代码正好访问某个 DOM 节点,而页面中又不存在这个节点时,浏览器将会返回 null 对象。接着,在对 null 对象(本应该为 DOM 对象)执行后续的行为事件处理时,会直接造成浏览器报错,导致后续所有的 JavaScript 代码都不会被执行。

实例描述:

首先使用 JavaScript 代码访问一个不存在的 DOM 节点,并打印其返回值。接着访问此 DOM 对象下的某个方法,并查看后面的代码是否正常执行。

实例代码(见图 6-2):

```
1  <!DOCTYPE html>
2  <html>
3  <head>
4      <meta charset="utf-8">
5      <title>完善的检测机制--javascript</title>
6      <script src="js/jquery-3.1.1.min.js"></script>
7  </head>
8  <body>
9  </body>
10 <script>
11     var obj = document.getElementById("xdl");   //访问不存在的dom节点
12     console.log(obj);                            //打印返回值
13     obj.style.color = "red";                     //访问对象方法
14     console.log("good good study, day day up");  //后续的代码
15 </script>
16 </html>
```

图 6-2 完善的检测机制——JavaScript 访问 DOM 节点

运行结果(见图 6-3):

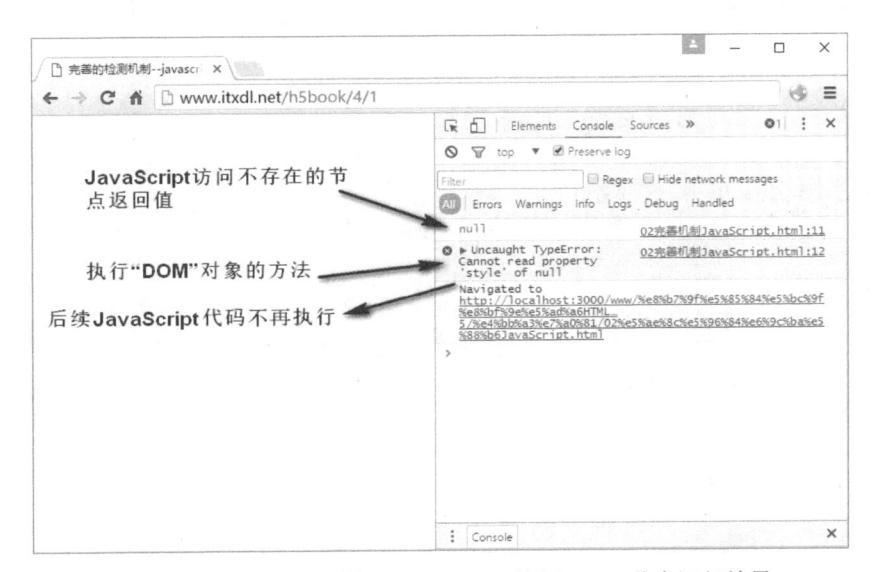

图 6-3 完善的检测机制——JavaScript 访问 DOM 节点运行结果

125

从运行结果中可以非常清晰地看到,当 JavaScript 访问一个不存在的 DOM 节点时,返回值为 null 对象,然后使用 null 对象去访问对象方法导致浏览器报错,以至后面的 console.log("good good study,day day up");根本没有执行。

所以在使用 JavaScript 开发应用的时候,为了避免访问到一个不存在的对象,可以首先判断这个对象是否存在,如果不存在,就跳过后续有关此对象的方法。但是如果一个页面需要访问大量的 DOM 节点,那么这无疑是一项巨大而且毫无意义的工作。

jQuery 完全解决了这类问题,就算访问一个不存在的 DOM 节点,浏览器也不会报错,而且后面的代码照常执行。

实例代码（见图 6-4）：

```html
<!DOCTYPE html>
<html>
<head>
    <meta charset="utf-8">
    <title>完善的检测机制--jQuery</title>
    <script src="js/jquery-3.1.1.min.js"></script>
</head>
<body>
</body>
<script>
    var obj = $("#xdl");                              //访问不存在的dom节点
    console.log(obj);                                 //打印返回值
    obj.css("color","red");                           //访问对象方法
    console.log("good good study, day day up");       //后续的代码
</script>
</html>
```

图 6-4 完善的检测机制——jQuery 访问 DOM 节点

运行结果（见图 6-5）：

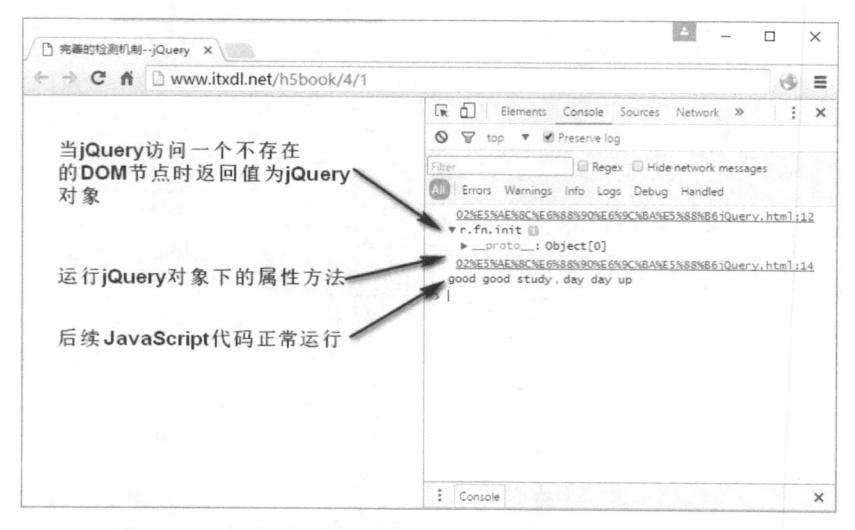

图 6-5 完善的检测机制——jQuery 访问 DOM 节点运行结果

从上述浏览器的控制台中可以看到，当 jQuery 访问一个不存在的 DOM 节点时，返回值还是一个 jQuery 对象，并且此对象和其他 jQuery 对象一样，包含所有 jQuery 默认的方法属性。因此，当 JavaScript 执行到第 13 行代码时，程序正常执行（不会报错），后续的 console.log("good good study,day day up")代码也照常执行。

综上所述，在访问 DOM 节点方面，jQuery 选择器相比于原生态的 JavaScript 更加友好和完善，不需要因判断这个 DOM 节点是否存在而导致整个 JavaScript 程序崩溃。

6.3 细谈 jQuery 选择器

jQuery 选择器除了支持 CSS 的所有选择器，还具备一些独有的选择器。按照选择页面 DOM 节点方式的不同，jQuery 选择器可以分为基本选择器、层次选择器、过滤选择器和表单选择器四大类；而过滤选择器又可以分为基本过滤选择器、内容过滤选择器、可见性过滤选择器、属性过滤选择器、子元素过滤选择器、表单对象属性过滤选择器六小类，如图 6-6 所示。

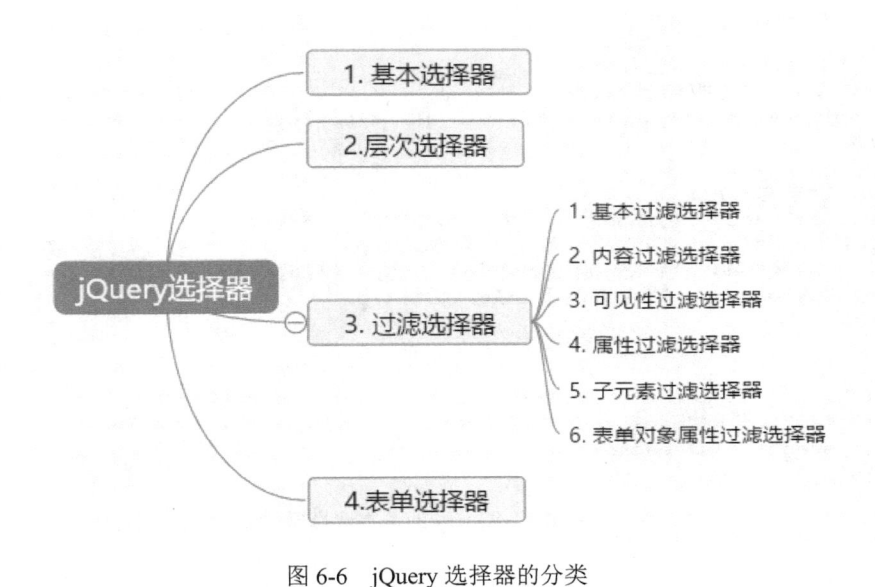

图 6-6　jQuery 选择器的分类

6.3.1 基本选择器

基本选择器是 jQuery 中使用最频繁的一类选择器，也是最简洁的一类选择器。它包括

id 选择器、class 选择器、标签名选择器、多个选择器生成的组合选择器等（注意：这里的基本选择器和 CSS 选择器一样）。其详细说明如表 6-2 所示。

表 6-2　基本选择器的详细说明

基本选择器	功　能	返　回　值	示　　例
$("#id")	根据给定的 id 匹配一个元素	单个元素	$("xdl")：选取 id 值为 xdl 的元素
$(".class")	根据给定的类匹配元素	元素集合	$(".xdl")：选择所有 class 值为 xdl 的元素
$("element")	根据给定的元素名匹配元素	元素集合	$("p")：选择所有的<p>元素
$("*")	匹配所有元素	元素集合	$("*")：选择所有的元素
$("selector1,selector2,...,selectorN")	将每个选择器匹配到的元素合并后一起返回	元素集合	$("p,span,.xdl")：选择所有的<p>元素、<span>元素和 class 值为 xdl 的元素

下面就根据上述的基本选择器完成一个隔行换色的实例。

实例代码（见图 6-7）：

```
1  <!DOCTYPE html>
2  <html>
3  <head>
4      <meta charset="utf-8">
5      <title>基本选择器</title>
6      <script src="js/jquery-3.1.1.min.js"></script>
7  </head>
8  <body>
9      <h1>励志语</h1>
10     <p class="odd">当你的才华还撑不起你的野心的时候</p>
11     <p class="even">你就应该静下心来学习</p>
12     <p class="odd">当你的能力还驾驭不了你的目标时</p>
13     <p class="even">就应该沉下心来，历练</p>
14 </body>
15 </html>
16 <script>
17     $("h1").css("color","red");              //标题为红色字体
18     $(".odd").css("background","red");       //奇数行的背景颜色为红色
19     $(".even").css("background","yellow");   //偶数行的背景颜色为黄色
20 </script>
```

图 6-7　jQuery 的基本选择器

运行结果（见图 6-8）：

图 6-8　jQuery 的基本选择器运行结果

从上面的实例中可以看出，基本选择器的操作非常便捷。上面只演示了 class 选择器，剩余的几类选择器请读者自行学习，在此不再演示。

【同理，后面所有的选择器笔者不可能一一演示，对于实例中没有运用的选择器，请读者自行学习，加以巩固。】

6.3.2　层次选择器

层次选择器通过页面 DOM 节点中的层级关系来定位到特定的 DOM 节点。在页面中，DOM 节点之间的关系包括后台、父子、相邻、兄弟关系等，也是最直接的关系。因此，jQuery 的层级选择器是非常重要也是最常用的一类选择器。其详细说明如表 6-3 所示。

表 6-3　层级选择器的详细说明

层级选择器	功　能	返回值	示　例
$("ancestor descendant")	根据祖先 ancestor 元素匹配所有的后代 descendant 元素	元素集合	$("ul li")：选择<ul>元素中所有的<li>元素
$("parent > child")	选取 parent 元素下所有的 child 元素。注意：孙子及孙子下的所有元素都不会命中	元素集合	$("ul > li")：选择<ul>中所有的<li>子元素
$("prev + next")	选择 prev 元素后面紧跟的 next 兄弟元素	元素集合	$("h1 + p")：选择<h1>元素后面紧跟的<p>兄弟元素

129

续表

层级选择器	功　　能	返回值	示　　例
$("prev ~ siblings")	匹配 prev 元素后面所有的 siblings 兄弟元素	元素集合	$("h1 + p")：选择<h1>元素后面所有的<p>兄弟元素

可以看出，jQuery 的层次选择器根据页面中 DOM 节点之间的关系可以非常简单、快速地选中所需节点，无须再为其添加 id 或 class。现在来看看下面的实例。

实例描述：

对编程语言进行排名，用不同色彩的进度条分别显示前三名。

实例代码（见图 6-9）：

```
1  <!DOCTYPE html>
2  <html>
3  <head>
4      <meta charset="utf-8">
5      <title>层次选择器</title>
6      <link href="css/4.css" rel="stylesheet" type="text/css">
7      <script src="js/jquery-3.1.1.min.js"></script>
8  </head>
9  <body>
10     <h1>编程语言排名</h1>
11     <ul>
12         <li id="one">
13             <ul>
14                 <li>Java语言占例:</li>
15                 <li></li>
16             </ul>
17         </li>
18         <li id="two">
19             <ul>
20                 <li>C语言占例:</li>
21                 <li></li>
22             </ul>
23         </li>
24         <li id="three">
25             <ul>
26                 <li>C++语言占例:</li>
27                 <li></li>
28             </ul>
29         </li>
30     </ul>
31 </body>
32 </html>
33 <script>
34     /**
35      @param
36          obj:     jQuery对象
37          val:     所占的百分比
38          color:   进度条填充颜色
39
```

图 6-9　jQuery 的层次选择器

```
40            return      void
41      */
42      var progress = function(obj,val,color){
43          //计数器
44          var i = 0;
45          //进度条最大长度
46          var length = 2000;
47          //为了体验感，内部把val值放大十倍
48          val *= 10;
49          var flag = setInterval(function(){
50              i ++;
51              if(i > val){
52                  clearInterval(flag);
53              }else{
54                  obj.html(i/10+"%").css("background",color).css("width",(i/
                    1000)*length+"px");
55              }
56          },10);
57      };
58      /**
59          关于"li:eq(index)"它为jQuery基本过滤选择器（在此提前学习）
60          含义为：选取索引等于index的元素(index从0开始)
61      */
62      progress($("#one ul li:eq(1)"),20,"red");
63      progress($("#one+li ul li:eq(1)"),14,"green");
64      progress($("#two~li ul li:eq(1)"),7,"pink");
65  </script>
```

图 6-9　jQuery 的层次选择器（续）

运行结果（见图 6-10）：

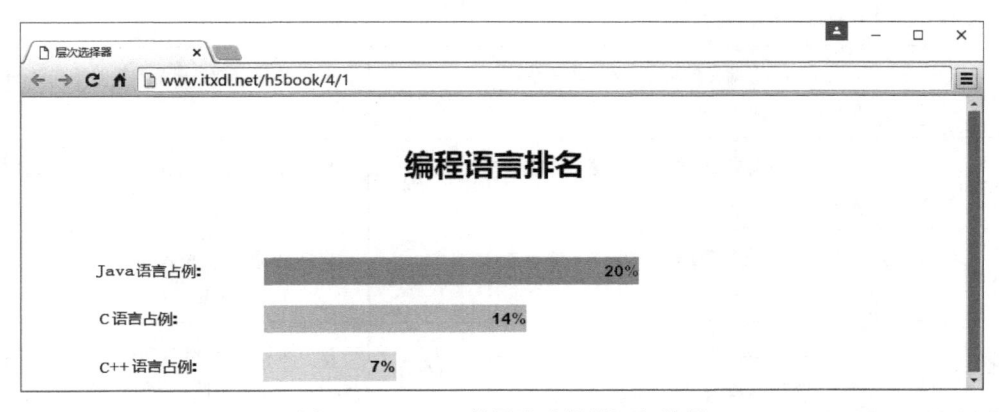

图 6-10　jQuery 的层次选择器运行结果

运行上述实例时，可以看到是一个简单的动画效果，进度条快速增长，当进度条达到设定值的时候，动画效果停止，并显示出此时编程语言的排名。

在这个实例中，4 种层次选择器应用了 3 种，可以看出它的使用和 CSS 的风格完全相同，也是使用频率非常高的一类选择器。

6.3.3 过滤选择器

过滤选择器主要通过特定的规则进行再次筛选，得到对应的单个元素或元素集合。它和 CSS 的伪类选择器的语法风格类似，也是以冒号 ":" 开头的。按照筛选的特点，可以将其划分为基本过滤选择器、内容过滤选择器、可见性过滤选择器、属性过滤选择器、子元素过滤选择器、表单对象属性过滤选择器。下面笔者将带领大家一一学习。

1. 基本过滤选择器

在过滤选择器中，基本过滤选择器是使用最频繁的一类。其详细说明如表 6-4 所示。

表 6-4 基本过滤选择器的详细说明

基本过滤选择器	功 能	返回值	示 例
:first	选取第一个元素	单个元素	$(".xdl:first")：选取所有 class 值为 "xdl" 中的第一个元素
:last	选取最后一个元素	单个元素	$(".xdl:last")：选取所有 class 值为 "xdl" 中的最后一个元素
:not(selector)	去除所有与给定选择器匹配的元素	元素集合	$("li:not(.xdl)")：选取所有<li>元素，其中不包括 class 值为 "xdl" 的元素
:even	选取索引是偶数的所有元素，索引值从 0 开始	元素集合	$(".xdl")：选取索引是偶数的所有 class 值为 "xdl" 的元素
:odd	选取索引是奇数的所有元素，索引值从 0 开始	元素集合	$(".xdl")：选取索引是奇数的所有 class 值为 "xdl" 的元素
:eq(index)	选取索引值等于 index 的元素，索引值从 0 开始	单个元素	$("li:eq(1)")：在所有<li>元素中，选取其索引值为 1 的元素
:gt(index)	选取索引值大于 index 的元素，索引值从 0 开始	元素集合	$("li:gt(1)")：在所有<li>元素中，选取其索引值大于 1 的元素（不包括 1）
:lt(index)	选取索引值小于 index 的元素，索引值从 0 开始	元素集合	$("li:lt(1)")：在所有<li>元素中，选取其索引值小于 1 的元素（不包括 1）
:header	选取所有的标题元素	元素集合	$(":header")：选取整个网页中所有的<h1>、<h2>等标题元素
:animated	选取当前正在执行动画的所有元素	元素集合	$("div:animated")：选取正在执行动画的<div>元素
:lang	选取指定语言下的所有元素	元素集合	$("div:lang(en)")：选取所有的<div lang="en">或<div lang="en-us">元素

续表

基本过滤选择器	功　　能	返回值	示　　例
:focus	选取当前获取焦点的元素	单个元素	$("input:focus")：选取当前获取焦点的<input>元素
:root	选取该文档的根元素	单个元素	$(":root")：永远都是选取<html>元素

从表 6-4 中可以发现，基本过滤选择器都是相对于元素集合进行过滤操作的。现在回头看看之前的两个实例（一个为隔行换色；另一个为进度条），这两个实例在获取 jQuery 对象的时候还是不够精简。现在笔者使用基本过滤选择器对这两个实例进行重写。

实例描述：
对基本选择器中的隔行换色实例进行重写。

实例代码（部分代码）：

```
 9  <body>
10      <h1>励志语</h1>
11      <p>当你的才华还撑不起你的野心的时候</p>
12      <p>你就应该静下心来学习</p>
13      <p>当你的能力还驾驭不了你的目标时</p>
14      <p>就应该沉下心来，历练</p>
15  </body>
16  <script>
17      $("h1").css("color","red");                    //标题为红色字体
18      $("p:odd").css("background","red");            //奇数行的背景颜色为红色
19      $("p:even").css("background","yellow");        //偶数行的背景颜色为黄色
20  </script>
```

再次运行上述修改后的代码，结果一模一样。可以看出，使用基本过滤选择器，省略了 HTML 文本的 class 属性，会使得访问的 DOM 元素节点变得更加精简。

实例描述：
对层次选择器中的进度条实例进行重写。

实例代码（只需要修改 JavaScript 中 progress()函数的调用）：

```
52      progress($("li ul li:eq(1)"),20,"red");
53      progress($("li ul li:eq(3)"),14,"green");
54      progress($("li ul li:eq(5)"),7,"pink");
```

运行上述修改后的代码，结果也是一样的（在此不再演示）。

通过上面的两个实例，可以看出 jQuery 的基本过滤选择器对元素集合的筛选操作非常便捷。虽说基本选择器和层次选择器都可以选择页面 DOM 元素节点，但 jQuery 独有的基本过滤选择器使得对 DOM 元素集合的操作变得更加灵活和便捷。

另外，jQuery 的基本过滤选择器中的其他几个选择器也请读者自行实验，加以巩固。

【在基本过滤选择器中，最后 4 个选择器使用频率不高，初学者了解即可。】

2. 内容过滤选择器

内容过滤选择器的主要规则是判断元素里面是否包含子元素或者文本元素。其详细说明如表 6-5 所示。

表 6-2　内容过滤选择器的详细说明

内容过滤选择器	功　　能	返回值	示　　例
:contains(text)	选取含有文本内容为"text"的元素	元素集合	$("div:contains('mylove')")：选取含有文本"mylove"的<div>元素
:empty	选取不包含子元素或文本元素的空元素	元素集合	$("div:empty")：选取不包含子元素或文本元素的<div>元素
:has(selector)	获取含有选择器所匹配的元素的元素	元素集合	$("div:has(li)")：选取包含<li>元素的<div>元素
:parent	获取含有子元素或文本元素的非空元素	元素集合	$("div:parent")：选取含有子元素或文本元素的<div>元素

实例描述：

完成一个电话簿搜索的实例，第一个功能为文本过滤，根据输入的文本进行模糊匹配；第二个功能为搜索未录入号码的人员名单。

实例代码：

```html
1  <!DOCTYPE html>
2  <html>
3  <head>
4      <meta charset="utf-8">
5      <title>内容过滤选择器</title>
6      <script src="js/jquery-3.1.1.min.js"></script>
7      <link href="css/5.css"  rel="stylesheet" type="text/css">
8  </head>
9  <body>
10     <h1>电话号码过滤</h1>
11     <input type="text" name="search">
12     <div>
13         <button>搜索指定号码的人员</button>
14         <button>查找未录入号码的人员</button>
15     </div>
16
17     <ul>
18         <li>高洛峰： <span></span></li>
19         <li>王宝龙： <span>186123456789</span></li>
20         <li>刘万涛： <span>186111111111</span></li>
21         <li>胡宏运： <span></span></li>
22         <li>刘滔：   <span>186222222222</span></li>
23         <li>李明霞： <span></span></li>
24         <li>陈家文： <span></span></li>
25     </ul>
26 </body>
```

```
27  <script>
28      //绑定第一个"搜索指定号码的人员"按钮
29      $("button:contains(搜索)").click(function(){
30          //使用表单过滤选择器获取
31          var val = $(":text").val();
32          //首先让所有待选项全部隐藏
33          $("li").css("display","none");
34          //显示被选择的选项
35          $("li:contains("+val+")").css("display","block");
36      });
37
38      //绑定第二个"查找未录入号码的人员"按钮
39      $("button:contains(查找)").click(function(){
40          //同上,让所有待选项全部隐藏
41          $("li").css("display","none");
42
43          /**
44              parent方法:取得一个包含着所有匹配元素的唯一父元素的元素集合
45          */
46          $("span:empty").parent().css("display","block");;
47
48      });
49  </script>
50  </html>
```

运行结果（见图 6-11）：

图 6-11　内容过滤选择器的实例运行结果

运行上述代码可以发现：

（1）当在搜索框中输入"186"时，可以搜索出"王宝龙"、"刘万涛"和"刘滔"三人的信息。

（2）当在搜索框中输入"1861"时，可以搜索出"王宝龙"和"刘万涛"两人的信息。

（3）点击"查找未录入号码的人员"按钮后，可以搜索出"高洛峰"、"胡宏运"、"李明霞"和"陈家文"四人的信息。

如上所述，当需要对内容进行判断和处理时，完全可以直接使用 jQuery 封装好的内容过滤选择器来进行简易处理，而不用在写大量的原生 JavaScript 代码进行各种判断后再选中对应的 DOM 元素节点。因此，jQuery 的内容过滤选择器会显得更加灵活和便捷。

3．可见性过滤选择器

可见性过滤选择器根据 HTML 元素是否可见的特点（层叠样式的 display 属性是否为 none）来选择对应的元素。其详细说明如表 6-6 所示。

表 6-6　可见性过滤选择器的详细说明

可见性过滤选择器	功　　能	返回值	示　　例
:hidden	获取所有的不可见元素，包括 CSS 属性中的 display:none 和 visibility:hidden；input 元素属性为 type=hidden	元素集合	$("input:hidden")：选取所有的不可见\<input\>元素，包括\<input style="display:none"\>、\<input style="visibility:hidden"\>和\<input type="type"\>
:visible	获取所有的可见元素	元素集合	$("input:visible")：选取所有可见的\<input\>元素

实例描述：

使用可见性过滤选择器完成一个最简单的轮播图效果（直接隐藏、直接显示）。

实例代码：

```
1  <!DOCTYPE html>
2  <html>
3  <head>
4      <meta charset="utf-8">
5      <title>可见性过滤选择器</title>
6      <link href="css/6.css" rel="stylesheet" type="text/css">
7      <script src="js/jquery-3.1.1.min.js"></script>
8  </head>
9  <body>
10     <h1>直隐直显的轮播图</h1>
11     <img src="images/1.jpg">
12     <img src="images/2.jpg" style="display:none">
13     <img src="images/3.jpg" style="display:none">
14     <img src="images/4.jpg" style="display:none">
15 </body>
16 <script>
17 var i = 0;                            //定义帧数的变量
18 var len = $("img").length - 1;        //判断执行方向
19 setInterval(function(){
20     /**
21      *  next()方法：取得一个包含匹配的元素集合中每一个元素紧邻的后面同辈元素的元
                素集合
22      *
23      *  prev()方法：取得一个包含匹配的元素集合中每一个元素紧邻的前一个同辈元素的
                元素集合
```

```
24      */
25      if(i++%(2*len) < len){
26          $("img:visible").css("display","none").next().css("display","block");
27      }else{
28          $("img:visible").css("display","none").prev().css("display","block");
29      }
30 },1000);
31 </script>
32 </html>
```

运行结果（见图 6-12）：

图 6-12 可见性过滤选择器的实例运行结果

运行上述代码可以发现：

（1）每张图片都是以 1s 为单位进行轮播切换的。

（2）首先经过 4s 从第一张图片切换到最后一张图片，然后又经过 4s 从最后一张图片切换到第一张图片，依次这样循环轮播下去。

上面的例子用到了 :visible 可见性过滤选择器，额外学习了 jQuery 元素筛选操作中的 next()和 prev()方法。在内容过滤选择器中笔者带领大家学习的 parent()方法也属于 jQuery 元素筛选操作中的知识点。

注意： 关于 jQuery 元素筛选操作，将在本章最后进行学习。在学习元素筛选操作之前，我们会提前零散地学习部分方法。

4．属性过滤选择器

属性过滤选择器根据元素的属性进行相应匹配来获取所需元素。其详细说明如表 6-7 所示。

表 6-7 属性过滤选择器的详细说明

属性过滤选择器	功能	返回值	示例
[attribute]	选取包含此属性的元素	元素集合	$("div[id]"): 选取包含 id 属性的<div>元素
[attribute=value]	选取属性的值为 value 的元素	元素集合	$("div[class='xdl']"): 选取所有 class 值为"xdl"的<div>元素
[attribute!=value]	选取属性的值不为 value 的元素	元素集合	$("div[class!='xdl']"): 选取所有 class 值不为"xdl"的<div>元素
[attrbute^=value]	选取属性的值以 value 开头的元素	元素集合	$("div[class^='xdl']"): 选取所有 class 值以"xdl"开头的<div>元素
[attrbute$=value]	选取属性的值以 value 结尾的元素	元素集合	$("div[class$='xdl']"): 选取所有 class 值以"xdl"结尾的<div>元素
[attrbute*=value]	选取属性的值中包含 value 的元素	元素集合	$("div[class*='xdl']"): 选取所有 class 值包含"xdl"的<div>元素
[seletor1][seletor2][seletorN]	获取同时满足多个属性的元素	元素集合	$("div[class='xdl'][page]"): 获取所有 class 值为"xdl"并包含 page 属性的<div>元素

可以看出，属性过滤选择器对属性的过滤操作已经做到极致。操作属性来选择对应的 DOM 元素节点也将显得非常灵活，它也继承了 CSS 属性选择器的语法。

实例描述：

完成一个类似商城网站的放大镜，左侧为一个图片形式的选项卡，左右对应的是一个放大镜效果。

实例代码：

```
1  <!DOCTYPE html>
2  <html>
3  <head>
4      <meta charset="utf-8">
5      <title>属性过滤选择器</title>
6      <link href="css/7.css"  rel="stylesheet" type="text/css">
7      <script src="js/jquery-3.1.1.min.js"></script>
8  </head>
9  <body>
10 <h1>放大镜轮播图</h1>
11 <div id="contain">
12     <div class="left">
13         <div class="up"><img src="images/06.jpg" bigimage></div>
14         <div class="down">
15             <img src="images/06.jpg" smallimage>
16             <img src="images/07.jpg" smallimage>
```

138

```
            <img src="images/08.jpg" smallimage>
            <img src="images/09.jpg" smallimage>
        </div>
    </div>
    <div class="right"><img src="images/1.jpg" mirror></div>
</div>
</body>
<script>
    /**
        完成一个选项卡的效果：
            当浮动到对应的选项卡后，改变其状态
            然后更改大图(含有bigimage的<img>)的src，进行图片更换

        知识补充：attr()方法
            获取或更改对应的DOM元素的属性值。
        例如：
            获取：$("div").attr("attributeName")
            更改：$("div").attr("attributeName","attributevalue")
    */
    $("[smallimage]").mouseover(function(){                    //鼠标移入事件
        var address = $(this).css("border","3px solid red").attr("src");
        $("[bigimage]").attr("src",address);
    }).mouseout(function(){                                     //鼠标移出事件
        $(this).css("border","3px solid #ccc");
    });

    /**
        为大图绑定鼠标移动事件
            首先，让mirror可见(display:block)
            然后，当鼠标在内部移动的时候，通过计算，在mirror中进行放大显示
        为大图绑定鼠标移出事件
            让mirror不可见(display:none)
    */
    $("[bigimage]").mousemove(function(even){

        //获取大图的相对文档的偏移量
        var offset = $(this).offset();
        //获取鼠标相对于大图左上角的x轴偏移量
        var x = even.pageX - offset.left;
        //获取鼠标相对于大图左上角的y轴偏移量
        var y = even.pageY - offset.top;

        //放大镜的放大倍数
        var multiple = 8;
        //获取放大镜的宽度
        var mirrorwidth = $(".right").width();
        //获取放大镜的高度
        var mirrorHeight = $(".right").height();
        //获取此刻大图的src的值
        var address = $(this).attr("src");

        //更改放大镜的src的值，切换图片
        $("[mirror]").attr("src",address);

        /**
            实现放大镜的原理(以本实例数据为例)：
                1. 放大镜对应的html元素为<div class="right">
                2. 放大镜的宽高分别为350px、350px。
                3. 这个<div>的特点为超出隐藏。
                4. 子元素<img mirror>的宽高分别为2560px、1600px;
                5. 通过计算，移动<div>的x轴和y轴的滚动条，
                    正好让放大镜显示此刻鼠标在大图的那一块区域。
```

```
79              补充知识：
80                  scrollTop()：获取或设置匹配元素相对滚动条顶部的偏移
81                  scrollLeft()：获取或设置匹配元素相对滚动条左侧的偏移
82
83          */
84          //首先让放大镜可见，然后计算移动滚动条
85          $(".right").css("display","block").scrollLeft(Math.max(x*multiple -
86              mirrorwidth/2,0)).scrollTop(Math.max(y*multiple - mirrorHeight/2,0));
87      }).mouseout(function(){
88
89          //让放大镜不可见
90          $(".right").css("display","none");
91      });
92 </script>
93 </html>
```

运行结果（见图6-13）：

图6-13　属性过滤选择器的实例运行效果

运行上述代码可以发现：

（1）左下角为一个图片形式的选项卡，当鼠标光标移入某个选项卡的时候，选项卡边框变红表示选中状态，并且左上方的大图跟着变化。

（2）当鼠标光标移出选项卡的时候，选项卡边框恢复为原来的灰色。

（3）当鼠标光标移入左上方的大图时，右边的图片从不可见状态变为可见状态，并且形成放大镜的效果。

在此实例中，读者可以发现，笔者为DOM元素节点定义了几个属性，如smallimage、bigimage和mirror。在访问对应的DOM元素节点时，直接使用属性过滤选择器可以非常方便地过滤出那些自定义的属性，这就使得开发人员在维护JavaScript代码时非常容易见名知义。

虽然本实例中运用的属性过滤选择器并不多，仅仅使用了一个类型，但其他几个属性过滤选择器大同小异，请读者自行学习。

提示 1：也许有人会发现本实例与属性过滤选择器并不是十分贴切。

笔者认为：本书不是手册，也没有必要一一解释一个知识点的边边角角。笔者主要是为了带领读者完成一个个实例，让读者在实例中去体会和学习，在实例中掌握 jQuery 的精髓。针对同一个概念性问题需要的是理解，而不是强行的死记硬背，因为在真正的开发阶段肯定少不了开发手册。

提示 2：读者最好配合《jQuery 开发手册》同步学习本书内容。

5. 子元素过滤选择器

子元素过滤选择器相对于其他选择器来说会相对复杂一些，但是如果厘清父子之间的层级关系，也是非常容易理解的。jQuery 的子元素过滤选择器也继承了 CSS 的子元素过滤选择器，虽说基本过滤选择器可以非常友好地完成元素集合的筛选，但是子元素过滤选择器提供了更加全面、更加便捷的方式来筛选元素集合。其详细说明如表 6-8 所示。

表 6-8　子元素过滤选择器的详细说明

子元素过滤选择器	功　能	返回值	示　例
:first-child	获取每个父元素的第一个元素	元素集合	$("ul li:first-child")：获取每个<ul>中的第一个<li>元素
:first-of-type	获取每个元素的所有同级同名元素的第一个兄弟元素	元素集合	$("li:first-of-type")：获取每个<li>中的所有同级的<li>元素的第一个兄弟<li>元素
:last-child	获取每个父元素的最后一个元素	元素集合	$("ul li:last-child")：获取每个<ul>中的最后一个<li>元素
:last-of-type	获取每个元素的所有同级同名元素的最后一个兄弟元素	元素集合	$("li:last-of-type")：获取每个<li>中的所有同级的<li>元素的最后一个兄弟<li>元素
:nth-child(index/even/odd/formula)	1. 获取每个父元素下的第 index 个子元素（index 从 1 开始） 2. 获取每个父元素下的奇偶元素 3. 获取每个父元素下与"带 n 参数的表达式"相关的元素	元素集合	1. $("ul li:nth-child(3)")：获取每个<ul>下的第 3 个子<li>元素 2. $("ul li:nth-child(even)")：获取每个<ul>下的所有第偶数个<li>元素 3. $("ul li:nth-child(3n)")：获取每个<ul>下的第 3n 个<li>元素
:nth-last-child(index/even/odd/formula)	同 :nth-child()，不同点是 :nth-last-child 计数顺序为从最后一个元素开始到第一个元素	元素集合	同理

续表

子元素过滤选择器	功　　能	返回值	示　　例
:nth-of-type(index/even/odd/formula)	同:nth-child()，不同点是:nth-of-type 获取每个元素的所有同级同名的第 index 个元素、奇偶元素或 formula 相关元素	元素集合	1. $("li:nth-of-type(3)")：获取每个\<li>下所有同级同名的元素中的第 3 个元素 2. $("li:nth-of-type(even)")：获取每个\<li>下所有同级同名的元素中的第偶数个元素 3. $("li:nth-of-type(3n)")：获取每个\<li>下所有同级同名的元素中的第 3n 个元素
:nth-last-of-type(index/even/odd/formula)	同:nth-of-type，不同点是:nth-last-of-type 计数是从最后一个元素开始到第一个元素	元素集合	同理
:only-child	获取所有父元素中只有唯一一个子元素的元素集合	元素集合	$("ul li:only-child")：获取每个\<ul>下只有唯一一个\<li>元素的元素集合
:only-of-type	获取在同一级下只有唯一一个同名元素的元素集合	元素集合	$("li:only-of-type")：获取所有在同一级下拥有唯一一个\<li>元素的元素集合

可以发现，jQuery 的子元素过滤选择器和 CSS 的子元素过滤选择器完全相同，在此笔者只演示其中一种，不熟悉的读者请模仿下面的代码片段加以学习巩固。

实例代码：

```
 1  <!DOCTYPE html>
 2  <html>
 3  <head>
 4      <meta charset="utf-8">
 5      <title>子元素过滤选择器</title>
 6      <script src="js/jquery-3.1.1.min.js"></script>
 7  </head>
 8  <body>
 9  <ul>
10      <h2>笑笑更开心</h2>
11      <li>1. 做梦，一切皆有可能。</li>
12      <li>2. 站在人生的米字路口，我更加彷徨。</li>
13      <li>3. 我一直在希望的田野上奔跑，虽然也偶尔被失望绊倒。</li>
14  </ul>
15  <ul>
16      <li>4. 灵魂的性感，才是骨子里的真正的性感。</li>
17      <div>5. 你匍匐在地上仰视别人，就不能怪人家站得笔直俯视你</div>
18      <li>6. 青春就像卫生纸。看着挺多的，用着用着就不够了。</li>
19  </ul>
20  </body>
21  <script>
22      $("ul li:first-child").css("background","red");
23  </script>
24  </html>
```

6. 表单对象属性过滤选择器

表单对象属性过滤选择器通过表单元素的状态来进行元素过滤，如 enabled、disabled、checked 和 selected。其详细说明如表 6-9 所示。

表 6-9　表单对象属性过滤选择器的详细说明

表单对象属性过滤选择器	功　能	返回值	示　例
:enabled	获取所有可用元素	元素集合	$("#form:enabled")：选取 id 值为 form 的表单中所有可用的元素
:disabled	获取所有不可用元素	元素集合	$("#form:disabled")：选取 id 值为 form 的表单中所有不可用的元素
:checked	获取所有被选中的元素（包括单选框、复选框）	元素集合	$("input:checked")：选取所有被选中的 <input>元素
:selected	获取所有被选中的选项元素	元素集合	$("select:selected")：选取所有被选中的 <select>元素

实例描述：

以邮箱为实例背景，完成一个常见的全选、反选、全不选功能。

实例代码：

```html
 1 <!DOCTYPE html>
 2 <html>
 3 <head>
 4     <meta charset="utf-8">
 5     <title>表单对象属性过滤选择器</title>
 6     <link href="css/8.css"  rel="stylesheet" type="text/css">
 7     <script src="js/jquery-3.1.1.min.js"></script>
 8 </head>
 9 <body>
10     <h1>我的邮箱</h1>
11     <ul>
12         <li><input type="checkbox" name="email[]" value="1"> 宝龙来信
            内容:xxxxxx</li>
13         <li><input type="checkbox" name="email[]" value="2"> 万涛来信
            内容:请进入</li>
14         <li><input type="checkbox" name="email[]" value="3"> 明霞来信
            内容:请双击</li>
15         <li><input type="checkbox" name="email[]" value="4"> 滔滔来信
            内容:保密</li>
16     </ul>
17     <div>
18         <button>全选</button> <button>反选</button> <button>全不选</button>
19     </div>
20 </body>
```

```
21 </html>
22 <script>
23     /**
24         prop()方法和attr()方法的功能和用法一样：
25             注意：在jQuery 1.6以上版本中，若要检索和更改DOM属性，则使用prop()方法
26                 比如checked、selected或disabled等
27             由于某些内置属性的特性，当删除属性时会报错
28     */
29     $("button:contains(全选)").click(function(){
30         $("input").prop("checked",true);
31     });
32
33     $("button:contains(反选)").click(function(){
34         var objchecked = $("input:checked");
35         $("input:not(:checked)").prop("checked",true);
36         objchecked.prop("checked",false);
37     });
38     $("button:contains(全不选)").click(function(){
39         $("input").prop("checked",false);
40     });
41 </script>
```

运行结果（见图6-14）：

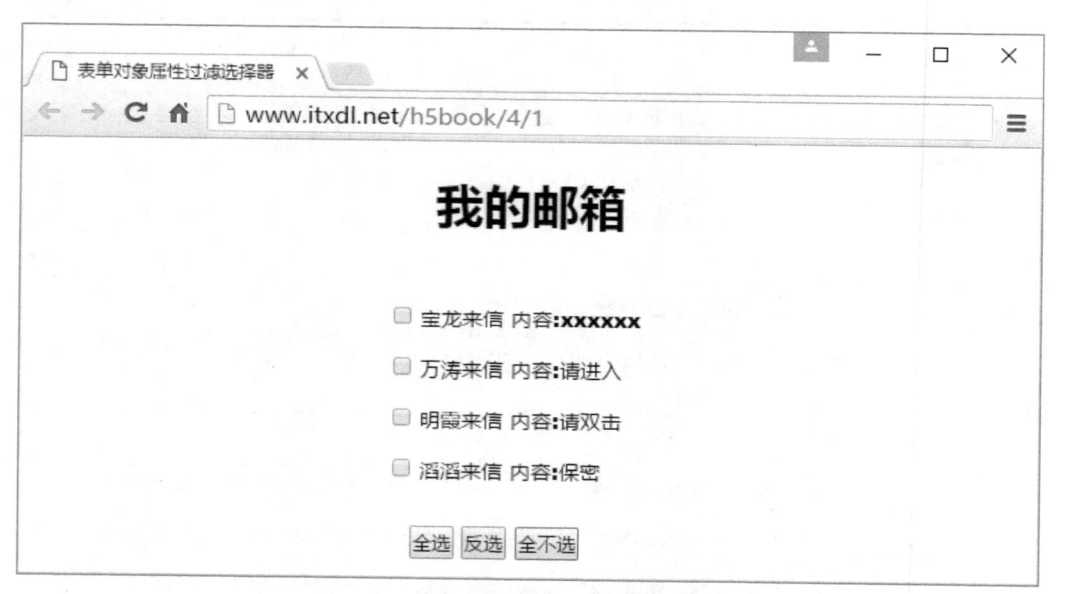

图6-14 表单对象属性过滤选择器的实例运行结果

可以发现：

（1）当点击"全选"按钮时，所有的复选框全部被选中。

（2）当点击"全不选"按钮时，所有的复选框全部没有被选中。

（3）当点击"反选"按钮时，所有的复选框全部取其自身的相反状态。

注意：此实例不能使用attr()方法来实现全选、反选和全不选功能。

由于表单中选项的状态时刻都在变化，而使用 jQuery 表单对象属性过滤选择器可以非常便捷地捕获到对应的表单元素的状态。比如，捕获 input 单选框或复选框中被选中的元素，可以直接使用 ":checked"。

6.3.4 表单选择器

在 Web 页面中，大家可以随处见到表单，而 jQuery 也对应封装了特定的表单选择器，使得开发人员可以更加便捷地获取表单元素，加快开发效率。jQuery 的表单选择器主要根据其 input 类型来划分，其详细说明如表 6-10 所示。

表 6-10 表单选择器的详细说明

表单选择器	功　能	返回值	示　例
:input	选取所有的<input>、<textarea>、<select>和<button>元素	元素集合	$("#form:input")：选取 id 值为 form 元素下的所有<input>、<textarea>、<select>和<button>元素
:text	选取所有的单行文本框	元素集合	$(":text")：选取所有的单行文本框
:password	选取所有的密码框	元素集合	$(":password")：选取所有的密码框
:radio	选取所有的单选框	元素集合	$(":radio")：选取所有的单选框
:checkbox	选取所有的复选框	元素集合	$(":checkbox")：选取所有的复选框
:submit	选取所有的提交按钮	元素集合	$(":submit")：选取所有的提交按钮
:image	选取所有的图片按钮	元素集合	$(":image")：选取所有的图片按钮
:reset	选取所有的重置按钮	元素集合	$(":reset")：选取所有的重置按钮
:button	选取所有的按钮	元素集合	$(":button")：选取所有的按钮
:file	选取所有的上传域	元素集合	$(":file")：选取所有的上传域
:hidden	选取所有的不可见元素	元素集合	$(":hidden")：选取所有的不可见元素

实例描述：

完成一个表单登录实例，并且在前端验证，当验证失败后，出现提示语并发出警告；当继续修改字段的时候，如果输入值符合字段要求，则立刻解除警告。

细说 AJAX 与 jQuery

实例代码：

```html
1  <!DOCTYPE html>
2  <html>
3  <head>
4      <meta charset="utf-8">
5      <title>表单选择器</title>
6      <link href="css/9.css"  rel="stylesheet" type="text/css">
7      <script src="js/jquery-3.1.1.min.js"></script>
8  </head>
9  <body>
10     <div class="contains">
11         <h1>登录</h1>
12         <ul>
13             <li>
14                 <span class="title">账号</span><br>
15                 <input type="text" name="username"><br>
16                 <span class="info">请输入E-mail地址</span>
17             </li>
18             <li>
19                 <span class="title">密码</span><br>
20                 <input type="password" name="password"><br>
21                 <span class="info"></span>
22             </li>
23             <li>
24                 <button>登 录</button><br><br>
25                 <a href="">找回密码</a> | <a href="">还没有注册账号？立即注册</a>
26             </li>
27         </ul>
28     </div>
29 </body>
30 </html>
31 <script>
32     /**
33         对账号DOM节点
34         1. 绑定失去焦点事件，如果验证失败，立马发送警告
35         2. 绑定键盘按下事件，如果验证成功，则立马消除警告
36
37     */
38     $(":text").focusout(function(){
39         var res = $(this).val().match(/^\w+@\w+(\.\w{2,3}){1,3}$/);
40         //正则匹配邮箱
41         if(!res){
42         //如果失败
              //首先切换到对应的.info节点更改提示语，然后切换到li节点，添加
              warnning类名，发出警告
              $(this).next().next().html("E-mail输入有误").parent().addClass(
              "warnning");
43         }
44     }).keydown(function(){
45         var res = $(this).val().match(/^\w+@\w+(\.\w{2,3}){1,3}$/);
46         if(res){
47             //同理，更改提示语，并消除警告
48             $(this).next().next().html("请输入E-mail地址").parent().
              removeClass("warnning");
49         }
50     });
```

```
51    //密码的绑定与上同理
52    $(":password").focusout(function(){
53        var res = $(this).val().match(/^\w{6,10}$/);
54        if(!res){
55            $(this).next().next().html("密码输入有误").parent().addClass(
56                "warnning");
57        }
58    }).keydown(function(){
59        var res = $(this).val().match(/^\w{6,10}$/);
60        if(res){
61            $(this).next().next().html("").parent().removeClass("warnning");
62        }
63    });
64  </script>
```

运行结果（见图 6-15）：

图 6-15　表单选择器的实例运行结果

运行上面的实例可以发现：

（1）在"账号"位置输入一个非邮箱格式的字符串，失去焦点后，文本框变红，并且下面出现黄色的提示文字"E-mail 输入有误"进行警告。

（2）继续输入字符串，当字符串修改为正常格式的一瞬间，账号表单的警告状态消失。

（3）同理，密码字段也是一样的，当密码字段不是 6～10 位时失去焦点会发出警告，修改为符合正则规范的字符串时警告消除。

至此，大家已经学完了 jQuery 各种类型的选择器，可通过归类方式进行整理和学习，

147

虽然看起来很多，但是其结构整齐有序，再结合《jQuery 开发手册》（网上搜索），其知识点会显得更加清晰明了。

6.4 本章小结

本章主要学习 jQuery 各种类型的选择器，通过它来访问 DOM 元素节点生成对应的 jQuery 对象。在不同类别的选择器中，采用实例的方式进行了一一讲解，以巩固每种 jQuery 选择器的具体用法，让读者在实际开发中更加灵活变通。下面进行本章知识点回顾：

- 简单介绍了 jQuery 选择器，然后对比 jQuery 选择器和 CSS 选择器之间的关系。
- 介绍了 jQuery 选择器的特点：简单而又灵活，并且还有完善的检测机制。
- 介绍了 jQuery 的基本选择器，并完成了一个隔行换色的实例。
- 介绍了 jQuery 的层次选择器，并完成了一个进度条实例。
- 介绍了 jQuery 的 6 种过滤选择器，并相应完成了电话号码过滤实例、直隐直显的轮播图、放大镜实例和全选反选与全不选等实例。
- 介绍了 jQuery 的表单选择器，并完成了登录的前端验证实例。

通过本章的学习，相信读者已经熟练地掌握了 jQuery 选择器，从总体来看共分为 4 类选择器，而过滤选择器又细分为 6 类。因此，针对页面 DOM 元素节点选择，大家可以使用多种 jQuery 选择器来获取，而在具体情况下只需灵活选择 jQuery 选择器即可。

练习题

一、选择题

1. 下面哪种不是 jQuery 的选择器？（ ）

A．基本选择器

B．后代选择器

C．类选择器

D．进一步选择器

2. 有这样一个表单元素，想要找到这个 hidden 元素，下面哪种方法是正确的？（ ）

A．visible　　　　　　　　　　　　B．hidden

C．visible()　　　　　　　　　　　D．hidden()

3. 如果想要快速找到一张表格的指定行数的元素,则用下面哪种方法可以实现?(　)

　A．text()　　　　　B．get()　　　　　C．eq()　　　　　D．contents()

4. 下面哪项不属于 jQuery 的筛选?(　)

　A．过滤　　　　　B．自动　　　　　C．查找　　　　　D．串联

5. 页面中有一个性别单选按钮,请设置"男"为选中状态。代码如下:

```
<input type="radio" name="sex"> 男
<input type="radio" name="sex"> 女
```

　正确的是(　)。

　A．$("sex[0]").attr("checked",true);

　B．$("#sex[0]").attr("checked",true);

　C．$("[name=sex]:radio").attr("checked",true);

　D．$(":radio[name=sex]:eq(0)").attr("checked",true);

6. HTML 代码:

```
<p>one</p><div><p>two</p></div><p>three</p>
```

　jQuery 代码:

```
$("div>p");
```

　结果为(　)。

　A．[<p>two</p>]　　　　　　　　　B．[<p>one</p>]

　C．[<p>three</p>]　　　　　　　　D．[<div><p>two</p></div>]

7. HTML 代码:

```
<div>DIV</div>
<span>SPAN</span>
<p>P</p>
```

　jQuery 代码:

```
$("*")
```

　结果为(　)。

　A．[<div>DIV</div>]

　B．[SPAN]

　C．[<p>P</p>]

　D．[<div>DIV</div>,SPAN,<p>P</p>]

8. 以下(　)选项不能正确地得到这个标签。

```
<input id="btnGo" type="button" value="单击我" class="btn"/>
```

A．$("#btnGo") B．$(".btnGo")
C．$(".btn") D．$("input[type='button']")

9．在 HTML 页面中有如下结构的代码：

```
<div id="header">
    <h3>
        <span>S3N 认证考试</span>
    </h3>
    <ul>
        <li>一</li>
        <li>二</li>
        <li>三</li>
        <li>四</li>
    </ul>
</div>
```

请问下列选项（　　）所示的 jQuery 代码不能让汉字 "四" 的颜色变成红色。（单选）

A．$("#header ul li:eq(3)").CSS("color","red");

B．$("#header li:eq(3)").CSS("color","red");

C．$("#header li:last").CSS("color","red");

D．$("#header li:gt(3)").CSS("color","red");

10．在 jQuery 中有以下代码：

```
$(".btn").click(function() {
    var json = [
        { "S_Name": "周颜", "S_Sex": "男" },
        { "S_Name": "周颖", "S_Sex": "女" }
    ];
    $.each(json, function(index, s) {
        alert(s.S_Name + "," + s.S_Sex);--语句 1
    });
});
```

以下说法正确的是（　　）。（单选）

A．此段代码不会被正常执行 B．语句 1 会被执行 1 次

C．语句 1 会被执行 2 次 D．$.each()函数的用法有误

二、简答题

1．jQuery 有哪些类型的选择器，并举例说明。

2．jQuery 中有哪些方法可以遍历节点？

第7章 jQuery 的 DOM 操作

在上一章中，读者学习了通过 jQuery 的选择器来访问 Web 页面中的 DOM 元素节点。而本章将会深入学习 DOM，首先深入理解什么是 DOM，以及 HTML 中的 DOM 在 Web 页面中按照什么标准进行知识点划分；然后在 jQuery 环境下学习如何操作 DOM 的各个类型节点。

请访问 www.ydma.cn 获取本章配套资源，内容包括：
1. 本章的学习视频。
2. 本章所有实例演示结果。
3. 本章习题及其答案。
4. 本章资源包（包括本章所有代码）下载。
5. 本章的扩展知识。

7.1 什么是 DOM

DOM 是 Document Object Model 的缩写，意思为文档对象模型。它是 W3C 在微软与网景的"浏览器大战"中推荐的处理可扩展标记语言的标准编程接口，为文档提供了一种结构化表示的 API。

7.1.1 DOM 概述

DOM 是中立于平台和语言的接口，它允许程序和脚本动态地访问和更新文档的内容、结构和样式。W3C 把 DOM 标准划分为三部分。

> CORE DOM：针对任何结构化文档的标准模型。
> XML DOM：针对 XML 文档的标准模型。
> HTML DOM：针对 HTML 文档的标准模型。

而文档对象模型（DOM）是表示及操作 XML 和 HTML 文档内容的基础 API，其重点是理解内部架构细节。要深刻理解 XML 和 HTML 文档的嵌套元素在 DOM 树对象中的表现。

在 HTML 文档标准模型中，所有内容都是节点（其余文档模型略）。

> 整个文档是一个文档节点。
> 每个 HTML 元素都是元素节点。
> HTML 元素内的文本是文本节点。
> 每个 HTML 属性都是属性节点。
> 注释就是注释节点。

以下面的 HTML 文档为例：

```
1  <!DOCTYPE html>
2  <html>
3      <head>
4          <title>a document object model</title>
5      </head>
6      <body>
7          <h1>a html document of standard model</h1>
8          <p>联系我们：<a href="http://www.itxdh.com/">兄弟会官网</a></p>
9      </body>
10 </html>
```

对应的 HTML 文档 DOM 中每个节点在树状图中的表示如图 7-1 所示。

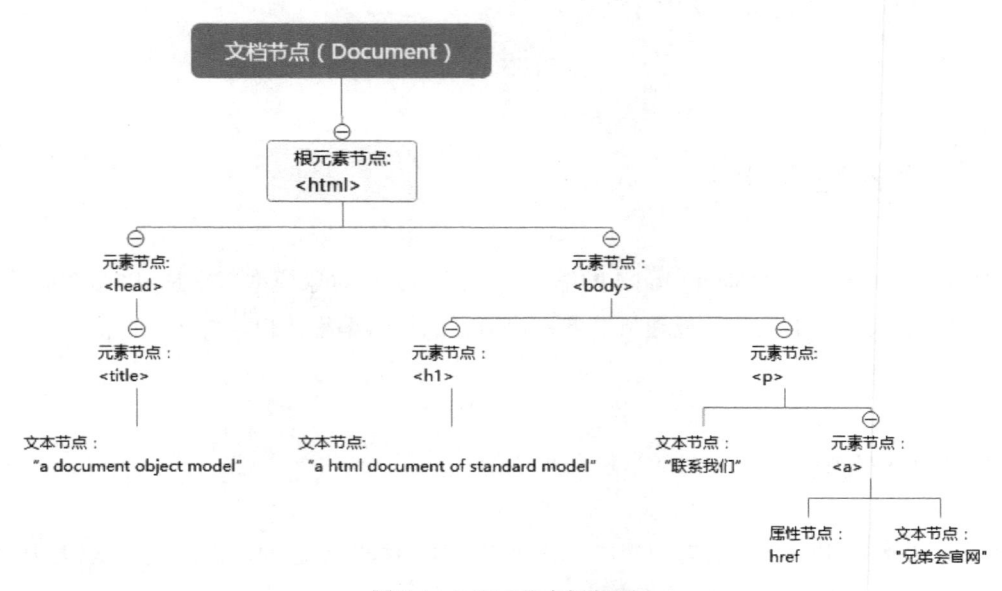

图 7-1　DOM 节点树状图

由图 7-1 可以看出，DOM 树完全是由一个个节点组成的。而 HTML 元素的嵌套关系在 DOM 树中会形成父子、兄弟等层级关系。比如元素节点<head>和<body>为兄弟节点、元素节点<a>是<body>的后代节点等。

7.1.2 DOM 树操作的分类

Web 页面的 DOM 树由文档节点、元素节点、文本节点、属性节点和注释节点组成。而在访问和操作 DOM 时，其实也是对 DOM 树上的某个节点进行访问和操作。下面看看 jQuery 操作 DOM 时具体的分类，如图 7-2 所示。

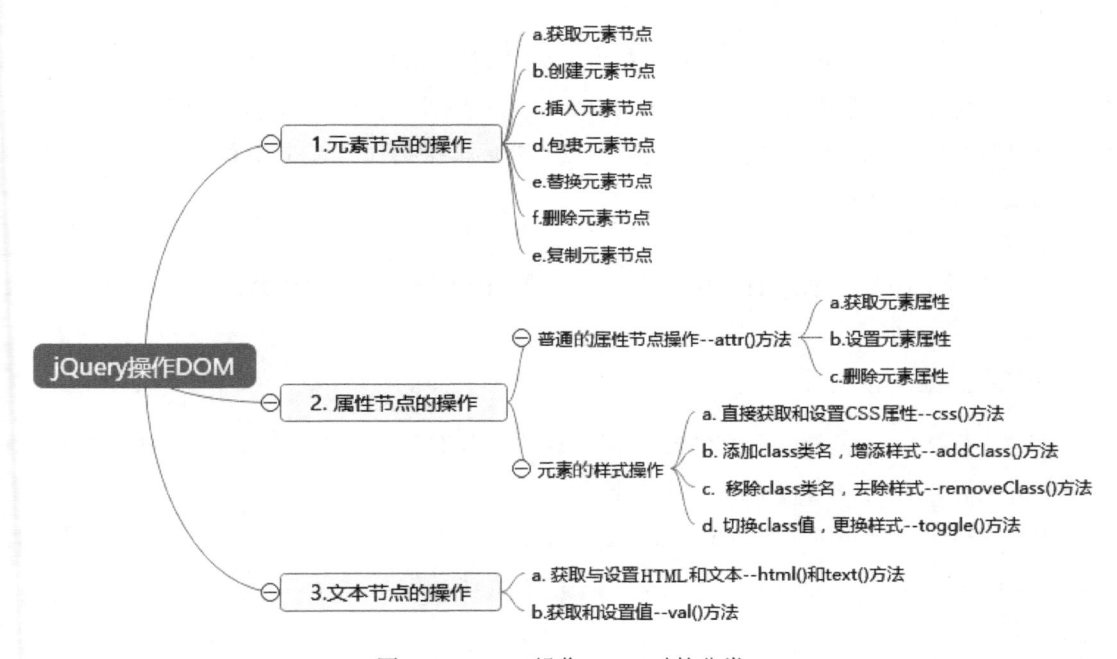

图 7-2 jQuery 操作 DOM 时的分类

图 7-2 是 jQuery 操作 DOM 的概述，目的是让读者有一个感性的全面认知，接下来笔者将按照上述轮廓图分别进行讲解。

7.2 元素节点的操作

JavaScript 的作用是可以使静态的 HTML 文档变成交互式的 Web 应用，其中最核心的部分就是对 DOM 元素节点的操作。下面依次展开 DOM 元素节点的各个操作。

7.2.1 获取元素节点

关于 jQuery 获取元素节点，在第 6 章中已经有所了解——jQuery 选择器。在此之前，笔者所提到的"使用 jQuery 选择器来选择页面 DOM 元素节点"，指的是使用 jQuery 选择器选择 DOM 树上的元素节点，而元素节点下分别有其属性节点、文本节点和后代节点。下面简单列举一个 jQuery 选择器的实例。

```
var selector = $("#xdl");          //获取 id 值为 "xdl" 的元素节点
```

7.2.2 创建元素节点

在交互式 Web 中，更改 DOM 树、新增 DOM 节点是非常常见的一类操作。但是在 DOM 树中最小的独立单元就是元素节点，因为文本节点和属性节点都是依附于元素节点之上的。所以可以首先创建最小独立单元——元素节点，然后再拼接到已有的 DOM 树上，以此来实现更加友好的用户交互。

函数：$()

可以使用$()函数来创建 HTML 元素节点——DOM 元素节点（DOM 树上最小的独立单元），其语法格式如下：

```
$(html);
```

其中，参数 html 表示一个 HTML 元素节点的字符串。执行此方法后，将创建一个 DOM 对象，并且存入其返回值 jQuery 对象内部。

现在完成一个简单的实例，要求使用$(html)方法生成一个元素节点，然后添加到已有的 DOM 树中。

实例描述：

使用表格完成学生信息录入功能，表中的字段为姓名、性别、年龄和岗位等。

实例代码：

```
1  <!DOCTYPE html>
2  <html>
3  <head>
4      <meta charset="utf-8">
5      <title>创建元素节点</title>
6      <link rel="stylesheet" href="css/01.css">
7      <script src="js/jquery-3.1.1.min.js"></script>
8  </head>
9  <body>
10     <h1>信息录入</h1>
11     <table>
```

```html
        <tr>
            <th>姓名</th><th>性别</th><th>年龄</th><th>岗位</th>
        </tr>
        <tr>
            <td>陈家文</td><td>男</td><td>18</td><td>老师</td>
        </tr>
    </table>
    <ul>
        <li>姓名：<input type="text" name="username"></li>
        <li>性别：<input type="text" name="sex"></li>
        <li>年龄：<input type="text" name="age"></li>
        <li>岗位：<input type="text" name="job"></li>
        <li><button>添加</button></li>
    </ul>
</body>
</html>
<script>
    $("button").click(function(){
        /**
            val()方法：用来设置和获取元素的值。
                无论是元素的文本、下拉列表还是单选框都可以获取元素的值。
            (即将在本章后面进行学习)
        */
        var username = $("[name='username']").val();      //获取姓名
        var sex      = $("[name='sex']").val();           //获取性别
        var age      = $("[name='age']").val();           //获取年龄
        var job      = $("[name='job']").val();           //获取岗位

        //创建html元素的字符串
        var htmlStr = "<tr><td>"+username+"</td><td>"+sex+"</td><td>"+age+"</td><td>"+job+"</td></tr>";

        /**
            生成一个DOM元素节点                        -> 对应<tr>元素
            并且此DOM元素节点又包含四个子元素节点  -> 分别是四个<td>子元素
        */
        var obj = $(htmlStr);

        /**
            append()方法：向每个元素内部追加内容 (即将在本章后面进行学习)
        */
        $("table").append(obj);

    });
</script>
```

运行结果（见图 7-3）：

图 7-3　创建元素节点的实例运行结果

由上述实例可以看出，通过 $()函数创建一个新的 HTML 元素节点，然后追加到 DOM 树上，动态创建一棵全新的 DOM 树。这相比于原生的 JavaScript 来说，更加简单、轻松和灵活。

7.2.3　插入元素节点

在上一个实例中，使用 $(html)方法可以非常简单地创建一个 HTML 元素节点，但是把这个新的 HTML 元素节点追加到 DOM 树上的方式多种多样，并非只有 append()一种方法。其详细说明如表 7-1 所示。

表 2-1　插入元素节点的详细说明

方　　法	功能描述	范　　例
append(content)	在每个匹配的元素节点内部追加 content 内容	HTML 代码： 　\<p\>兄弟连\</p\> jQuery 代码： 　$(p).append("\<i\>兄弟会\</i\>"); 结果： 　\<p\>兄弟连\<i\>兄弟会\</i\>\</p\>
appendTo(content)	把内容追加到每个匹配的 content 元素节点中	HTML 代码： 　\<p\>兄弟连\</p\> jQuery 代码： 　$("\<i\>兄弟会\</i\>").appendTo("p"); 结果： 　\<p\>兄弟连\<i\>兄弟会\</i\>\</p\>

续表

方　　法	功能描述	范　　例

prepend(content)	在每个匹配的元素节点内部前置 content 内容	HTML 代码：
		`<p>兄弟连</p>`
		jQuery 代码：
		`$(p).prepend("<i>兄弟会</i>");`
		结果：
		`<p><i>兄弟会</i>兄弟连</p>`

prependTo(content)	把内容前置到每个匹配的 content 元素节点中	HTML 代码：
		`<p>兄弟连</p>`
		jQuery 代码：
		`$("<i>兄弟会</i>").prependTo("p");`
		结果：
		`<p><i>兄弟会</i>兄弟连</p>`

after(content)	在每个匹配的元素节点之后插入 content 内容	HTML 代码：
		`<p>兄弟连</p>`
		jQuery 代码：
		`$("p").after("<i>兄弟会</i>");`
		结果：
		`<p>兄弟连</p><i>兄弟会</i>`

insertAfter(content)	把内容插入每个匹配的 content 元素节点之后	HTML 代码：
		`<p>兄弟连</p>`
		jQuery 代码：
		`$("<i>兄弟会</i>").insertAfter("p");`
		结果：
		`<p>兄弟连</p><i>兄弟会</i>`

before(content)	在每个匹配的元素节点之前插入 content 内容	HTML 代码：
		`<p>兄弟连</p>`
		jQuery 代码：
		`$("p").before("<i>兄弟会</i>");`
		结果：
		`<i>兄弟会</i><p>兄弟连</p>`

insertBefore(content)	把内容插入每个匹配的 content 元素节点之前	HTML 代码：
		`<p>兄弟连</p>`
		jQuery 代码：
		`$("<i>兄弟会</i>").insertBefore("p");`
		结果：
		`<i>兄弟会</i><p>兄弟连</p>`

通过上面的详细讲解可以发现，创建出的 HTML 元素节点可以通过各种方式追加到 Web 页面的 DOM 树上，从而使操作变得更加灵活多变。现在大家来看看几个常见的实例。

实例描述：

完成一个菜单栏选项批量移动的实例，把一个菜单栏中的某些选中选项移动到另一个菜单栏中。同理，另一个菜单栏中的某些选中选项也可以移动到本菜单栏中。

实例代码：

```html
1  <!DOCTYPE html>
2  <html>
3  <head>
4      <meta charset="utf-8">
5      <title>插入元素节点</title>
6      <link rel="stylesheet" href="css/02.css">
7      <script src="js/jquery-3.1.1.min.js"></script>
8  </head>
9  <body>
10     <h1>菜单栏的批量移动</h1>
11         <select id="sid" multiple>
12             <option>滔滔</option>
13             <option>明霞</option>
14             <option>宝龙</option>
15             <option>万涛</option>
16         </select>
17         <div id="did">
18             <button onclick="fun('sid','mid')">></button><br>
19             <button onclick="fun('mid','sid')"><</button>
20         </div>
21         <select id="mid" multiple>
22         </select>
23 </body>
24 </html>
25 <script>
26     /**
27         获取obj元素节点，然后添加到对应的目标des元素节点中，并去除选中属性
28
29         prop()：与attr()方法的功能和语法一样(即将在本章后面讲解)
30     */
31     function fun(obj,des){
32         $("#"+obj+" option:selected").appendTo("#"+des).prop("selected",false);
33     }
34 </script>
```

运行结果（见图 7-4）：

运行上面的实例可以发现，只需使用$()方法选中对应的 option 元素节点后，通过 appendTo()方法就可以将其移动到另一个菜单栏中。

此刻有一个问题值得思考：为什么在为 DOM 树中的另一个 select 元素节点添加子节点（被选中的 HTML 元素节点）时，原来的 option 元素节点却在对应的 select 父元素节点中消失了（换句话说，为什么此实例的节点元素是移动而不是复制）？因为在 JavaScript 中对象是通过地址传递而不是通过值传递的，当使用$(html)方法的时候，并不是复制的元素节点对象就是 DOM 树上的那个元素节点对象，所以会出现移动效果而不是复制效果。

图 7-4 插入元素节点——菜单栏实例的运行结果

通过上述实例，相信读者已经学会了使用 jQuery 在 DOM 树中插入元素节点。下面笔者继续带领大家完成另一个实例，使用表 7-1 中的知识点完成一个简单的瀑布流效果。

实例描述：

类似普通网页的瀑布流格式，但是外围容器为固定的宽度，而在竖直方向可以无限加载 HTML 元素节点。

实例代码：

```html
1  <!DOCTYPE html>
2  <html>
3  <head>
4      <meta charset="utf-8">
5      <title>插入元素节点</title>
6      <link rel="stylesheet" href="css/03.css">
7      <script src="js/jquery-3.1.1.min.js"></script>
8  </head>
9  <body>
10     <h1>图片的瀑布流</h1>
11     <div id="contains">
12     </div>
13 </body>
14 </html>
15 <script>
16     //创建五组不同的数据信息，模拟ajax数据请求
17     var images = [
18         {url:"images/1.jpg",height:"180px",info:"把握当下，就是用心"},
19         {url:"images/2.jpg",height:"190px",info:"有志者事竟成"},
20         {url:"images/3.jpg",height:"200px",info:"变态严管，破茧成蝶"},
21         {url:"images/4.jpg",height:"210px",info:"让学习成为一种习惯"},
22         {url:"images/5.jpg",height:"220px",info:"兄弟连教育帮你成就一切"}
23     ];
24
25     //用来记录四列中每列最后一个<dl>元素的垂直偏移量(Top的值)
26     var topArr = [10,10,10,10];
```

159

```
/**
    函数：用来生成一个<dl>元素节点，添加到对应的DOM树上
*/
function doaction(){
    /**
    1. 首先获取整个文档DOM的高度--DOMHeight
       获取浏览器的可用高度--WinHeight
       获取文档的滚动条的位置--distanceTop
    */
    var distanceTop = $(document).scrollTop();
    var WinHeight = screen.availHeight;
    var DOMHeight = $(document).height();

    // 2. 当滚动条滑动到文档的最底端某位置的时候,开始执行添加HTML元素节点操作
    if(DOMHeight - WinHeight - distanceTop < 100){

        //3. 在images容器中随机取出一组数据--randomOne
        var randomOne = images[Math.floor(Math.random()*5)];

        //4. 然后使用此数据生成一个HTML元素节点--randomHtml
        var randomHtml = $("<dl></dl>").append("<dt><img src='"+
        randomOne.url+"' style='height:"+randomOne.height+"'></dt>").
        append("<dd>"+randomOne.info+"</dd>");

        /*
            5. 得到一个位置--getNodePosition: 第getNodePosition列,
               其position的Top偏移量为topArr[getNodePosition]
        */
        var getNodePosition = getMinIndex(topArr);

        //6. 然后把HTML元素节点插入到DOM树上,并且设置HTML元素节点的position属性值
        randomHtml.appendTo("#contains").css("left",250*getNodePosition
        +"px").css("top",topArr[getNodePosition]+"px");

        //7. 修改topArr[getNodePosition]为最新值
        topArr[getNodePosition] += randomHtml.height();

        //8. 执行递归,判断是否能继续加载多个HTML元素节点
        doaction();
    }
}
//获取一个数值类型的数组中最小元素的下标
function getMinIndex(arr){
    var obj = 0;
    for(var i = 1; i < arr.length; i++){
        if(arr[obj] > arr[i]) obj = i;
    }
    return obj;
}
//页面首次加载的时候，执行一次
doaction();
//为页面的滚动条绑定滚动事件
$(document).scroll(doaction);
</script>
```

运行结果（见图 7-5）：

图 7-5　插入元素节点——瀑布流实例的运行结果

运行上述实例可以发现：

（1）当下拉滚动条时，页面会不停地加载 HTML 元素节点，并且在竖直方向整齐排列，横排方向则参差不齐地形成瀑布流效果。

（2）本实例的具体思路为：首先进行页面布局，把页面横向分为 4 列；然后主要运用 HTML 页面中的相对定位和绝对定位来实现瀑布流效果，把每列中最后一个元素的纵向偏移量记在一个数组里，当触发了瀑布流增添 DOM 元素节点时，每次取出数组中最小的值，则可以判断是第几列需要增添 DOM 元素节点、增添的纵向偏移量是多少；最后使用递归不停地填充页面，直到达到瀑布流停止的临界值时，递归结束。

接下来，笔者将加深难度，继续运用插入元素节点的知识点，完成一个鼠标点击拖拽页面 HTML 元素节点的实例，重组 DOM 树。

实例描述：

完成一个鼠标拖拽图片实例。当鼠标移入图片容器内时，图片类似选项卡效果；当点击某张图片时，显示图片阴影，阴影随鼠标的位置而不停地移动；当再次点击时，把"拾起的图片再次放到页面中"。

细说 AJAX 与 jQuery

实例代码：

```html
1  <!DOCTYPE html>
2  <html>
3  <head>
4      <meta charset="utf-8">
5      <title>插入元素节点</title>
6      <script src="js/jquery-3.1.1.min.js"></script>
7      <link rel="stylesheet" href="css/04.css">
8  </head>
9  <body>
10     <h1>鼠标拖拽图片</h1>
11     <div id="contains">
12         <!-- 用来表示拾起图片的阴影 -->
13         <div id="clickShadow" ><img src=""></div>
14     </div>
15
16 </body>
17 </html>
18 <script>
19     //初始化，为页面随机添加30张图片
20     var images = ["1.jpg","2.jpg","3.jpg","4.jpg","5.jpg"];
21     for(var i = 0; i < 30; i++){
22         $("#contains").append("<div><img src='images/"+images[Math.floor(
           Math.random()*5)]+"'></div>");
23     }
24
25     /**
26         status:用来记录状态
27             value -- normal: 表示鼠标没有拾起图片的时候；
28                  -- clicking:  表示鼠标拾起图片的时候；
29     */
30     var status = "normal";
31     var htmlObj = null;          //用来存放拾起图片的jQuery对象
32
33     /**
34         为所有的图片div绑定一系列事件，但是除去拾起图片的阴影div
35     */
36     $("#contains div:not(#clickShadow)").mousemove(function(){
37
38         if(status == "normal"){
39             $(this).find("img").css("borderColor","pink");//选项卡选中效果
40         }else if(status == "clicking"){
41             /**
42                 当图片被拾起后：
43                     1. 首先设置#clickShadow为绝对定位(在css中已完成)
44                     2. 计算出相对定位的top和left值
45                     3.
                        然后为图片的影子#clickShadow设置css属性，并且传入对应img的
                        src属性
46
47             */
48             var top = event.pageY - htmlObj.height()/2;
49             var left = event.pageX - htmlObj.width()/2;
50             console.log("刚好移动到div");
51             $("#clickShadow").css("position","absolute").css("top",top).css
               ("left",left).css("display","block").css("opacity","0.8").find(
               "img").attr("src",$(this).find("img").attr("src"));
```

```
52              }
53
54      }).mouseout(function(event){
55          if(status == "normal"){
56              $(this).find("img").css("borderColor","#ccc");//选项卡未选中效果
57          }
58          console.log("刚好移出到div");
59      }).mouseover(function(){
60          //当图片被选中后
61          if(status == "clicking"){
62              htmlIndex = getArrayIndex(htmlObj,$("#contains
                    div:not(#clickShadow)"));         //获取被拾起图片div的索引值
63              NowIndex = getArrayIndex($(this),$("#contains
                    div:not(#clickShadow)"));         //获取此刻图片div的索引值
64              console.log("刚好移入到div");
65              if(htmlIndex > NowIndex){
66                  $(this).before(htmlObj);    //把目标图片往前插入，完成拾取图片
                                                    的移动操作
67              }else if(htmlIndex < NowIndex){
68                  $(this).after(htmlObj);     //把目标图片往后插入，完成拾取图片
                                                    的移动操作
69              }
70          }
71      }).click(function(){
72          if(status == "normal"){
                //从未拾起图片状态切换到拾起状态
73              status = "clicking";
74              $(this).find("img").css("borderColor","red");
75              htmlObj = $(this).css("opacity","0.2");
76          }else if(status == "clicking"){
                //从拾起图片状态切换到未拾起状态
77              status = "normal";
78              htmlObj = $(this).css("opacity","1");
79              $("#clickShadow").css("display","none");
80          }
81      });
82
83      /**
84          用来获取某个图片的DIV在整个contains容器下的索引值；
85          @param:
86                  obj: 某个图片DIV的jQuery对象；
87                  arr: 整个contains容器下所有的图片DIV的jQuery集合对象
88          return:  返回索引值，不存在则返回-1
89      */
90      function getArrayIndex(obj,arr){
91          for(var i = 0; i < arr.length; i ++){
92              if(arr[i] == obj[0]){
93                  return i;
94              }
95          }
96          return -1;
97      }
98 </script>
```

运行结果（见图7-6）：

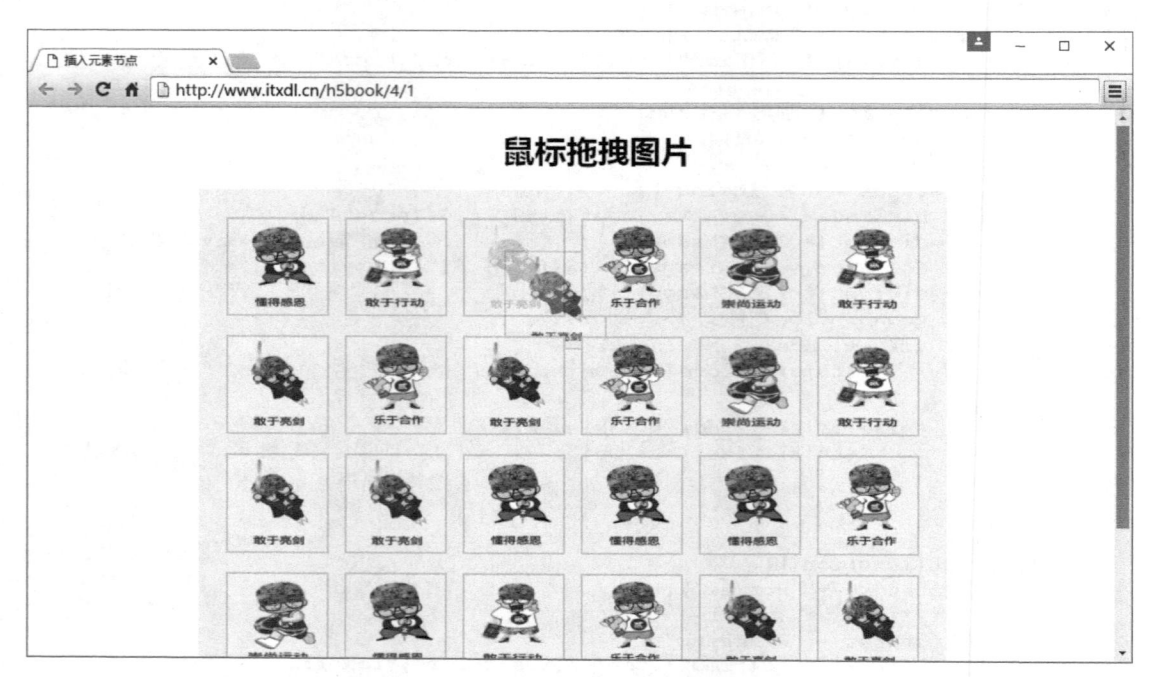

图7-6 插入元素节点——鼠标拖拽实例的运行结果

下面带领读者来分析本实例的具体实现思路。

（1）首先进行页面布局，在第20～23行中，动态随机添加30张图片，作为图片墙。

（2）在第13行中，添加一个特殊的<div>，其id值为clickShadow。当拾起页面图片时，在代码实现中，它的作用是作为一个临时容器；而在页面视图中，它的作用是吸附在鼠标上，给用户更好的体验感。

（3）而整个程序的运行状态分为normal（未拾起图片）和click（拾起图片）两种。因此，所有的事件回调方法里面都分成normal和click两个区块代码。

（4）当程序处于normal状态时，mousemove和mouseover这两个事件组成选项卡效果。

（5）而click事件主要用于将整个程序的运行状态进行切换——normal和click之间的切换。

（6）而mousemove事件中的click状态主要用来完成id值为clickShadow的元素跟随鼠标的效果。

（7）而mouseover事件中的click状态主要用来完成被拾起的图片和其他DOM元素节点进行位置交换。

运行上述实例可以发现，这个照片墙可以根据用户的操作随时改变位置。当未点击时，整个照片墙为一个选项卡效果；而当点击时，可以把拾起的图片放置到任意位置。

综合上述三个实例可以发现，插入元素节点在 DOM 操作中十分重要，而且运用场景也十分广泛。

7.2.4 包裹元素节点

在上一小节中讲述的是为 DOM 树中的某元素节点添加子节点。而包裹元素节点正好相反，它是为 DOM 树中的某元素节点添加或操作父元素节点。jQuery 也为此提供了一系列方法，其详细说明如表 7-2 所示。

表 7-2 包裹元素节点的详细说明

方　　法	功能描述	范　　例
wrap(html|element|fn)	把所有匹配的元素节点用其他元素节点的结构化标记包裹起来	HTML 代码： <p>兄弟连</p> jQuery 代码： $('p').wrap("<i></i>"); 结果： <i><p>兄弟连</p></i>
unwrap()	移出所有元素节点对应的父元素节点	HTML 代码： <i><p>兄弟连</p></i> jQuery 代码： $('p').unwrap("<i></i>"); 结果： <p>兄弟连</p>
wrapAll(html|element)	将所有匹配的元素节点用单个元素节点包裹起来	HTML 代码： <p>兄弟连</p><p>兄弟连</p> jQuery 代码： $('p').wrapAll("<i></i>"); 结果： <i><p>兄弟连</p><p>兄弟连</p></i>
wrapInner(html|element|fn)	将每个匹配的元素节点的子内容（包括文本节点）用一个 HTML 结构包裹起来	HTML 代码： <p>兄弟连</p> jQuery 代码： $('p').wrapInner("<i></i>"); 结果： <p><i>兄弟连</i></p>

在表 7-2 中，wrap()和 wrapInner()是使用频率较高的两种方法，wrap()方法用于包裹外部元素节点，wrapInner()方法用于包裹元素节点内部的子元素节点。现在来看一个常见的实例。

细说 AJAX 与 jQuery

实例描述：

完成一个论坛中评论无限盖楼的实例，进行<div>嵌套，页面显示结果也是嵌套的形式。

实例代码：

```html
1  <!DOCTYPE html>
2  <html>
3  <head>
4      <meta charset="utf-8">
5      <title>包裹元素节点</title>
6      <link rel="stylesheet" href="css/05.css">
7      <script src="js/jquery-3.1.1.min.js"></script>
8  </head>
9  <body>
10     <h1>无限盖楼</h1>
11     <div id="contains">
12         <h2>主帖:送上一碗鲜美的鸡汤？</h2>
13     </div>
14 </body>
15 </html>
16 <script>
17     //创建一个容器，用来随机生成用户和对应的评论
18     var NameContains = ["刘万涛","王宝龙","陈家文"];
19     var commentContains = [
20     '心灵间的相伴，是灵魂的相连，是精神的取暖。',
21     '温暖，是心里的一种感受；感动，是生命的一种柔情。',
22
       '别在最美的年纪里辜负了最好的自己，别让你的人生逐渐褪去耀眼的光芒，更别让
       你年轻的生命仅仅停留在爱与被爱的争执里。'
23     ];
24
25     //生成10条评论
26     for(var i = 0; i < 10; i++){
27         if(i == 0){                                    //首先判断是否加载第一条评论
28
29             $("#contains").append("<dl></dl>");  //添加一个空<dl>元素节点，作为参考点
30         }
31         /**
32             实现步骤：按照从第一条评论到最后一条评论的顺序，
33                 从里到外、一条一条地加载每条评论
34         */
35         $("#contains > dl").wrap("<dl></dl>");  //首先包裹一个<dl>元素节点
36         $("#contains > dl")                     //切换到上一步生成的<dl>元素节点
37         .append("<dt class='name'>"+NameContains[Math.floor(Math.random()*3
        )]+"</dt>")                             //添加本条评论的用户
38         .append("<dt class='floor'>第"+(i+1)+"楼</dt>")//添加本条评论的楼层
39         .append("<dd>"+commentContains[Math.floor(Math.random()*3)]+"</dd>"
        );                                      //添加本条评论的内容
40
41     }
42     /**
43         remove()方法:从DOM中删除所有匹配的元素节点（下面即将学习）
44     */
45     $("dl:empty").remove();                    //删除第29行生成的空<dl>元素节点
46 </script>
```

运行结果（见图 7-7）：

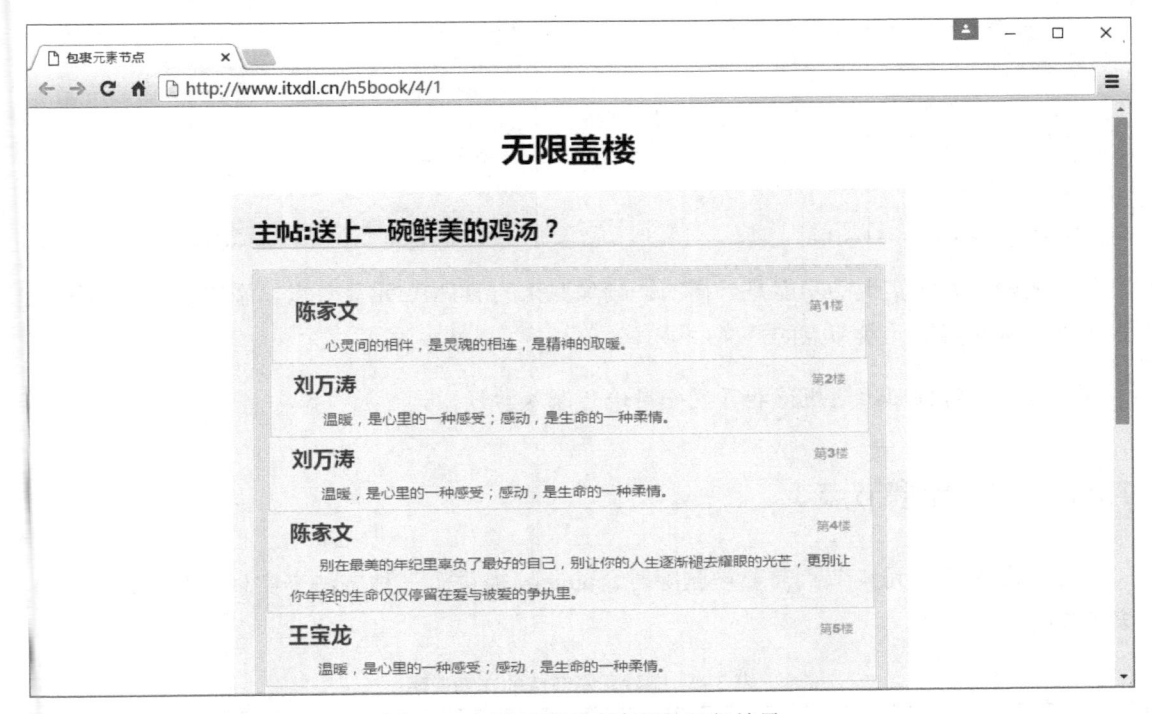

图 7-7　包裹元素节点实例的运行结果

运行上述实例可以发现，盖楼可以非常形象生动地表现出层级关系，在实际开发中也经常出现。但是需要注意一点，如果<div>嵌套过多则有可能出现"盖楼坍塌的状况"，此刻需要把最外层的楼层嵌套关系改为同级关系来解决该问题。

7.2.5　替换元素节点

当页面中需要替换某个元素节点时，jQuery 提供了两种方法来实现：replaceWith()和replaceAll()。其详细说明如表 7-3 所示。

表 7-3　替换元素节点的详细说明

方　　法	功能描述	范　　例
replaceWith()	将所有匹配的元素节点替换成指定的 HTML 或 DOM 元素节点	HTML 代码： 　　<p>兄弟连</p> jQuery 代码： 　　$('p').replaceWith("<i>兄弟会</i>"); 结果： 　　<i>兄弟会</i>

续表

方　法	功能描述	范　例
replaceAll()	用匹配的元素节点替换所有 selector 匹配到的元素节点	HTML 代码： <p>兄弟连</p> jQuery 代码： $("<i>兄弟会</i>").replaceAll("p"); 结果： <i>兄弟会</i>

上述两种方法实现的功能是一样的：删除原来的 HTML 元素节点，添加新的 HTML 元素节点，从而实现元素节点的替换。

请大家自行按照上述规范和开发手册进行深入学习。

7.2.6　删除元素节点

当页面中某些元素节点需要被删除时，jQuery 提供了三种方法来实现，其详细说明如表 7-4 所示。

表 7-4　删除元素节点的详细说明

方　法	功能描述	范　例
empty()	删除匹配的元素集合中所有的子元素节点	HTML 代码： <p>兄弟连</p> jQuery 代码： $('p').empty(); 结果： <p></p>
remove()	从 DOM 树中删除所有匹配的元素节点。但是 jQuery 对象保留，jQuery 对象绑定的方法全部移除	HTML 代码： <p>兄弟连<i>兄弟会</i></p> jQuery 代码： $("I").remove(); 结果： <p>兄弟连</p>
detach()	从 DOM 树中删除所有匹配的元素节点。和 remove()方法不同的是，jQuery 对象绑定的方法全部保留	HTML 代码： <p>兄弟连<i>兄弟会</i></p> jQuery 代码： $("I").detach(); 结果： <p>兄弟连</p>

由表 7-4 可以发现，删除元素节点的操作也是非常简单的，并且使用频率也相当高。现

在，笔者为 7.2.2 节中的实例"学生信息录入"增加一个删除功能，来学习如何删除元素节点。

实例代码：

```html
1  <!DOCTYPE html>
2  <html>
3  <head>
4      <meta charset="utf-8">
5      <title>删除元素节点</title>
6      <link rel="stylesheet" href="css/01.css">
7      <script src="js/jquery-3.1.1.min.js"></script>
8  </head>
9  <body>
10     <h1>信息录入</h1>
11     <table>
12         <tr>
13             <th>姓名</th><th>性别</th><th>年龄</th><th>岗位</th><th>操作</th>
14         </tr>
15         <tr>
16             <td>陈家文</td><td>男</td><td>18</td><td>老师</td><td>删除</td>
17         </tr>
18     </table>
19     <ul>
20         <li>姓名：<input type="text" name="username"></li>
21         <li>性别：<input type="text" name="sex"></li>
22         <li>年龄：<input type="text" name="age"></li>
23         <li>岗位：<input type="text" name="job"></li>
24         <li><button>添加</button></li>
25     </ul>
26 </body>
27 </html>
28 <script>
29     $("button").click(function(){
30         var username = $("[name='username']").val();    //获取姓名
31         var sex      = $("[name='sex']").val();         //获取性别
32         var age      = $("[name='age']").val();         //获取年龄
33         var job      = $("[name='job']").val();         //获取岗位
34         var htmlStr = "<tr><td>"+username+"</td><td>"+sex+"</td><td>"+age+"</td><td>"+job+"</td><td>删除</td></tr>";
35         var obj = $(htmlStr);
36         $("table").append(obj);
37
38         //为新增的DOM元素节点绑定点击事件
39         $("table tr:last td:last").click(function(){
40             $(this).parent().remove();                  //移除此行
41         });
42     });
43     //
44     $("td:contains('删除')").click(function(){
45         $(this).parent().remove();                      //移除此行
46     });
47 </script>
```

运行结果（见图7-8）：

图7-8　删除元素节点实例的运行结果

运行上述实例可以发现，笔者把第一条记录删除了。但是需要注意一点，对新增的DOM元素节点必须再次绑定点击事件，否则增加的记录将不会有删除操作。

7.2.7　复制元素节点

和其他编程语言一样，jQuery也为JavaScript提供了对象克隆方法——clone()。而原生的JavaScript并没有提供复制对象的方法，因此jQuery的clone()方法非常重要，它会大量减少重复的代码，降低代码冗余度。

语法格式：

```
clone(even);           //jQuery 对象的一个方法
//@param even          一个布尔值（true 或者 false）指示事件处理函数是否会被复制
```

比如，在电商网站中，经常看到同一个商品在多处展示，或者某些商品可以使用拖拽的方法实现复制，这些都可以使用clone()方法来快速实现。

请读者自行测试实参为true和false时clone()方法生成新对象的不同。

7.3 属性节点的操作

在 jQuery 中，操作页面元素的属性是一个重点，使用频率非常高。在此之前的实例中，笔者已经或多或少地运用了其中的知识点，并且可以发现在处理某些复杂的逻辑关系时会起到关键性的作用，下面将进行具体讲解。

7.3.1 普通的属性节点操作

jQuery 提供了 attr()、removeAttr()、prop()和 removeProp() 4 种方法来操作页面的属性，包括获取属性、设置属性和删除属性。

1．attr()方法——设置或返回被选中元素的属性值

语法格式：

attr(name | properties | key,value | fn);

由上述语法可以看出，attr()方法共有 4 种用法：当实参为 name 时，直接传入属性名称，返回其对应属性的值；当实参为 properties 时，传入一个键值对的对象，可以批量设置元素的属性；当实参为 key,value 时，传入一个键值对的字符串，可以设置元素的某一个属性；当实参为 fn 时，传入一个回调函数，可以更加灵活地设置其属性值。

2．removeAttr()方法——从每个匹配的元素中删除一个属性

语法格式：

removeAttr(name)

removeAttr()方法会删除文档每个匹配到的元素中对应的属性，其用法简单、直接。

3．prop()方法——设置或返回被选中的第一个元素的属性值

语法格式：

prop(name | properties | key,value | fn);

它的功能和 attr()方法一样，但是二者也有不同点。首先，在设置元素的属性时，prop()方法只设置被选中的第一个元素的属性值，而 attr()方法则设置被选中的所有元素的属性值。其次，由于内置对象的改变，某些属性的访问和设置必须使用 prop()方法，比如元素的 checked、selected 或 disabled 状态属性等。

【当然，如果想用 prop()方法为元素集合中的每个元素设置属性值，则也可以直接使用回调方法。】

4. removeProp()——用来删除由 prop()方法设置的属性集

语法格式：

```
removeProp(name);
```

它的功能和 removeAttr()方法一样。但是要注意一点，对于一些 DOM 元素或 window 对象的内置属性，如果试图用 removeAttr()方法删除，则浏览器可能会产生错误（jQuery 第一次分配 undefined 值的属性，而忽略了浏览器生成的任何错误）。

以上 4 个小知识点的讲解是属性节点的全部操作。在此之前笔者已经零零碎碎地全部运用到了，现在对此也进行了详细讲解，并对比了 attr()和 prop()方法的区别。虽说没有再进行具体的实例讲解，但是属性节点的操作非常重要，读者必须着重掌握。

【我们之前已经在实例中大量运用了这几种方法，在此省略实例，请读者自行到开发手册完成对应的实例，以加深对其方法的应用。】

7.3.2 元素的样式操作——操作 class 属性

在页面元素中有两种特殊的属性：style 和 class。style 属性直接用来书写 CSS 代码；而 class 属性用来作为 CSS 选择器，对页面的样式进行归类赋值。

而 JavaScript 的本质就是提高页面渲染的质量，让人机交互过程更加舒适。所以，jQuery 分别对这两种属性做了相应的封装，让其操作更加便捷和高效。

jQuery 提供了 addClass()、removeClass()和 toggleClass()三种方法来控制元素的 class 属性。

1. addClass()方法——为每个匹配的元素添加指定的类名

语法格式：

```
addClass(name |fn);
```

addClass()方法用于追加新的 class 类。在页面布局中，经常可以遇到一个元素节点有多个 class 类。如果使用 attr()方法来设置 class 属性，则会清空原有的所有 class 属性值；而如果使用 addClass()方法来设置 class 属性，则会在原有的 class 属性值中追加相应的值；如果此属性值本来就存在，则执行 addClass()方法后 class 属性值的个数不变。范例如下：

```html
1  <!DOCTYPE html>
2  <html>
3  <head>
4      <meta charset="utf-8">
5      <title>addClass方法</title>
6      <script src="js/jquery-3.1.1.min.js"></script>
7  </head>
8  <body>
9      <p class="xdl">兄弟连</p>
10 </body>
11 <script>
12     $("p").attr("class","xdh");            //整体重置class值为xdh
13     $("p").addClass("xdh");                //已经存在xdh，此时class值不变
14     $("p").addClass("xdh1");               // 把xdh1追加到class属性中
15 </script>
16 </html>
```

2. removeClass()方法——从所有匹配的元素中删除全部或者指定的类

语法格式：

removeClass([name |fn]);

removeClass()表示删除所有匹配的元素的全部类；removeClass(name)表示删除指定的类（如果此类存在则删除，不存在则元素 class 值个数不变）；removeClass(fn)同理，也是删除指定的类。范例如下：

```html
1  <!DOCTYPE html>
2  <html>
3  <head>
4      <meta charset="utf-8">
5      <title>removeClass方法</title>
6      <script src="js/jquery-3.1.1.min.js"></script>
7  </head>
8  <body>
9      <p class="xdl">兄弟连</p>
10 </body>
11 </html>
12 <script>
13     $("p").removeClass("xdl123");       //删除一个不存在的类，class属性值不变
14     $("p").removeClass("xdl");          //指定删除名称为"xdl"的类名
15     $("p").removeClass();               // 清空元素class属性值
16 </script>
```

3. toggleClass()方法——如果存在（不存在）就删除（添加）一个类

语法格式：

toggleClass(name |fn);

toggleClass()方法是上述两种方法的结合体，可以实现某个 class 类不停地切换，而不需要先手动判断该类是否存在，再去删除或者添加这个类，写大量的重复代码。范例如下：

173

```
1  <!DOCTYPE html>
2  <html>
3  <head>
4      <meta charset="utf-8">
5      <title>removeClass方法</title>
6      <script src="js/jquery-3.1.1.min.js"></script>
7  </head>
8  <body>
9      <p class="xdl">兄弟连</p>
10 </body>
11 </html>
12 <script>
13     $("p").toggleClass("xdl");          //删除名称为"xdl"的类名
14     $("p").toggleClass("xdl");          //追加名称为"xdl"的类名
15     $("p").toggleClass("xdl");          //删除名称为"xdl"的类名
16 </script>
```

综上三种方法，可以非常灵活地控制页面的 class 属性，而且非常简单快速。前面讲解过"如何使用 jQuery 控制页面中的 class 属性"，并且完成了相应的"导航条实例"，仅仅通过添加或者删除对应的 class 属性来控制导航条的状态，从而实现页面样式渲染。

7.3.3 元素的样式操作——操作 CSS 属性

页面元素的 style 属性可以直接操作 DOM 元素的层叠样式，而在 jQuery 中不能直接通过 style 属性来访问 DOM 元素通过外部 CSS 设置的样式信息。但是 jQuery 封装了其他方法，可以使用更加便捷的方式来操作页面元素的 CSS 属性。下面一一进行讲解。

1. CSS()方法——访问或设置匹配到的元素样式属性

语法格式：

CSS(name| properties| name,value|name,fn)

当实参为 name 时，传入的是 CSS 属性名，返回值为 CSS 属性值；当实参为 properties 时，传入的是键值对的对象，其作用是批量设置 CSS 属性；当实参为 name,value 时，传入的是键值对的字符串，其作用是设置某个 CSS 属性；当实参为 name,fn 时，通过传入的属性名（name）、属性值（回调函数的返回值）来设置某个 CSS 属性。

在之前的实例中也经常使用 CSS(name,value)方法，其实它的用法非常灵活，可视具体情况而定。

2. offset()方法——用于获取或设置当前匹配元素相对于当前文档的偏移量，也就是相对于当前文档的坐标（该函数值对可见元素有效）

语法格式：

offset([coordinates])

执行 offset()方法，其作用是获取当前匹配元素相对于文档的偏移量；执行 offset({top:10, left:10})方法，其作用是设置当前匹配元素节点相对于当前文档的偏移量。范例如下：

```html
1  <!DOCTYPE html>
2  <html>
3  <head>
4      <meta charset="utf-8">
5      <title>offset方法</title>
6      <script src="js/jquery-3.1.1.min.js"></script>
7  </head>
8  <body>
9      <p class="xdl">兄弟连</p>
10 </body>
11 </html>
12 <script>
13     //打印元素相对文档偏移量
14     console.log("top:"+$("p").offset().top+",left:"+$("p").offset().left);
15     //设置元素相对文档偏移量
16     $("p").offset({left:100,top:100});
17 </script>
```

3. position()方法——获取匹配元素相对于父元素的偏移量

语法格式：

```
position()
```

这里的父元素并不是 DOM 树上其紧邻的父元素，而是它的祖父元素中离它最近的，并且使用了相对定位或绝对定位的那个元素。范例如下：

```html
1  <!DOCTYPE html>
2  <html>
3  <head>
4      <meta charset="utf-8">
5      <title>position方法</title>
6      <script src="js/jquery-3.1.1.min.js"></script>
7  </head>
8  <body>
9      <p>兄弟连</p>
10 </body>
11 <script>
12 //打印元素相对父元素偏移量
13 console.log("top:"+$("p").position().top+",left:"+$("p").position().left);
14 </script>
15 </html>
```

4. scrollTop()和 scrollLeft()方法——获取或设置匹配元素相对于滚动条顶部或左边的偏移量

语法格式：

```
scrollTop([val]) |scrollLeft([val])
```

执行 scrollTop()方法，其作用是获取匹配元素相对于滚动条顶部的偏移量；执行 scrollTop(100)

175

方法，其作用是设置匹配元素相对于滚动条顶部有 100px 的偏移量。scrollLeft()方法和 scrollTop()方法同理。

5. width()和 height()方法——获取或设置匹配元素当前计算的宽度值或高度值

语法格式：

```
width([val|fn]) | height([val|fn])
```

执行 width()方法，其作用是获取匹配元素当前计算的宽度值；执行 width(val|fn)方法，其作用是设置匹配元素当前计算的宽度值。height()方法和 width()方法同理。

6. innerwidth()、innerheight()、outerwidth()和 outerheight()方法——用于计算元素占据文档宽高（它们之间主要用来区分是否有补白和边框）

【请读者自行查看开发手册按照实例进行学习，加深印象。】

综上六点，可以发现 jQuery 对 CSS 的封装非常出色，并且在此之前笔者也陆陆续续地讲解了其中大部分的方法（"放大镜实例"和"鼠标拖拽实例"大量运用了 jQuery 操作 CSS 属性）。读者必须熟练掌握上述知识点（请参看开发手册自行练习，加以巩固），活学活用。

7.4 文本节点的操作

在 jQuery 中对文本节点的操作可以使用 html()和 text()方法。但是有一类特殊的标签——表单标签，它使用 val()方法来操作元素的文本值。

1. html()方法——获取或设置第一个匹配元素的 HTML 内容

语法格式：

```
html([val|fn])
```

执行 html()方法，其作用是获取第一个匹配元素的 HTML 内容；执行 html(val|fn)方法，其作用是设置第一个匹配元素的 HTML 内容（可以是单纯的文本节点，也可以是元素节点）。与 append()方法不同的是，append()方法是追加 HTML 内容，而 html()方法则是重置 HTML 内容。范例如下：

```
1  <!DOCTYPE html>
2  <html>
3  <head>
4      <meta charset="utf-8">
5      <title>html()方法</title>
6      <script src="js/jquery-3.1.1.min.js"></script>
7  </head>
8  <body>
```

```
9  <div><p>123</p></div>
10 </body>
11 <script>
12     console.log($("div").html());         //打印结果<p>兄弟连</p>
13     $("div").html("<i>兄弟会</i>");        //结果为<div><i>兄弟会</i></div>
14 </script>
15 </html>
```

2. text()方法——获取或设置所有匹配元素的文本内容

语法格式：

text([val|fn])

执行 text()方法，其作用是获取匹配元素的文本内容；执行 text(val|fn)方法，其作用是设置匹配元素的文本内容。范例如下：

```
1  <!DOCTYPE html>
2  <html>
3  <head>
4      <meta charset="utf-8">
5      <title>text()方法</title>
6      <script src="js/jquery-3.1.1.min.js"></script>
7  </head>
8  <body>
9  <ul><li>兄弟连1</li><li>兄弟会1</li></ul>
10 <ul><li>兄弟连2</li><li>兄弟会2</li></ul>
11 </body>
12 <script>
13     console.log($("ul").text());          //打印结果"兄弟连1兄弟会1兄弟连2兄弟会2"
14     $("ul").text("兄弟");                  //执行结果为 <ul>兄弟</ul><ul>兄弟</ul>
15 </script>
16 </html>
```

3. val()方法——获取或设置表单元素的值

语法格式：

val([val|fn|arr])

执行 val()方法，其作用是获取表单元素的值；执行 val(val|fn|arr)方法，其作用是设置表单元素的值。范例如下：

```
1  <!DOCTYPE html>
2  <html>
3  <head>
4      <meta charset="utf-8">
5      <title>val()方法</title>
6      <script src="js/jquery-3.1.1.min.js"></script>
7  </head>
8  <body>
9      <input type="text" value="xdh">
10 </body>
11 <script>
12     console.log($("input").val());         //打印结果xdh
13     $("input").val("xdl");                 //设置表单元素的值为xdl
```

177

```
14 </script>
15 </html>
```

综合上面三种方法，笔者已经在之前的实例中运用了其中两种方法，在 6.3.4 节的实例中运用了 val() 和 html() 方法，并且只要是有表单元素的表单实例中都会用到 val() 方法；而 text() 方法只是 html() 方法功能的一部分。

7.5 遍历元素节点

对 DOM 树上的各个元素节点的遍历可以更加精准地操作相应的 DOM 节点，并且在此之前或多或少运用了几个遍历元素节点的方法，在此详细说明几个常用的方法，如表 7-4 所示。

表 7-4　遍历元素节点中常用方法的详细说明

方　　法	功能描述	范　　例
children([expr])	取得一个包含匹配的元素集合中每个元素的所有子元素的元素集合	HTML 代码： 　<p>兄弟连</p><div><i>兄弟会</i></div> jQuery 代码： 　$('div').children(); 结果： 　<i>兄弟会</i>
find(expr| obj|ele)	搜索所有与指定表达式匹配的元素。这个函数是找出正在处理的元素的后代元素的好方法	HTML 代码： 　<div><i>兄弟会</i></div> jQuery 代码： 　$('div').find("I"); 结果： 　<i>兄弟会</i>
next([expr])	取得一个包含匹配的元素集合中每个元素紧邻的后一个同辈元素的元素集合	HTML 代码： 　<p>兄弟连</p><div><i>兄弟会</i></div> jQuery 代码： 　$('p').next(); 结果： 　<div><i>兄弟会</i></div>
parent([expr])	取得一个包含所有匹配元素的唯一父元素的元素集合	HTML 代码： 　<div><i>兄弟会</i></div> jQuery 代码： 　$('i').parent(); 结果： 　<div><i>兄弟会</i></div>

续表

方　　法	功能描述	范　　例

prev([expr])	取得一个包含匹配的元素集合中每个元素紧邻的前一个同辈元素的元素集合	HTML 代码：
		`<p>兄弟连</p><div><i>兄弟会</i></div>`
		jQuery 代码：
		`$('div').prev();`
		结果：
		`<p>兄弟连</p>`

siblings([expr])	取得一个包含匹配的元素集合中每个元素的所有唯一同辈元素的元素集合	HTML 代码：
		`<p>兄弟连和兄弟会</p><div><i>兄弟会</i></div><p>兄弟连</p>`
		jQuery 代码：
		`$('div').siblings();`
		结果：
		`<p>兄弟连和兄弟会</p><p>兄弟连</p>`

从表 7-4 中可以看出，使用遍历元素节点的方法可以非常方便地进行 jQuery 对象切换，形成链式操作。比如，第 5 章中的链式操作实例使用一行 jQuery 代码就可以完成选项卡效果。现在笔者将再次带领大家重新查看其 JavaScript 代码和对应的 HTML 元素的关系。范例如下：

```
 1  <!DOCTYPE html>
 2  <html>
 3  <head>
 4      <meta charset="utf-8">
 5      <title>jQuery的链式操作</title>
 6      <link rel="stylesheet" type="text/css" href="css/1.css">
 7      <script src="js/jquery-3.1.1.min.js"></script>
 8  </head>
 9  <body>
10      <div class="containt">
11          <ul>
12              <li>油画一</li>
13              <li><img src="images/1.jpg"></li>
14          </ul>
15          <ul>
16              <li>油画二</li>
17              <li><img src="images/2.jpg"></li>
18          </ul>
19          <ul>
20              <li>油画三</li>
21              <li><img src="images/3.jpg"></li>
22          </ul>
23      </div>
24  </body>
25  <script>
26      $(function(){
27          $("ul").find("li:eq(0)").click(function(){
28              /**
29               *  规范的jQuery链式语法格式
30               */
```

```
31                //为当前DOM节点添加current类
32                $(this).addClass("current")
33                //让下一个li节点动画淡出
34                .next().fadeIn("slow")
35                //找寻其他类名为current的节点,并移除此类名
36                .parent().siblings().find(".current").removeClass("current")
37                //并隐藏其下一个元素节点
38                .next().hide();
39            });
40        });
41    </script>
42 </html>
```

由上可见，当某个选项卡被点击之后，会对应一系列操作。又由于其 DOM 树有着鲜明和规范的层级结构，通过遍历节点使用链式结构进行 jQuery 对象切换，就可以很容易地实现选项卡效果。

7.6 本章小结

本章首先通过介绍"什么是 DOM"展开，然后通过"DOM 树操作的分类"引出本章各个知识点，分别为对 DOM 元素节点的操作、对 DOM 属性节点的操作和对 DOM 文本节点的操作，最后介绍了遍历元素节点。本章具体知识点回顾如下：

➢ 介绍了什么是 DOM，然后在"DOM 树操作的分类"中通过一张 jQuery 操作 DOM 时的分类图进行了具体介绍。
➢ 介绍了元素节点操作的 7 个具体操作，并且相应完成了以下实例：学生信息录入、菜单栏的批量移动、图片的瀑布流、鼠标拖拽图片、评论无限盖楼。
➢ 介绍了属性节点操作的 3 个具体操作，分别是普通的属性节点操作、操作 class 属性控制页面样式、操作 CSS 属性控制页面样式。
➢ 介绍了文本节点的操作，通过 html()、text()、val() 3 种方法即可完成整个页面中的所有文本节点操作。
➢ 介绍了遍历元素节点，学习了其中经常使用的几种方法，对比应用实例总结得出其应用场景。

练习题

一、选择题

1．下面哪个方法是用来追加到指定元素节点的末尾的？（　　）

　　A．insertAfter()　　　　　　　　　B．append()

　　C．appendTo()　　　　　　　　　 D．after()

2．页面中有一个\<ul>元素节点，代码如下：

```
<ul>
<li title='苹果'>苹果</li>
<li title='橘子'>橘子</li>
<li title='菠萝'>菠萝</li>
</ul>
```

下面对元素节点的操作不正确的是（　　）。

　　A．var $li = $("\<li title='香蕉'>香蕉\</ii>");　是创建元素节点

　　B．$("ul").after($("\<li title='香蕉'>香蕉\</li>"));　是给\<ul>追加元素节点

　　C．$("ul li:eq(1)").remove();　是删除\<ul>下的"橘子"节点

　　D．以上说法都不对

3．如果需要匹配包含文本的元素节点，则用下面哪种方法来实现？（　　）

　　A．text()　　　B．contains()　　　C．input()　　　D．attr(name)

4．下面哪几种属于 jQuery 文档处理？（　　）

　　A．包裹　　　　B．替换　　　　　C．删除　　　　D．内部和外部插入

5．如果想在一个指定的元素节点后添加内容，则下面哪种方法是正确的？（　　）

　　A．append(content)　　　　　　　B．appendTo(content)

　　C．insertAfter(content)　　　　　　D．after(content)

6．在 jQuery 中，如果想要从 DOM 中删除所有匹配的元素节点，则下面哪种方法是正确的？（　　）

　　A．delete()　　　B．empty()　　　C．remove()　　　D．removeAll()

7．在 jQuery 中，如果想要获取当前窗口的宽度值，则下面哪种方法是正确的？（　　）

　　A．width()　　　B．width(val)　　　C．width　　　D．innerWidth()

8．\<a href="xxx.jpg" title="时尚新闻">新闻\</a>，如何获取\<a>元素 title 属性的值？（　　）

　　A．$("a").attr("title").val();　　　　　B．$("#a").attr("title");

　　C．$("a").attr("title");　　　　　　　D．$("a").attr("title").value;

9．页面中有一个\<select>标签，代码如下：

181

```
<select id="sel">
<option value="0">请</option>
<option value="1">选</option>
<option value="2">选</option>
<option value="3">选</option>
<option value="4">选</option>
</select>
```

使"选项四"被选中的正确写法是（　）。

A．$("#sel").val("选项四");　　　　B．$("#sel").val("4");

C．$("#sel > option:eq(4)").checked;　　D．$("#sel option:eq(4)").attr("selected");

10．下列属于元素节点操作的是（　）。

A．插入元素节点　　　　　　　　B．克隆元素节点

C．包裹元素节点　　　　　　　　D．存储元素节点

二、简答题

1．对页面 DOM 元素节点的"增、删、改、查"分别对应 jQuery 的哪些方法？

2．说说 attr() 方法和 prop() 方法之间的区别。

3．操作 DOM 元素的 class 属性有哪几种 jQuery 方法？

4．比较一下 html()、text() 和 val() 方法。

第8章

jQuery 的事件处理

在前几章的学习中，笔者已经运用了非常多的 jQuery 事件，从中可以发现 JavaScript 与 HTML 页面的交互是基于用户和浏览器页面引发的一系列事件来驱动的。它是 JavaScript 形成"交互式应用"的基石，当页面中发生某些变化或执行某些操作时，浏览器都会生成相应的事件来执行事件处理程序。比如，当一个页面加载完成时，会产生一个事件；当用户点击某一个按钮时，也会产生一个事件。虽说在 JavaScript 中也可以完成一系列事件，但是 jQuery 友好地封装、增加和扩展了基本事件处理机制，让语法变得更加简洁，更重要的是让其事件处理能力变得更加强悍。

请访问 www.ydma.cn 获取本章配套资源，内容包括：

1. 本章的学习视频。
2. 本章所有实例演示结果。
3. 本章习题及其答案。
4. 本章资源包（包括本章所有代码）下载。
5. 本章的扩展知识。

8.1 jQuery 事件介绍

在本系列书籍的 DOM 部分，读者已经学习了 JavaScript 的事件处理，在这里笔者再次系统总结一遍事件处理的三大要素。

第一要素——事件：当页面中发生某些变化或执行某些操作时，浏览器会产生一个事件，如鼠标的点击事件、页面文档的加载事件。

第二要素——事件源：事件产生必须基于 window 对象（浏览器）或 DOM 树中的对象，这个对象就叫作产生事件的事件源。

第三要素——事件驱动：JavaScript 程序员可以事先定义好一个事件处理程序，一旦浏览器中产生了某个事件，浏览器就会自动调用该处理程序。这种通过事件来调用程序的方式称为事件驱动。

jQuery 也不例外，它所有的事件也都是由事件、事件源和事件驱动三部分组成的。

而 jQuery 的事件处理主要针对事件和事件源两方面进行优化处理，并且在基本事件处理上进行了新增和扩展，比如浏览器载入文档事件、事件处理、事件对象、事件委派等。

8.2 浏览器载入文档事件

载入文档事件是 JavaScript 中最基础的一个事件。当浏览器加载 HTML 页面构建完 DOM 模型时，会产生一个对应的事件（最常见的是一个 window 全局对象的事件）。在传统的 JavaScript 中对应的是 window.onload 属性，但在 jQuery 中对应的是$(document).ready()方法。二者的功能比较类似，都是等待页面加载完成后再执行事件驱动程序，但是它们之间仍有细微的区别。

8.2.1 执行时机

window.onload 属性的执行时机：必须等页面中的元素全部加载到浏览器后才能执行。比如图片等所有的关联性文件必须全部加载完成后，才能执行事件驱动程序。

$(document).ready()方法的执行时机：当页面中的 DOM 模型加载完成后就可以执行事件驱动程序。此刻，也许页面的关联性文件还未加载完毕。

由此可以看出，$(document).ready()方法会比 window.onload 属性在执行速度上快很多，原因是它牺牲了等待元素加载关联性文件的时间来提高载入文档事件的速度。比如，在图片网站中，当需要加载大量的图片文件时，用户可以非常明显地感觉到因其效率问题而带来的不同体验感。

但是，读者必须注意一点，如果在$(document).ready()方法的事件驱动程序中包含获取元素相关文件的信息代码，比如图片的宽高等，那么有时不一定能获取到正确的文件信息（此刻文件还未加载完毕），此时可以使用 jQuery 的另一个加载页面文档的方法$(window).load()。

8.2.2 执行次数

window.load 属性的执行次数：它只能执行最后一个进行引用赋值的函数。

测试代码：

```html
<!DOCTYPE html>
<html>
<head>
    <meta charset="utf-8">
    <title>执行次数</title>
    <script src="js/jquery-3.1.1.min.js"></script>
</head>
<body>
</body>
<script>
window.onload = function(){
    alert("兄弟连");
}
window.onload = function(){
    alert("兄弟会");
}
</script>
</html>
```

运行上述代码，可以发现它只会弹出"兄弟会"。因为 window.onload 仅仅是 window 对象下的一个属性，只能接受函数类型的赋值。当有多个赋值等式时，只取最后一个函数的引用。

$(document).ready()方法的执行次数：它会按文档加载顺序依次执行。

测试代码：

```html
<!DOCTYPE html>
<html>
<head>
    <meta charset="utf-8">
    <title>执行次数</title>
    <script src="js/jquery-3.1.1.min.js"></script>
</head>
<body>
</body>
<script type="text/javascript">
    $(document).ready(function () {
        alert('兄弟会');
    });
    $(document).ready(function () {
        alert('兄弟会');
    });
</script>
</html>
```

运行上述代码，可以发现依次弹出"兄弟连"和"兄弟会"。因为此刻的$(document).ready()

方法是在执行一个函数,它的实参是一个回调函数,其功能是把此回调函数的引用依次注入一个容器内。当页面加载事件发生后,遍历此容器,按顺序依次执行每一个回调函数。

8.2.3 简写方式

通过第 7 章的学习,想必读者已经适应了$(document).ready()方法的简写方式,并且前面用到此方法时也都使用的是其简写方式,如下:

```
$(function(){
    //事件驱动程序
});
```

综上三个小节,并结合事件的三大要素,读者可以更加清晰地了解载入文档事件的原理。

8.3 jQuery 的事件绑定

事件处理在整个客户端 JavaScript 中是最核心、最重要的部分,整个 Web 页面都是基于它来控制 HTML 页面从而形成交互式应用的。而事件处理的基础就是对事件源进行事件绑定——bind()方法。

注意一点,bind()方法在 jQuery 3.0 版本中已经被移除了,但是笔者还是得讲解该方法,为后面的知识点做铺垫。在这里采用 jQuery 2.2.4 版本来讲解 bind()方法。

语法格式:

bind(type[,data],fn);

第一个参数是事件类型,包括 blur、change、click、dblclick、error、focus、focusin、focusout、keydown、keypress、keyup、mousedown、mouseenter、mouseleave、mousemove、mouseout、mouseover、mouseup、resize、scroll、select、submit、unload 等,还有一些自定义的类型。

第二个参数是可选数据类型,作为 event.data 属性值传递给事件对象的额外数据对象。

第三个参数是事件驱动处理函数。

1. 事件处理中的事件源和事件对象

下面通过 bind()方法来进行事件绑定,其代码片段如下:

```
1  <!DOCTYPE html>
2  <html>
3  <head>
4      <meta charset="utf-8">
5      <title>bind()方法的事件源和事件对象</title>
```

```
 6      <script src="js/jquery-2.2.4.min.js"></script>
 7 </head>
 8 <body>
 9      <p style="font-size:30px;">Company is the longest confession of love</p>
10 </body>
11 </html>
12 <script>
13 $("p").bind("click",function(){
14      $(this).html("陪伴是最长情的告白");
15 });
16 $("p").bind("mouseover",function(event){
17      console.log("鼠标在文档中的偏移量为, x: "+event.pageX+",y:"+event.pageY);
18 });
19 </script>
```

从上述代码片段中可以看出，bind()方法为同一个 p 元素绑定了鼠标点击事件和鼠标悬浮事件。当鼠标移到 p 元素中的时候，可以发现在控制台上打印出了鼠标此刻相对于整个 HTML 文档的偏移量。当在 p 元素中点击时，可以发现 p 元素里面更换了文本节点"陪伴是最长情的告白"。

但在上述代码中，读者需要注重以下几个变量。

（1）this 变量（回调函数中的系统变量）：它是事件处理中的事件源，是传统的 JavaScript 的 DOM 对象。在此通过$(this)把它转换为 jQuery 对象。

（2）event 变量（回调函数中的形参）：它是事件处理中的事件对象，其中包含大量的信息。比如上述鼠标点击事件，事件对象中会包含事件类别为鼠标事件（originalEvent: MouseEvent）、事件类型为点击事件（type: "click"）、鼠标此刻相对于文档的偏移量（pageX:68, pageY:100）等信息。

2．用映射的方式进行事件绑定

把上面的代码片段改为映射的写法，如下：

```
 1 <!DOCTYPE html>
 2 <html>
 3 <head>
 4      <meta charset="utf-8">
 5      <title>bind()用映射的方式进行事件绑定</title>
 6      <script src="js/jquery-2.2.4.min.js"></script>
 7 </head>
 8 <body>
 9      <p style="font-size:30px;">Company is the longest confession of love</p>
10 </body>
11 </html>
12 <script>
13 $("p").bind({
14      click:function(){
15          $(this).html("陪伴是最长情的告白");
16      },
17      mouseover:function(){
18          console.log("鼠标在文档中的偏移量为, x: "+event.pageX+",y:"+
             event.pageY);
```

187

```
19      }
20 });
21 </script>
```

可以看出，使用映射的方式可以把事件按照事件源进行归类，方便统一管理和维护。

3．绑定事件的简写方式

一些常见的绑定事件，如 click、keydown、mousemove 等 jQuery 框架内部自带的事件，读者可以直接使用事件名这类更简单的方法来替代 bind()实现事件绑定，如 click()方法、mousemove()方法和 keydown()方法，它们都是 bind()中某种特定方法的简写方式。范例如下：

```
 1 <!DOCTYPE html>
 2 <html>
 3 <head>
 4     <meta charset="utf-8">
 5     <title>绑定事件的简写方式</title>
 6     <script src="js/jquery-3.1.1.min.js"></script>
 7 </head>
 8 <body>
 9     <p style="font-size:30px;">Company is the longest confession of love</p>
10 </body>
11 <script>
12     $("p").click(function(){
13         $(this).html("陪伴是最长情的告白");
14     }).mouseover(function(){
15         console.log("鼠标在文档中的偏移量为, x: "+event.pageX+",y:"+ event.pageY);
16     });
17 </script>
18 </html>
```

从上述代码中可以看出，虽然在 jQuery 3.x 版本中 bind()方法被移除了，但是其简写方式的事件绑定依然存在。

4．绑定一次性事件——one()方法

one()方法的使用方法和 bind()方法一样，只是在此事件被触发一次之后就被注销了，此后此事件不再生效。

语法格式：

```
one(type[,data],fn);
```

它的语法格式和 bind()绑定事件的语法格式一样，当然也适合采用映射的方式进行事件绑定，如下：

```
 1 <!DOCTYPE html>
 2 <html>
 3 <head>
 4     <meta charset="utf-8">
 5     <title>绑定事件的简写方式</title>
 6     <script src="js/jquery-3.1.1.min.js"></script>
```

```
 7 </head>
 8 <body>
 9     <p style="font-size:30px;">Company is the longest confession of love</p>
10 </body>
11 <script>
12     $("p").one('click',function(){
13         $(this).html("陪伴是最长情的告白");
14     }).one({
15         mouseover:function(){
16             console.log("鼠标在文档中的偏移量为, x: "+event.pageX+",y:"+
                event.pageY)
17         }
18     });
19 </script>
20 </html>
```

8.4 jQuery 的事件冒泡

在 JavaScript 部分已经学习过事件冒泡，在此不再深究其冒泡原理。接下来看看 jQuery 中的事件冒泡和对应的处理。

8.4.1 产生冒泡的现象

假设页面中有三个元素 A、B 和 C，元素 B 嵌套在元素 A 内，元素 C 嵌套在元素 B 内，而且它们全部绑定了点击（click）事件。此刻点击元素 C，就会触发冒泡现象。

测试代码：

```
 1 <!DOCTYPE html>
 2 <html>
 3 <head>
 4     <meta charset="utf-8">
 5     <title>jQuery的事件冒泡现象</title>
 6     <script src="js/jquery-3.1.1.min.js"></script>
 7 </head>
 8 <body>
 9     <div class="a" style="width:600px;background:red;">
10         <div class="b" style="width:400px;background:yellow;">
11             <div class="c" style="width:200px;background:blue;">事件冒泡现象
12             </div>
13         </div>
14     </div>
15 </body>
16 <script>
17 $(".a").click(function(){                          //顶层
18     alert("点击了A元素");
19 });
20 $(".b").click(function(){                          //中间层
```

```
21        alert("点击了B元素");
22    });
23    $(".c").click(function(){              //底层
24        alert("点击了C元素");
25    });
26    </script>
```

运行上面的代码可以发现，当点击 C 元素的时候，依次弹出"点击了 C 元素"、"点击了 B 元素"和"点击了 A 元素"；当点击 B 元素的时候，依次弹出"点击了 B 元素"和"点击了 A 元素"。

这就是冒泡现象，正因为它们嵌套的层级关系，当触发了点击事件后，就会按照从里到外（从后代节点到祖父节点）的顺序依次进行判定，依次触发点击事件。

8.4.2 处理冒泡问题

在页面中默认存在冒泡现象，但是有时候冒泡也会影响到页面效果或出现意想不到的 Bug。此刻防止出现冒泡现象就显得尤为关键，如上述问题中点击 C 元素时不能触发 B 元素和 A 元素的点击事件等。

冒泡现象触发的事件处理行为分为两种：一种是自定义的事件驱动程序；另一种是系统默认的事件处理行为。

1. 阻止事件冒泡

通过阻止事件冒泡，停止事件对祖父节点的判定，从而阻止其他事件源的事件驱动程序发生。在 jQuery 中为事件对象提供了 stopPropagation()方法来阻止事件冒泡。还是利用上一个代码片段，点击 C 元素，阻止 A 元素和 B 元素的事件冒泡。

实例代码：

```
1  <!DOCTYPE html>
2  <html>
3  <head>
4      <meta charset="utf-8">
5      <title>jQuery的事件冒泡现象</title>
6      <script src="js/jquery-3.1.1.min.js"></script>
7  </head>
8  <body>
9      <div class="a" style="width:600px;background:red;">
10         <div class="b" style="width:400px;background:yellow;">
11             <div class="c" style="width:200px;background:blue;">事件冒泡现象
                </div>
12         </div>
13     </div>
14 </body>
15 </html>
16 <script>
17 $(".a").click(function(){              //顶层
```

```
18      alert("点击了A元素");
19 });
20 $(".b").click(function(){              //中间层
21      alert("点击了B元素");
22 });
23 $(".c").click(function(event){         //底层
24      alert("点击了C元素");
25      event.stopPropagation();
26 });
27 </script>
```

运行上述代码,用户点击了 C 元素,此刻只会弹出"点击了 C 元素",成功地阻止了事件冒泡,避免了其他事件驱动程序被触发。

2. 阻止默认行为

网页中有部分元素有默认的系统行为,比如点击<a>元素会跳转页面、点击 submit 按钮会提交表单。但在某些情况下是需要阻止这些默认行为发生的。因此,jQuery 为事件提供了 preventDefault()方法来阻止默认行为的发生。

实例描述:

有一个表单,当验证码的长度不是 4 位时,阻止表单提交。

实例代码:

```
1  <!DOCTYPE html>
2  <html>
3  <head>
4       <meta charset="utf-8">
5       <title>jQuery事件阻止默认行为</title>
6       <script src="js/jquery-3.1.1.min.js"></script>
7  </head>
8  <body>
9       <form method="get" action="http://www.itxdl.cn">
10           <input type="text" name="verity">
11           <input type="submit" value="提交">
12      </form>
13 </body>
14 <script>
15      $(":submit").click(function(event){
16          if($("[name='verity']").val().length != 4){
17              event.preventDefault();
18          }
19      });
20 </script>
21 </html>
```

运行上面的实例可以发现,只有当验证码的长度为 4 时,才能正常提交表单。

3. 阻止事件冒泡和默认行为的通用、简洁的写法

在上述实例中,阻止事件冒泡中运用的事件对象方法为

event.stopPropagation();

阻止默认行为中运用的事件对象方法为

event.preventDefault();

而在 jQuery 中对上述两种情况有一个统一的简写方式，如下：

return false;

8.5 jQuery 事件对象的属性和方法

由于各大浏览器的不兼容性，造成对于事件对象的使用方式有很大的不同。但是 jQuery 遵守 W3C 的规则进行了完美封装，在其内部处理所有浏览器的兼容性问题，并对外提供统一的 API 接口。

在前面的例子中已经介绍了事件对象，它就是绑定事件驱动程序回调函数的第一个形参。这个形参里面包含非常多的属性和方法，比如在本节之前已经运用过的 pageX 属性、pageY 属性、stopPropagation()方法、preventDefault()方法等。下面笔者来系统总结事件对象的常用属性和方法，如表 8-1 所示。

表 8-1 事件对象的常用属性和方法

常用属性和方法	说明	范例

currentTarget()	获取当前事件冒泡中的 DOM 元素	$("p").click(function(event){
		　　alert(event.currentTarget===this); //true
		});

preventDefault()	阻止事件的默认行为	$("a").click(function(event){
		　　event.preventDefault();
		});

isDefaultPrevented()	在事件驱动程序中是否已经执行过 event.preventDefault()方法	$("a").click(function(event){
		　　alert(event.isDefaultPrevented()); // false
		　　event.preventDefault();
		　　alert(event.isDefaultPrevented()); // true
		});

stopPropagation()	阻止事件在 DOM 树上冒泡	略

isPropagationStoped()	在事件驱动程序中是否已经执行过 event.stopPropagation()方法	$("div").click(function(event){
		　　alert(event.IsPropagationStoped());//false
		　　event.stopPropagation();
		　　alert(event.IsPropagationStoped());// true
		});

relatedTarget	在事件中涉及的其他任何 DOM 元素（对于 mouseout 事件，它指向被进入的元素；对于 mousein 事件，它指向被离开的元素）	当<div>标签里嵌套了<a>标签时
		$("a").mouseout(function(event) {
		　　alert(event.relatedTarget);
		});
		弹框提示为：一个<div>标签的 DOM 对象

续表

常用属性和方法	说　明	范　例
pageX 和 pageY	鼠标相对于文档的左边框和上边框的偏移量	略

type	事件类型，如 click 类型	$("div").click(function(event){
		　　alert(event.type);
		});

which	针对键盘和鼠标事件，该属性能确定用户到底按的是哪个按键或按钮	$("input").keydown(function(event){
		　　alert(event.which);
		});

上面列举了事件对象中常用的属性和方法，更加全面和具体的使用请查看开发手册。

8.6　jQuery 的事件委派

事件委派的定义：为 HTML 页面中所有匹配的元素都附加一个事件处理函数，即使这个元素是以后添加进来的也有效。

这就意味着，在绑定事件之后，后续添加到 HTML 文档中的元素也符合事件委派绑定的规则，那么此元素也依然被绑定了这个事件处理函数，从而减少了代码的冗余，使代码更加精简。

8.6.1　delegate()方法：实现事件委派

语法格式：

delegate(selector,[type],[data],fn);

第一个参数为字符串选择器，用来过滤触发事件的元素。
第二个参数为附加到对应事件源上的一个或多个事件。
第三个参数为传递到函数的额外数据。
第四个参数为当事件发生时触发的事件驱动程序。

实例描述：

使用 jQuery 的事件委派完成一个英文翻译的效果。

实例代码：

```
1 <!DOCTYPE html>
2 <html>
3 <head>
```

```
4      <meta charset="utf-8">
5      <title>事件委派</title>
6      <script src="js/jquery-3.1.1.min.js"></script>
7  </head>
8  <ul>
9      <li translate="予独爱世间三物">I love three things in this world</li>
10 </ul>
11 <body>
12 </body>
13 </html>
14 <script>
15 $("ul").delegate("li", "click",function(){
16     alert($(this).attr("translate"));
17 });
18 $("ul").append("<li translate='昼之日，夜之月，汝之永恒'>Sun, moon and you.Sun for morning, moon for night , and you forever</li>");
19 </script>
```

运行上述实例，读者可以发现第 15 行对页面中的所有<li>绑定了 click 事件，后来的<li>也被默认绑定了此事件驱动程序。点击对应的<li>元素后，弹框显示其 translate 属性的信息。

这就使得开发人员编写代码更加省事，也减少了代码冗余。在以前操作 DOM 节点的时候，我们可能会对页面中的每个<td>元素重复绑定 click 事件，以此来实现删除页面元素节点的效果。现在可以把其代码进行如下修改：

```
28 <script>
29     $("button").click(function(){
30         var username = $("[name='username']").val();      //获取姓名
31         var sex      = $("[name='sex']").val();           //获取性别
32         var age      = $("[name='age']").val();           //获取年龄
33         var job      = $("[name='job']").val();           //获取岗位
34         var htmlStr = "<tr><td>"+username+"</td><td>"+sex+"</td><td>"+age+"</td><td>"+job+"</td><td>删除</td></tr>";
35         var obj = $(htmlStr);
36         $("table").append(obj);
37     });
38     $("table").delegate("td:contains('删除')",'click',function(){
39         $(this).parent().remove();                         //移除此行
40     });
41 </script>
```

运行上述代码之后可以发现，其实现的效果和修改之前是一模一样的，此处减少了一次对新增节点的事件绑定。注意：这里必须对$("table")对象赋予事件委派特性，才能让后来添加的<tr>元素被默认绑定 click 事件；如果使用的是$("tr")对象，那么新增的对象将不具备事件委派特性，所以也不会让里面的"<td>删除</td>"被默认绑定 click 事件。

8.6.2 undelegate()方法：取消事件委派

undelegate()方法定义：删除由 delegate()添加的一个或多个事件处理程序。

语法格式：

undelegate([selector,[type],fn]);

实例描述：

还是以上面的翻译实例为例，并运用 undelegate()方法来取消事件委派。

实例代码：

```
1  <!DOCTYPE html>
2  <html>
3  <head>
4      <meta charset="utf-8">
5      <title>取消事件委派</title>
6      <script src="js/jquery-3.1.1.min.js"></script>
7  </head>
8  <body>
9      <ul>
10         <li translate="予独爱世间三物">I love three things in this world</li>
11     </ul>
12 </body>
13 </html>
14 <script>
15 $("ul").delegate("li", "click dblclick",function(){
16     alert($(this).attr("translate"));
17 });
18 $("ul").append('<li translate="予独爱世间三物">I love three things in this world</li>');
19 //取消ul元素的所有的事件委派特性
20 //$("ul").undelegate();
21 //取消ul元素的对应的某个事件委派特性
22 $("ul").undelegate('li','click');
23 $("ul").append("<li translate='昼之日，夜之月，汝之永恒'>Sun, moon and you.Sun for morning, moon for night , and you forever</li>");
24 </script>
```

运行上述代码，可以发现 undelegate()方法有两种使用方法：一种是取消页面中某元素的所有的事件委派特性；另一种是取消页面中某元素特定的事件委派特性，比如，上述代码取消了<ul>元素的 click 事件委派特性，但是 dblclick 特性依然保留。

8.7 jQuery 的事件模拟操作

在此之前，笔者在实例中的操作都是为了实现"交互式应用"而绑定了一些事件，但是有时候在特定的场景下，我们希望浏览器自动完成一系列动作，比如自动点击按钮、自动提交表单、文本框自动聚焦等。由于开发人员已经定义好了"交互式应用"等一系列事件，此刻直接模拟用户操作就显得极具优势，它会让代码变得更加精简。

语法格式：

trigger(type,[data])

第一个参数为事件名称，第二个参数为传递给事件驱动程序的附加参数。

1. trigger()模拟事件操作

使用 trigger()完成一个实例：3s 后，页面自动模拟点击提交按钮进行提交表单（<a>标签请读者自行尝试）。

```html
1  <!DOCTYPE html>
2  <html>
3  <head>
4      <meta charset="utf-8">
5      <title> trigger()模拟事件</title>
6      <script src="js/jquery-3.1.1.min.js"></script>
7  </head>
8  <body>
9      <form action="http://www.itxdl.cn">
10         <input type="submit">
11     </form>
12     <a href="http://www.itxdl.cn" id="xdl"><span>兄弟连</span></a>
13 </body>
14 <script>
15 setTimeout(function(){
16     $("input").trigger("click");
17 },3000);
18 $("input").click(function(event){
19     alert("trigger模拟用户点击，触发click事件");
20 });
21 </script>
22 </html>
```

运行代码，可以发现 3s 后，页面出现弹框"trigger 模拟用户点击，触发 click 事件"，接着提交表单到 www.itxdl.cn。

trigger()方法模拟用户操作，在触发事件之后，首先执行事件驱动程序，然后再执行系统默认程序（比如表单提交）。

但要注意一点，当使用 trigger()模拟点击<a>标签时，它只执行事件驱动程序，不执行系统默认行为。如果需要二者都执行，那么必须点击<a>标签里面的内容，比如<span>标签，利用事件冒泡原理来激活<a>标签的默认行为。

当然，trigger()也有其简化写法，如下：

```
$("input").trigger("click");          //正常的 trigger()写法
$("input").click();                   //简洁的 trigger()写法
```

2. triggerHandler()方法

语法格式：

triggerHandler(type,[data])

它的使用方法和 trigger()方法是一样的。唯一不同的就是,当使用 triggerHandler()方法进行模拟操作时,它只会触发本元素的事件,执行本元素的事件驱动程序,但会阻止本元素的默认行为和事件冒泡现象。

【在此请读者自行测试 triggerHandler()方法,验证其阻止元素默认行为和事件冒泡现象。】

8.8 jQuery 的 on()和 off()方法

前面已经介绍了 jQuery 在事件处理方面的绝大部分知识点,下面补充两个方法:on()和 off()。

语法格式:

```
on(events,[selector],[data],fn)
off(events,[selector],[fn])
```

on()和 off()方法是 jQuery 1.7 新增的两个方法。on()方法用来提供绑定事件处理程序所需的所有功能,off()方法用来移除用 on()方法绑定的事件处理程序。

换句话说,on()和 off()方法既可以实现 bind()和 unbind()的功能,也可以实现 delegate()和 undelegate()的功能,只需对应传入不同的参数即可。

而 jQuery 3.x 正是为了统一 jQuery 1.x 和 jQuery 2.x,并为其提供统一的 API 接口。因此,大家可以看到,在 jQuery 3.x 的开发手册中,bind()、unbind()、delegate()和 undelegate()4 个方法已经被移除了,统一使用 on()和 off()这两个方法来实现。

【在此,笔者也不再重新演示实例,请读者自行参考开发手册学习 on()和 off()方法如何实现及移除事件绑定和事件委派。】

8.9 jQuery 中事件处理的实战讲解

至此,jQuery 中事件处理的知识点已经介绍完毕,读者可以据此完成大部分的动画效果,而其中最重要的部分就是对实例的设计和对细节的处理。现在笔者带领大家完成几个实例,来看看其实现过程和思路。

8.9.1 鼠标跟随实例

首先设计一个简单的鼠标跟随实例。当用户在浏览器的界面上快速移动鼠标时,鼠标

后面跟了一个小尾巴；当鼠标移动速度降低或者停止时，这个小尾巴将逐渐消失。

设计分析：

第一步，初始化界面。在 HTML 文档中存放 10 个<div>，每个<div>的样式特点为可视的小圆形，并且为绝对定位，这样我们就可以根据鼠标相对于文档的偏移量来控制每个<div>在文档中的位置。

第二步，为每个点设计渲染的位置。当鼠标在某一段时间内快速移动时，记录下鼠标最新的 10 个点，依次使用 10 个<div>在页面中渲染，用来表示鼠标的移动轨迹。

第三步，鼠标最新点的回收机制。当鼠标快速移动，已经记录了最新的 10 个点，又出现了最新的一个点的时候，则回收第 10 个点，然后再添加最新一个点的记录；如果鼠标移动速度比较慢或者停止，则定时回收最后一个记录的点，直至全部被回收。

实例代码：

```
1  <!DOCTYPE html>
2  <html>
3  <head>
4      <meta charset="utf-8">
5      <title>鼠标跟随实例</title>
6      <script src="js/jquery-3.1.1.min.js"></script>
7  </head>
8  <body>
9  </body>
10 </html>
11 <script>
12 (function(){
13     //节点个数
14     var divNum = 10;
15     //添加节点
16     for(var i = 0; i < divNum; i++){
17         $("body").append("<div class='followMouse'></div>");
18     }
19     //为节点添加css样式
20     $(".followMouse").css({
21         width:'10px',
22         height:'10px',
23         background:'pink',
24         borderRadius:'10px',
25         border:'1px solid pink',
26         position:'absolute',
27         display:'none'
28     });
29
30     var oldtop = 0;           //记录上一个点的top
31     var oldleft = 0;          //记录上一个点的left
32     var contain=[];           //容器
33     /**
34          为整个文档绑定鼠标移动事件：
35            1.首先通过上一次触发事件记录的点和本次触发事件记录的点，
                求出其top和left的位移的距离和，视为本次移动的速度；
37            2.当speed大于某个临界点时，则记录下此点，存入到容器中；
38            3.最后把容器中的点全部渲染出来
```

```
39      */
40      $(document).mousemove(function(eve){
41          var nowleft = eve.pageX;
42          var nowtop = eve.pageY;
43          var speed = Math.abs(nowleft-oldleft)+Math.abs(nowtop-oldtop);
44          oldleft = nowleft;
45          oldtop = nowtop;
46          if(speed > 10){
47              contain.unshift({top:nowtop,left:nowleft});
48              if(contain.length > $(".followMouse").length){
49                  contain.pop();
50              }
51          }
52          for(var i = 0; i < contain.length; i++){
53              $($(".followMouse")[i]).css("display","block").css("top",
                    contain[i].top).css("left",contain[i].left);
54          }
55      });
56      //容器点定时被回收
57      setInterval(function(){
58          if(contain.length !=0){
59              $($(".followMouse")[contain.length-1]).css("display","none");
60              contain.pop();
61          }
62      },20);
63  }());
64  </script>
```

运行结果（见图 8-1）：

图 8-1　鼠标跟随实例的运行结果

通过上述代码可以轻松获取到如图 8-1 所示的运行结果，形成一个鼠标跟随效果。此实例的设计比较通俗易懂，但是有一个问题：代码中 speed 值是怎么得来的？而且 speed 值还能大于 10px？

这就属于"JavaScript 的函数节流",当笔者为整个文档绑定了鼠标移动事件时,并不意味着用户每移动 1px 都必须触发一次鼠标移动事件,所有事件有一个最小执行周期,在小于一个周期的时间段内最多触发一次事件。

8.9.2 轮播图实例

下面笔者再带领读者设计一个比较难的实例——轮播图,仅仅使用 jQuery 的事件处理,手写动画效果。大家首先来看看笔者需要完成的实例运行结果,然后根据实际需求来设计整个代码结构。

运行结果(见图 8-2 和图 8-3):

图 8-2 small 风格轮播图实例的运行结果

图 8-3 big 风格轮播图实例的运行结果

设计分析（把此轮播图分装为插件形式）：

（1）进行对象封装，并且定义初始化函数。

　　a．在初始化函数中，可以设置的变量有动画的帧数（frameNum）、一次动画的总时长（comsumeTime）、轮播图的宽高（CFWidth/CFHeight）、动画的风格（type）、动画按钮的宽高（AssowWidth/AssowHeight）。

　　b．当用户没有设置某些参数时，必须赋予其默认值。

　　c．如果用户没有进行初始化，则必须进行初始化。

　　d．如果想停用轮播图，则可以让其停止运转（applicationflag = false）。

（2）进行页面数据处理和轮播图的静态页面大小设置。

　　a．进行整个轮播图的基本设置，包括其大小和相对定位。

　　b．初始化轮播图的按钮数据。

　　c．获取所有需要轮播的<img>标签中的 url 信息和 src 信息，并存入 imageContains 变量容器中。

　　d．为了获得更好的兼容性，对用户选择的风格（small/big）进行再次判定，以免轮播时数据不够，导致页面中的轮播图空白。

　　e．让 imageContains 变量增倍，增加用户体验感，比如，使用 6 个<li><img></li>标签时可以使用 big 风格的轮播图。

　　f．初始化 big 和 small 风格的轮播图容器数据。不管使用哪种风格的轮播图，它的数据是和用户无关的，每张轮播图的属性，如宽高、相对于轮播图<div>的 left/top 的偏移量、层级关系、透明度、边框的大小等都是提前设置好的，都是固定的数据，而这些数据都可以通过数学计算得出。

【当然，读者学习完后，可以去定义自己的轮播图样式风格。】

（3）判断是否允许轮播图运行。

（4）渲染轮播图的按钮，包括其悬浮事件和点击事件。其中点击事件执行动画队列函数，必须在一次动画执行完毕后再去执行轮播图的下一次动画，否则页面的样式就混乱了。

（5）渲染轮播图片的静态样式和点击事件。

　　a．与用户无关的属性样式有 position、width、height、top、left、display、z-index、opacity 和 border 等。

　　b．与用户相关的属性样式有 href 和 src 等。

　　c．图片的点击事件：获取各自的 href 属性值，进行跳转。

（6）进行轮播图动画封装。

　　a．其运行流程为：当用户触发轮播按钮时，按钮点击事件执行动画队列函数（cickArrowfun()函数），而动画队列函数则调用轮播图动画函数（startAnimation()函数）；每

个轮播图动画其实都是几张图片在同一时间内进行平移产生的动画视觉效果；而每张图片的平移（startMove()函数）都是一帧（对应的是moveStep()函数）一帧进行的。

　　b．在动画队列函数中，clickArrow变量用来记录动画队列的秩序。

　　c．在轮播图动画函数中，completeAnimationNum变量用来记录在一次动画中是否所有的图片已经全部平移变换到指定位置。

　　d．在图片平移函数中，定义了一个变量i，用来标识在一次平移过程中正在进行的帧数。

　　e．通过其4层嵌套的逻辑关系，完成整个轮播图动画效果。

（7）当轮播图完成一次动画后的细节处理。

　　a．需要对用户数据容器（imageContains数据容器）进行重写队列排序，让第一个数据从容器队列中弹出，并添加到容器队列最后。

　　b．重新使用数据容器，渲染轮播图片的静态页面样式。

　　c．处理动画队列，检查是否还有动画需要进行处理。

实例代码（HTML部分）：

```html
1  <!DOCTYPE html>
2  <html>
3  <head>
4      <meta charset="utf-8">
5      <title>轮播图</title>
6      <script src="js/jquery-3.1.1.min.js"></script>
7      <link href="css/02.css" rel="stylesheet" type="text/css" />
8  </head>
9  <body>
10
11 <div id="CarouselFigure">
12     <img src="images/lunbotu/prev.png" width="76" height="112">
13     <img src="images/lunbotu/prev_1.png">
14     <img src="images/lunbotu/next.png" width="76" height="112">
15     <img src="images/lunbotu/next_1.png" >
16     <ul>
17         <li><img src="images/lunbotu/1.jpg" href="http://www.itxdl.cn" width="500" height="250"></li>
18         <li><img src="images/lunbotu/2.jpg" href="http://www.itxdl.cn"></li>
19         <li><img src="images/lunbotu/3.jpg" href="http://www.itxdl.cn"></li>
20         <li><img src="images/lunbotu/4.jpg" href="http://www.itxdl.cn"></li>
21         <li><img src="images/lunbotu/5.jpg" href="http://www.itxdl.cn"></li>
22         <li><img src="images/lunbotu/6.jpg" href=""></li>
23         <li><img src="images/lunbotu/7.jpg" href=""></li>
24         <li><img src="images/lunbotu/8.jpg" href=""></li>
25     </ul>
26 </div>
27 </body>
28 </html>
29 <script src="./js/01.js"></script>
30 <script>
31     $(function(){
32         //对轮播图进行初始化
33         CarouselFigure.init({type:'small',comsumeTime:1000});
34         CarouselFigure.start();
```

```
35        })
36 </script>
```

其中，笔者把轮播图按照插件的风格进行封装（上述代码第 29 行），然后在第 33 行进行轮播图的初始化，在第 34 行开始运行轮播图。

读者可以从中发现一个特点，实现轮播图的超链接跳转，笔者是在<img>标签中设置了 href 属性，而不是使用<a>标签。

在跳转时通过其内部机制，自动获取<img>标签里的 href 属性信息，然后绑定 click 事件，使用 location.href 来实现。

实例代码（01.js 部分）：

```
1 var CarouselFigure = new Object();
2 //轮播图初始化定义函数
3 CarouselFigure.init = function(tmpobj){
4     //定义动画帧数（默认为：30）
5     this.frameNum = tmpobj.frameNum !=undefined ? tmpobj.frameNum : 30;
6     //定义一次轮播的时间（默认为：0.2s）
7     this.comsumeTime = tmpobj.comsumeTime !=undefined ? tmpobj.comsumeTime
      : 200;
8     //定义轮播图的宽高（默认宽高为：700px * 250px)
9     this.CFWidth = tmpobj.CFWidth !=undefined ? tmpobj.CFWidth : 700;
10    this.CFHeight = tmpobj.CFHeight !=undefined ? tmpobj.CFHeight : 250;
11    //定义轮播的风格
12    this.type = tmpobj.type == "small" ? 'small' : 'big';
13    //动画按钮的宽高
14    this.AssowWidth = tmpobj.AssowWidth !=undefined ? tmpobj.AssowWidth :
      76;
15    this.AssowHeight = tmpobj.AssowHeight !=undefined ? tmpobj.AssowHeight
      : 112;
16    //判断用户是否初始化
17    this.initFlag = true;
18    //是否允许轮播图运行
19    this.applicationflag = true;
20 }
```

首先封装轮播图插件的初始化函数。由以上代码可以看出，用户可以设置 7 个参数。而 initFlag 和 applicationflag 属性则是组件内部运行的两个标志位。

```
20 }
21 CarouselFigure.start = function(){
22 /**
23     第一部分：
24         初始化整个轮播图和其运行数据
25 */
26 (function(){
27     //1. 判断用户是否进行初始化
28     if(CarouselFigure.initFlag == undefined){
29         CarouselFigure.init({});
30     }
31
32     //2.1 初始化整个轮播图的div的基本大小
33     $("#CarouselFigure").width(CarouselFigure.CFWidth).height(CarouselFigure
      .CFHeight).css("position","relative");
```

```
34
35    //2.2 最中央的大图实际大小为:
36    CarouselFigure.ImgWidth = CarouselFigure.CFWidth * 2/3;
37    CarouselFigure.ImgHeight =  CarouselFigure.CFHeight - 6;
38
```

然后封装轮播图的运行函数。按照内容来分，主要封装轮播图运行时所需要的参数，如下：

（1）用户是否对轮播图进行了初始化（第 28～30 行）。

（2）轮播图最外层的<div>大小是基于配置的（第 33 行）。

（3）相对于轮播图的大小。通过设计和数学计算得出中央最大的轮播图实际大小（第36、37 行）。

```
39    //3. 初始化轮播图按钮数据
40    CarouselFigure.setAssowdata = {
41    prev:{
42          top:(CarouselFigure.CFHeight - CarouselFigure.AssowHeight)/2 +"px",
43          left:CarouselFigure.CFWidth/6 - CarouselFigure.AssowWidth + 6 +
              "px",
44          originUrl:$("#CarouselFigure > img:eq(0)").attr("src"),
45          hoverUrl:$("#CarouselFigure > img:eq(1)").attr("src"),
46          },
47    next:{
48          top:(CarouselFigure.CFHeight - CarouselFigure.AssowHeight)/2 +"px",
49          left:CarouselFigure.CFWidth*5/6 + "px",
50          originUrl:$("#CarouselFigure > img:eq(2)").attr("src"),
51          hoverUrl:$("#CarouselFigure > img:eq(3)").attr("src"),
52          }
53    };
54
```

接着初始化轮播图左右轮播的按钮的数据，包括 top、left、originUrl（正常时候的按钮样式）和 hoverUrl（鼠标悬浮时的按钮样式）。

```
55    //4.1 初始化轮播图的url和src信息，存放到一个容器中
56    CarouselFigure.imageContains = [];
57    $("#CarouselFigure ul li img").each(function(){
58        var tmpobj = {src:$(this).attr("src"),href:$(this).attr("href")}
59        CarouselFigure.imageContains.push(tmpobj);
60    });
61    //4.2 对轮播图容器数据进行处理,当轮播图的个数3≤x≤5
      只能使用small风格类型。当轮播图的个数 x < 3 时， 停止运行
62    if(CarouselFigure.imageContains.length < 3){
63        CarouselFigure.applicationflag = false;
64    }else if(CarouselFigure.imageContains.length < 6){
65        CarouselFigure.type = 'small';
66    }
67    //4.3 对轮播图容器数据按顺序进行增倍，保证有足够数据进行轮播
68    var objstr = JSON.stringify(CarouselFigure.imageContains);
69    CarouselFigure.imageContains = CarouselFigure.imageContains.concat(JSON.
      parse(objstr));
```

如上述代码所示，对三个方面的数据进行了处理：第一，获取 HTML 页面中<ul>、<li>、<img>标签里面的信息，然后存放到 JavaScript 容器中；第二，判断用户设置是否正确，以

免轮播图容器数据不够填充轮播图视图,从而产生不良的视觉效果;第三,对轮播图容器数据进行增倍,也是为了避免轮播图容器数据不够填充轮播图视图,从而产生不良的视觉效果。

```
70    //5.1 轮播图使用big风格时,页面7张图在静态页面中的属性值
71    CarouselFigure.setViewPosData = new Object;
72    CarouselFigure.setViewPosData.big = [
73        {
74            width:CarouselFigure.ImgWidth*3/8,      height:CarouselFigure.ImgHeight*3/8,
75            left:0,                                  top:0,
76            zIndex:1,            opacity:0.2,        borderSize:0
77        },{
78            width:CarouselFigure.ImgWidth*3/8,      height:CarouselFigure.ImgHeight*3/8,
79            left:0,                                  top:CarouselFigure.CFHeight*5/16,
80            zIndex:2,            opacity:0.7,        borderSize:0
81        },{
82            width:CarouselFigure.ImgWidth*3/4,      height:CarouselFigure.ImgHeight*3/4,
83            left:CarouselFigure.CFWidth/18,         top:CarouselFigure.CFHeight/8,
84            zIndex:3,            opacity:0.9,        borderSize:0
85        },{
86            width:CarouselFigure.ImgWidth,          height:CarouselFigure.ImgHeight,
87            left:CarouselFigure.CFWidth/6,          top:0,
88            zIndex:4,            opacity:1,          borderSize:3
89        },{
90            width:CarouselFigure.ImgWidth*3/4,      height:CarouselFigure.ImgHeight*3/4,
91            left:CarouselFigure.CFWidth * 4/9,      top:CarouselFigure.CFHeight/8,
92            zIndex:3,            opacity:0.9,        borderSize:0
93        },{
94            width:CarouselFigure.ImgWidth*3/8,      height:CarouselFigure.ImgHeight*3/8,
95            left:CarouselFigure.CFWidth * 3/4,      top:CarouselFigure.CFHeight*5/16,
96            zIndex:2,            opacity:0.7,        borderSize:0
97        },{
98            width:CarouselFigure.ImgWidth*3/8,      height:CarouselFigure.ImgHeight*3/8,
99            left:CarouselFigure.CFWidth * 3/4,      top:0,
100           zIndex:1,            opacity:0.2,        borderSize:0
101       },];
```

接着初始化 big 风格的轮播图视图的样式,它是动态添加到 DOM 树中的,包括 width、height、ImgHeight、left、top、zIndex 和 borderSize 7 个属性。而用户在前台设置的<ul>、<li>、<img>标签元素只是为了给 imageContains(第 56～60 行)填充数据,在轮播图运行时,会把这些元素全部清空,然后重新使用轮播图视图(setViewPosData)进行页面渲染。

```
102     //5.2 轮播图使用small风格时，页面5张图在静态页面中的属性值
103     CarouselFigure.setViewPosData.small = [
104         {
105             width:CarouselFigure.ImgWidth*3/8,        height:CarouselFigure.
                ImgHeight*3/8,
106             left:0,                                    top:0,
107             zIndex:1,            opacity:0.2,          borderSize:0
108         },{
109             width:CarouselFigure.ImgWidth*3/4,        height:CarouselFigure.
                ImgHeight*3/4,
110             left:0,                                    top:CarouselFigure.
                CFHeight/8,
111             zIndex:2,            opacity:0.9,          borderSize:0
112         },{
113             width:CarouselFigure.ImgWidth,            height:CarouselFigure.
                ImgHeight,
114             left:CarouselFigure.CFWidth/6,             top:0,
115             zIndex:3,            opacity:1,            borderSize:3
116         },{
117             width:CarouselFigure.ImgWidth*3/4,        height:CarouselFigure.
                ImgHeight*3/4,
118             left:CarouselFigure.CFWidth * 1/2,         top:CarouselFigure.
                CFHeight/8,
119             zIndex:2,            opacity:0.9,          borderSize:0
120         },{
121             width:CarouselFigure.ImgWidth*3/8,        height:CarouselFigure.
                ImgHeight*3/8,
122             left:CarouselFigure.CFWidth * 3/4,         top:0,
123             zIndex:1,            opacity:0.2,          borderSize:0
124         }];
125 }());
```

同理，初始化 small 风格的轮播图视图样式。

```
126 //验证初始化是否成功,否则全部隐藏,结束进程
127 if(!CarouselFigure.applicationflag){
128     $("#CarouselFigure").css("display","none");
129     return false;
130 }
```

如果第一部分数据初始化失败，则整个轮播图停止运行。

```
131 /**
132     第二部分：
133         对轮播图的箭头进行初始化(包括页面中的静态布局、点击事件和悬浮事件)
134 */
135 CarouselFigure.InitAssow = function (Assow,direction){
136     //实现轮播图箭头的静态样式、悬浮事件和点击事件
137     Assow.css({
138         position:"absolute",
139         left:this.setAssowdata[direction].left,
140         top:this.setAssowdata[direction].top,
141         "z-index":4
142     })
143     .mouseover(function(){              //鼠标悬浮切换图片
144         $(this).attr("src",CarouselFigure.setAssowdata[direction].
            hoverUrl);
145     }).mouseout(function(){
146         $(this).attr("src",CarouselFigure.setAssowdata[direction].
```

```
147        }).click(function(){
148            //记录点击事件的次数
149            CarouselFigure.clickArrowfun(direction);
150        });
151    }
152    //调用初始化轮播图函数--实现左右箭头全部功能
153    $("#CarouselFigure > img:odd").css("display","none");
154    CarouselFigure.InitAssow($("#CarouselFigure > img:eq(0)"),"prev");
155    CarouselFigure.InitAssow($("#CarouselFigure > img:eq(2)"),"next");
```

然后在页面中渲染轮播图的按钮，并且通过 mouseover 和 mouseout 两个事件形成类似选项卡效果，并为前后按钮绑定对应的点击事件。

```
156 /**
157    第三部分：
158        对所有的轮播图进行页面静态布局
159 */
160    //初始化某张轮播图的方法
161    CarouselFigure.InitImages = function (i,setViewPosData,imageContains){
162        $("#CarouselFigure ul img:eq("+i+")").css({
163            position:"absolute",
164            width:setViewPosData[i].width + "px",
165            height:setViewPosData[i].height + "px",
166            top:setViewPosData[i].top + "px",
167            left:setViewPosData[i].left + "px",
168            display:"block",
169            "z-index":setViewPosData[i].zIndex,
170            opacity:setViewPosData[i].opacity,
171        }).attr({
172            src:imageContains[i].src,
173            href:imageContains[i].href
174        }).click(function(){
175            location.href = $(this).attr("href");    //绑定图片点击跳转事件
176        });
177        if( (i == 0 || i == 6) && this.type == 'big'){
           //第1张图片和第7张图片不可见
178            $("#CarouselFigure ul img:eq("+i+")").css("display","none");
179        }else if(i == 3 && this.type == 'big'){
           //为正中央图片加边框
180            $("#CarouselFigure ul img:eq("+i+")").css("border","3px solid #fff");
181        }else if( (i == 0 || i == 4)&&this.type == 'small'){
           //第1张图片和第5张图片不可见
182            $("#CarouselFigure ul img:eq("+i+")").css("display","none");
183        }else if(i == 2 && this.type == 'small'){
           //为正中央图片加边框
184            $("#CarouselFigure ul img:eq("+i+")").css("border","3px solid #fff");
185        }
186    }
187    /**
188        实现7张图片的静态样式：
189            清空原有的li标签，然后新建<li><img></li>来存放每张轮播图
190    */
191    $("#CarouselFigure ul").empty();
192    for(var i = 0; i < CarouselFigure.setViewPosData[CarouselFigure.type].length; i++){
193        $("#CarouselFigure ul").append('<li><img src=""></li>');
```

```
194        CarouselFigure.InitImages(i,CarouselFigure.setViewPosData[
           CarouselFigure.type],CarouselFigure.imageContains);
195     }
```

在第 191 行把整个轮播图的<ul>、<li>标签下的元素全部移除，然后通过用户设置的对应风格的轮播图，遍历其相应的 setViewPosData 属性，并调用 InitImages()方法进行页面渲染，显示静态样式。要注意其细节处理，是选择 big 风格还是 small 风格的轮播图。

```
196 /**
197      第四部分：
198           形成轮播动画效果
199 */
200     /*
201
         设置clickArrow变量：作为动画的标识位，让其进行队列化，必须本次动画完成，
         才能进行下次动画轮播。
202          1. 当为负数时向前轮播，比如：-5 表示向前轮播5次动画；
203          2. 当为正数时向后轮播，同理。
204          3. 当等于0时，此时没有进行轮播。
205     */
206     CarouselFigure.clickArrow = 0 ;
207
208     // 处理动画队列方法
209     CarouselFigure.clickArrowfun = function (direction){
210         if(this.clickArrow == 0){
211             this.startAnimation(direction);
212         }
213         if(direction == "prev"){
214             this.clickArrow--;
215         }else if(direction == "next"){
216             this.clickArrow++;
217         }
218     }
```

而第四部分则主要是把静态轮播图视图进行动态轮播，形成动画效果。首先，如上述代码所示，使用 clickArrowfun()方法把点击事件进行队列化，让它们顺序执行。

```
219     /**
220          开始一次轮播动画
221             其中completeAnimationNum变量为：
222                在一次动画中，记录每张轮播图完成的标识符；
223                在big风格类型中：当其值为6时，说明此次动画全部完成；
224                在small风格类型中：当其值为4时，说明此次动画全部完成。
225     */
226     CarouselFigure.startAnimation = function(direction) {
227         this.completeAnimationNum = 0;
228         if(direction == "prev") {
            //从最后一张图片到第一张图片，分别向前移动，首先让最后一张图片可视
229             if(this.type == "big") {
230                 $("#CarouselFigure ul img:eq(6)").css("display", "block");
231             } else {
232                 $("#CarouselFigure ul img:eq(4)").css("display", "block");
233             }
234             for(var i = this.setViewPosData[this.type].length - 1; i > 0; i--) {
```

```
235                    this.startMove(i, this.setViewPosData[this.type][i],this.
                           setViewPosData[this.type][i-1],direction);
236                }
237            }else if(direction == "next"){
               //从第一张图片到倒数第二张图片,分别向后移动,首先让第一张图片可视
238                $("#CarouselFigure ul img:eq(0)").css("display","block");
239                for(var i = 0 ; i < this.setViewPosData[this.type].length - 1; i
                    ++){
240                    this.startMove(i, this.setViewPosData[this.type][i],this.
                           setViewPosData[this.type][i+1],direction);
241                }
242            }
243        }
```

上述代码中的 startAnimation 属性用于形成一次轮播动画。当轮播图风格为 big 时，可以看到的轮播视图共有 5 张，左上角和右上角各有一张隐藏的轮播视图。当点击 prev 按钮时，最后一张轮播视图显示出来，并执行 startMove()方法依次向前移动；当点击 next 按钮时，第一张轮播视图显示出来，并执行 startMove()方法依次向前移动。当轮播图风格为 small 时，其内部运行机制同理。

```
244    /**
245     *   功能:让一张轮播图从某一个状态变换到另一个状态
246     *       (包括位置、透明度、边框等属性)
247     */
248    CarouselFigure.startMove = function (index,startObj,endObj,direction){
       //所有属性的增量
249        var increaseLeft = endObj.left - startObj.left;
250        var increaseTop  = endObj.top - startObj.top;
251        var increaseWidth = endObj.width - startObj.width;
252        var increaseHeight = endObj.height - startObj.height;
253        var increaseOpacity = endObj.opacity - startObj.opacity;
254        var increaseBorderSize = endObj.borderSize - startObj.borderSize;
255        var time = this.frameNum;              //总帧数
256        var i = 1;                              //帧数的记步标识索引
257        //定义函数:一帧到下一帧的变化过程
258        function moveStep(){
259            setTimeout(function(){
260                var tmpObj = $("#CarouselFigure ul img:eq("+index+")");
261                //每一帧时图片的属性改变量
262                tmpObj.css({
263                    width:startObj.width + (increaseWidth/time) * i + "px",
264                    height:startObj.height + (increaseHeight/time) * i +
265                        "px",
266                    top:startObj.top + (increaseTop/time) * i + "px",
267                    left:startObj.left + (increaseLeft/time) * i + "px",
268                    border:startObj.borderSize + (increaseBorderSize/time) *
                        i + "px solid #fff",
269                    opacity:startObj.opacity + (increaseOpacity/time) * i,
270                });
271                //当小于30帧时,继续递归,直至调用30次完成动画效果
272                if( i++ <time){
273                    if(i == 15){//轮播图每张图片的层级关系处理方式
274                        var zIndex = new Object;
275                        zIndex.big = {prev:[null,1,2,3,4,3,2],next:[2,3,4,3,
                            2,1]};
276                        zIndex.small = {prev:[null,1,2,3,2,1],next:[2,3,2,1]}
```

```
277                         tmpObj.css("z-index",zIndex[CarouselFigure.type][
                            direction][index]);
278                     }
279                     moveStep();                              //递归
280                 }else{
281                     CarouselFigure.completeAnimation(direction);
                        //完成一张图片的动画
282                 }
283             },CarouselFigure.comsumeTime/time);
284         }
285         moveStep();                                          //开始动画
286     }
```

通过 startMove()方法让一张图片从某一个位置移动到另一个位置。每次移动都会产生 30 帧，而每一帧都会产生属性的过渡，直至 30 帧全部完成则调用 completeAnimation()方法。

```
287 /**
288     第五部分：
289         当每次轮播动画结束后的处理函数
290         1. 首先，判断一次轮播动画是否结束；
291         2. 对数据容器(imageContains)进行调整，形成队列
292         3. 重新渲染整个轮播图的静态页面
293         4. 通过clickArrow，处理动画队列
294 */
295     CarouselFigure.completeAnimation = function(direction){
296         this.completeAnimationNum++;
297         //表示完成一次动画
298         if(this.completeAnimationNum == (this.setViewPosData[this.type].
            length -1)){
299             //重构用户自定义数据的顺序
300             if(direction == "prev"){
301                 var tmp = this.imageContains.shift();
302                 this.imageContains.push(tmp);
303             }else if(direction == "next"){
304                 var tmp = this.imageContains.pop();
305                 this.imageContains.unshift(tmp);
306             }
307             //重新渲染轮播图7张图片的静态样式
308             for(var i = 0; i < this.setViewPosData[this.type].length; i++){
309                 this.InitImages(i,this.setViewPosData[this.type],this.
                    imageContains);
310             }
311             //解决边框的bug问题
312             if(this.type == 'big'){
313                 $("#CarouselFigure ul li img:even").css("border","0px");
314             }else{
315                 $("#CarouselFigure ul li img:odd").css("border","0px");
316             }
317             //处理动画队列
318             if(direction == "prev"){
319                 this.clickArrow++;
320             }else if(direction == "next"){
321                 this.clickArrow--;
322             }
323             if(this.clickArrow > 0){
324                 this.startAnimation(direction);
325             }else if(this.clickArrow < 0){
326                 this.startAnimation(direction);
```

```
327            }
328         }
329     }
330 };
```

如上述代码所示,首先通过统计 CompleteAnimationNum 的数值来判断一次动画是否完成,然后完成轮播图队列事件,并重新渲染整个轮播图视图。至此,完成整个轮播图插件代码的编写。

运行上述代码,可以发现一个简易的轮播图插件就完成了。通过这个手写动画实例,可以让读者更加深刻地理解 JavaScript 是如何实现动画特效的。当然,学习完下一个章节 jQuery 的动画,读者就可以自己进一步地优化上述代码。

8.9.3 轮播图的其他实例

通过上面的两个例子读者可以发现,通过事件处理完全可以做出出色的实例特效;再结合日常其他的知识点或者某些规则,可以做出不同的应用。比如,结合数学知识可以做出旋转 3D 球,结合日常生活可以使用事件处理出一些小游戏(俄罗斯方块),在此不再一一介绍。

8.10 本章小结

本章首先介绍了 JavaScript 的事件,接着引出了 jQuery 的事件处理,最后根据 jQuery 的事件处理特性进行分类,并具体讲解其原理和实际应用。本章知识点具体如下:

- 首先,介绍了 JavaScript 事件的三大要素:事件、事件源和事件驱动程序。
- 其次,具体学习了浏览器载入文档事件——ready()方法。
- 再次,依次学习了事件绑定、事件冒泡、事件对象属性、事件委派、事件模拟操作和其他事件方法等。按照其事件处理的不同特性,分别进行系统、具体的学习。
- 最后,通过实战操作,设计了两个实例来巩固本章的知识点,并开阔了读者设计页面特效的思路。

细说 AJAX 与 jQuery

练习题

一、选择题

1. 为每个指定元素的指定事件（如 click）绑定一个事件处理器函数，下面哪种方法是用来实现该功能的？（　　）

　　A．trigger (type)　　　B．bind(type)　　　C．one(type)　　　D．bind

2. 下面哪几个方法不属于 jQuery 的事件处理？（　　）

　　A．bind(type)　　　B．click()　　　C．change()　　　D．one(type)

3. 在一个表单中，如果想要给输入框添加一个输入验证，则可以用下面的哪个事件实现？（　　）

　　A．hover(over,out)　　　　　　　　B．keypress(fn)

　　C．change()　　　　　　　　　　　D．change(fn)

4. 当一个文本框中的内容被选中时，如果想要执行指定的方法，则可以使用下面哪个事件来实现？（　　）

　　A．click(fn)　　　　　　　　　　　B．change(fn)

　　C．select(fn)　　　　　　　　　　 D．bind(fn)

5. $(document).ready(function(){
　　　$("#click").click(function(){
　　　　　alert("click one time"); });
　　　$("#click").click(function(){
　　　　　alert("click two time"); });
　　});

单击按钮<input type="button" id="click" value="点击我"/>，会产生什么效果？（　　）

　　A．弹出一次对话框，显示 click one time

　　B．弹出一次对话框，显示 click two time

　　C．弹出两次对话框，依次显示 click one time、click two time

　　D．JavaScript 编译错误

6. 页面中有三个元素，如下：<div>div 标签</div><span>span 标签</span><p>p 标签</p>，如果这三个标签要触发同一个事件，那么正确的写法是（　　）。

　　A．$("div,span,p").click(function(){ //? });

　　B．$("div || span || p").click(function(){ //? });

　　C．$("div + span + p").click(function(){ //? });

　　D．$("div ~ span p").click(function(){ //?);

7. 下面哪些方法可以完成事件委派功能？（ ）
A．bind() B．on() C．delegate() D．trigger()
8. 下面哪个方法可以完成事件绑定？（ ）
A．off() B．on() C．click() D．fadeIn()
9. 在 JavaScript 中，事件包含哪些因素？（ ）
A．事件源 B．事件起因 C．事件 D．事件驱动程序
10．在 jQuery 中，下列哪些方法是在处理事件冒泡行为？（ ）
A．$("#a").click(function(event){
event.stopPropagation();
})
B．$("#a").click(function(event){
event.preventDefault();
})
C．$("#a").click(function(event){
Event.stop();
})
D．$("#a").click(function(event){
Return false;
})

二、简答题

1．描述一下事件冒泡的原理及其处理方案。
2．什么叫作事件委派？
3．简单阐述一下 on()和 bind()方法之间的区别，以及 on()方法的意义。

第9章 jQuery 的动画效果

在上一章的实战章节，笔者手写了动画实例——轮播图插件。但在实现过程中笔者发现，其里面的逻辑处理还是比较复杂的，而 jQuery 中其实已经对动画特效做了相应的封装，只需几行代码即可实现动画效果，极大地提高了开发效率，而且不需要考虑兼容等问题，使得用户的体验感有大幅度的提升。

请访问 www.ydma.cn 获取本章配套资源，内容包括：
1. 本章的学习视频。
2. 本章所有实例演示结果。
3. 本章习题及其答案。
4. 本章资源包（包括本章所有代码）下载。
5. 本章的扩展知识。

9.1 show()和 hide()方法

jQuery 中最基础的动画效果实现方法是 show()和 hide()。这两种方法在前面已经使用过了，而且非常简便，直接使用 jQuery 对象调用方法即可。

语法格式：

```
show([speed,[easing],[fn]]);
hide([speed,[easing],[fn]]);
```

第一个参数 speed 表示动画执行的快慢（分别用"slow"、"normal"和"fast"表示）或者时间的毫秒数。

第二个参数 easing 用来指定切换的动画效果。

第三个参数 fn 是动画完成时的回调函数。
范例如下：

$("#xdl").hide();   //让页面中 id 值为 xdl 的元素隐藏

其实下面的代码和上述代码的效果是完全相同的：

$("#xdl").css("display","none");   //让页面中 id 值为 xdl 的元素隐藏

当使用 hide() 方法把元素隐藏之后，可以使用 show() 方法将元素的 display 属性设置为最开始的值（比如 block、inline 或者 inline-block 等）。

$("#xdl").show();   //让页面中 id 值为 xdl 的元素显示

在此之前笔者已经使用过这两种方法，现在笔者继续使用这两种方法把直隐直显的轮播图实例重写一遍。

实例代码：

```
 1  <!DOCTYPE html>
 2  <html>
 3  <head>
 4      <meta charset="utf-8">
 5      <title>基础动画</title>
 6      <script src="js/jquery-3.1.1.min.js"></script>
 7      <link href="css/01.css"  rel="stylesheet" type="text/css">
 8  </head>
 9  <body>
10      <h1>直隐直显的轮播图</h1>
11      <img src="images/1.jpg">
12      <img src="images/2.jpg" style="display:none">
13      <img src="images/3.jpg" style="display:none">
14      <img src="images/4.jpg" style="display:none">
15  </body>
16  </html>
17  <script>
18  var i = 0;                           //定义帧数的变量
19  var len = $("img").length - 1;       //判断执行方向
20  setInterval(function(){
21      if(i++%(2*len) < len){
22          $("img:visible").hide().next().show();
23      }else{
24          $("img:visible").hide().prev().show();
25      }
26  },1000);
27  </script>
```

运行结果（见图 9-1）：

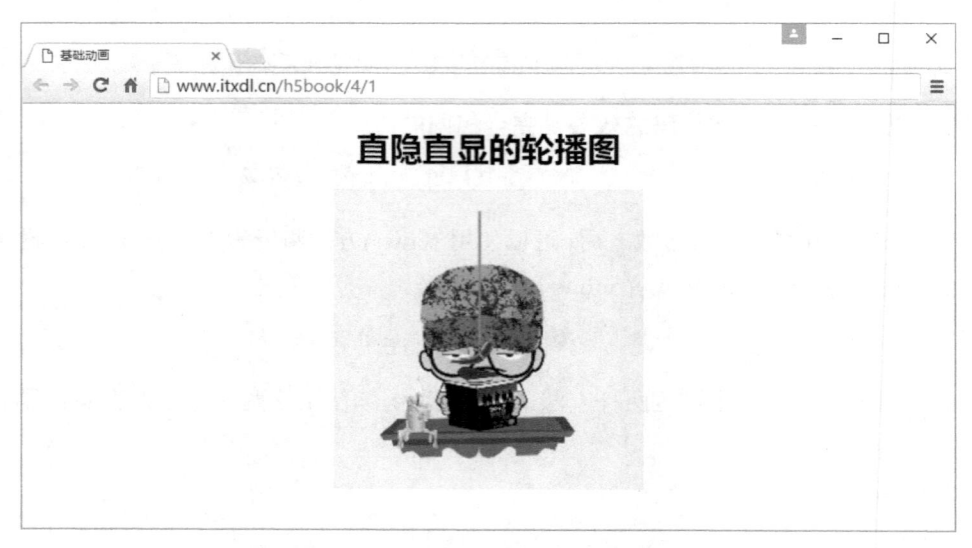

图 9-1　直隐直显的轮播图实例运行结果

运行上面的代码，可以得到同样的运行结果。而这种写法显得更加语义化，代码更加优雅。

当为 show() 和 hide() 方法加上 speed 实参时：

```
$("img").hide("slow");                    //缓慢减少宽高，并且透明度逐渐下降
$("img").show("slow");                    //缓慢增加宽高，并且透明度逐渐上升
```

综上可见，这两种方法在不给参数和给参数的时候是有明显不同的。当不给参数的时候，就是普通的元素隐藏和显示，不会有任何动画效果；当给参数的时候，它们会自动通过变换元素的宽、高和透明度来过渡元素的隐藏与显示，形成动画效果。

9.2　slideUp() 和 slideDown() 方法

slideUp() 和 slideDown() 方法属于 jQuery 的滑动动画模式方法，与 hide() 和 show() 方法相比，其最终目的都是一样的，都是让页面元素的 display 属性等于 none 或者恢复原值。但是 slideUp() 方法实现隐藏是通过元素由下至上收缩（元素的 height 属性值逐渐减小为 0px）的一个过程；同理，slideDown() 方法实现显示是通过元素由上至下展开（元素的 height 属性值逐渐增长到原值）的一个过程。

语法格式：

slideUp([speed,[easing],[fn]]);   //语法同 hide()
slideDown([speed,[easing],[fn]]);   //语法同 show()

实例描述：

做一个字幕滚动器，让信息从下到上一条一条地循环滚动。

实例代码：

```html
1  <!DOCTYPE html>
2  <html>
3  <head>
4      <meta charset="utf-8">
5      <title>字幕滚动实例</title>
6      <script src="js/jquery-3.1.1.min.js"></script>
7      <link href="css/02.css"  rel="stylesheet" type="text/css">
8  </head>
9  <body>
10     <h1>美句欣赏</h1>
11     <ul>
12         <li>I love three things in this world. Sun, moon and you. Sun for
            morning, moon for night , and you forever</li>
13         <li>There are no trails of the wings in the sky, while the birds
            has flied away.</li>
14         <li>Every hour of lost time is a chance of future misfortune.</li>
15         <li>Learn from yesterday,live for today,hope for to morrow</li>
16         <li>You know my loneliness is only kept for you, my sweet songs are
            only sung for you.</li>
17     </ul>
18 </body>
19 </html>
20 <script>
21 $("li:last").hide();
22 setInterval(function(){
23     $("li:first").slideUp(1000,"linear",function(){
24         $(this).appendTo("ul");
25     }).parent().find("li:last").slideDown(1000,"linear");
26 },1020);
27 </script>
```

运行结果（见图 9-2）：

从图 9-2 中可以看出，此刻字幕正在滚动。而实现这个动画效果却仅仅用了 6 行 JavaScript 代码，由此可见 jQuery 动画方法的强大之处。使用 jQuery 的滑动动画模式还能做出非常出色的特效，如百叶窗特效、折纸特效等，有兴趣的读者可以尝试一下。

图 9-2 字幕滚动实例运行结果

9.3 fadeIn()和 fadeOut()方法

  fadeIn()和 fadeOut()方法属于 jQuery 的淡入淡出动画模式方法，与之前的 slideUp()和 slideDown()方法一样，最终目的都是让 HTML 页面中元素的 display 属性等于 none 或者恢复原值。不同之处在于，后者是通过改变 height 属性来实现动画效果的，而前者是通过改变元素的 opacity 属性（透明度）来实现动画效果的。

语法格式：

```
fadeIn([speed,[easing],[fn]]);          //语法同 hide()
fadeOut([speed,[easing],[fn]]);         //语法同 show()
```

  与轮播图实例中不加参数的 hide()和 show()方法相比，fadeIn()和 fadeOut()方法的动画效果会显得更加柔和，也常用于轮播图中。现在把上面的轮播图实例改写为淡入淡出动画模式。

实例代码：

```
1  <!DOCTYPE html>
2  <html>
3  <head>
4      <meta charset="utf-8">
5      <title>基础动画</title>
6      <script src="js/jquery-3.1.1.min.js"></script>
7      <link href="css/01.css" rel="stylesheet" type="text/css">
8  </head>
9  <body>
10     <h1>淡入淡出的轮播图</h1>
```

```
11      <img src="images/1.jpg">
12      <img src="images/2.jpg" style="display:none">
13      <img src="images/3.jpg" style="display:none">
14      <img src="images/4.jpg" style="display:none">
15 </body>
16 </html>
17 <script>
18 var i = 0;                              //定义帧数的变量
19 var len = $("img").length - 1;          //判断执行方向
20 setInterval(function(){
21      if(i++%(2*len) < len){
22          $("img:visible").fadeOut("slow",function(){
23              $(this).next().fadeIn("slow");
24          });
25      }else{
26          $("img:visible").fadeOut("slow",function(){
27              $(this).prev().fadeIn("slow");
28          });
29      }
30 },2000);
31 </script>
```

9.4　animate()方法——自定义动画

上面已经介绍了 3 类共 6 种动画方法：show()和 hide()方法通过控制宽高和透明度来形成动画效果；slideUp()和 slideDown()方法通过控制高度来形成动画效果；fadeIn()和 fadeOut()方法通过控制透明度来形成动画效果。但是这些方法只能完成一些基础的动画，远远不能满足用户所需的体验，所以 jQuery 有 animate()方法来自定义动画。

语法格式：

animate(params,[speed],[easing],[fn])

第一个参数 params 表示一组包含作为动画属性或动画终止时样式属性及其值的集合。

第二个参数 speed 表示动画执行的快慢（分别用"slow"、"normal"和"fast"表示）或者时间的毫秒数。

第三个参数 easing 用来指定切换的动画效果。

第四个参数 fn 是动画完成时的回调函数。

通过上述参数可以看出，用户完全可以自定义动画中所需过渡的属性。

9.4.1　自定义简单动画实例

使用 animate()方法完成一个页面置顶的动画效果。当鼠标悬浮到火箭图标时，火箭开始

启动；当鼠标未点击离开图标时，火箭图标状态还原；当鼠标点击火箭图标时，火箭向上发射，并且浏览器的滚动条置顶。

实例代码：

```html
1  <!DOCTYPE html>
2  <html>
3  <head>
4      <meta charset="utf-8">
5      <title>置顶实例</title>
6      <script src="js/jquery-3.1.1.min.js"></script>
7      <link href="css/01.css"  rel="stylesheet" type="text/css">
8  </head>
9  <body>
10     <div style="width:100px;height:3000px;"></div>
11 </body>
12 </html>
13 <script>
14 var rocket = $("<div></div>");           //写一个容器用来存放置顶图片
15 function init(){                         //对容器的静态布局进行初始化
16     rocket.css({
17         width:"70px",
18         height:"80px",
19         position:"fixed",
20         top:"200px",
21         right:"100px",
22         margin:"0 auto",
23         border:"3px solid #076CC6",
24         borderRadius:"10px",
25         background:"url(images/rocket.png) no-repeat -151px -16px",
26     }).appendTo("body");
27 }
28 init();
29 var pos = ["-276px","-401px","-526px","-651px"];      //使用了精灵图
30 var i = 0;                               //用来遍历pos数组
31 var timer = null;                        //定时器的标记
32 $(rocket).mouseover(function(){          //让火箭启动，每隔50ms切换一次属性
33     timer = setInterval(function(){
34         $(rocket).css({
35         marginTop:"3px",
36         border:"0px",
37         height:"160px",
38         backgroundPosition:pos[i++%3]+" -16px",});
39     },50);
40 }).mouseout(function(){                  //当鼠标未点击置顶div时
41     init();
42     clearInterval(timer);
43 }).click(function(){                     //当鼠标点击了置顶div时
44     clearInterval(timer);
45     $(this).unbind("mouseout").animate({top:"-170px"},1000);
46     //手写滚动条动画效果
47     i = 1;                               //计数器
48     var top = $(document).scrollTop();
49     var num = 50;                        //执行总次数
50     timer = setInterval(function(){
51         if(i <= 50){
52             $(document).scrollTop(top*(num - i++)/num);
53         }else{
```

```
54              clearInterval(timer);
55          }
56      },1000/num);
57  });
58  </script>
```

运行结果（见图 9-3）：

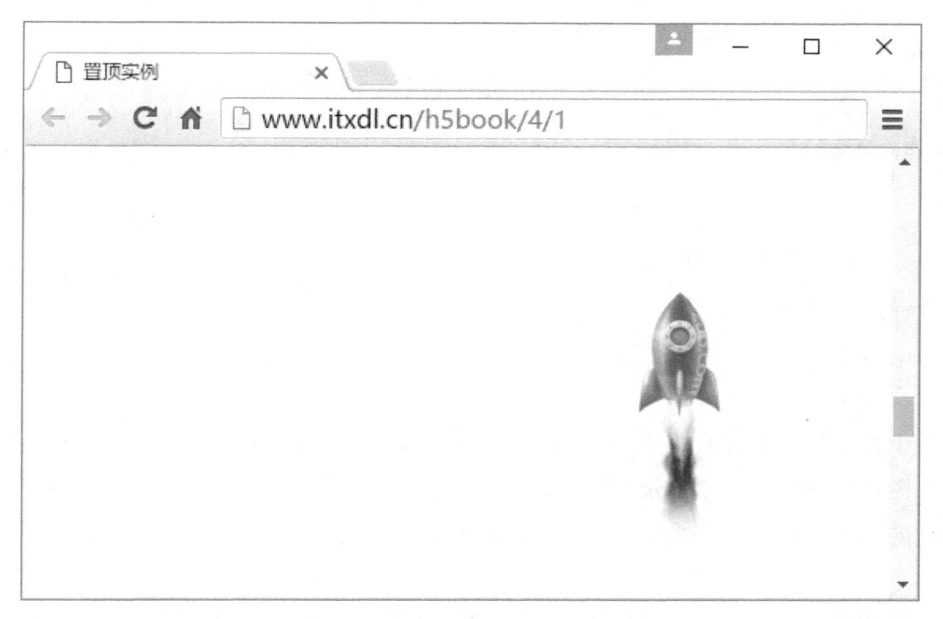

图 9-3　置顶实例运行结果

运行上述代码可以实现滚动条置顶的效果。但是，在这个实例中，笔者还是在手动写滚动条的动画，因为 animate()方法只能过渡部分属性（只有数值类型的属性才能创建动画，比如"margin:30px"；字符串值无法创建动画，比如"background-color:red"。具体请参考 W3C）。

9.4.2　动画队列

在 HTML 页面中同一个元素执行两个或多个动画（多个 animate()方法）时就会产生动画队列，让每个动画按照页面加载顺序依次执行。

下面来比较一下下面两种写法的运行轨迹。

```
1  <!DOCTYPE html>
2  <html>
3  <head>
4      <meta charset="utf-8">
5      <title>动画队列</title>
6      <script src="js/jquery-3.1.1.min.js"></script>
7  </head>
8  <body>
9  <div style="background:red;" id='first'></div>
10 <div style="background:yellow;" id='second'></div>
11 </body>
12 <script>
13 $("#first").animate({
14     height:"200px"
15 },2000).animate({
16     width:"200px"
17 },2000);
18
19 $("#second").animate({
20     width:"200px",
21     height:"200px"
22 },4000);
23 </script>
24 </html>
```

运行上述实例可以发现，第一种写法（#first 元素绑定的动画）执行了两次动画，第一次动画让图片的宽度变为 200px，第二次动画让图片的高度变为 200px；第二种写法（#second 元素绑定的动画）执行了一次动画，在一次动画内同时让图片的宽、高分别变化为 200px 和 200px。

从上述代码可以看出，第一种方法就形成了动画队列特性。其实不仅仅是自定义动画有动画队列特性，在基本动画中也存在动画队列特性，只要对某一个 DOM 对象连续执行动画操作都会产生动画队列。

9.4.3 处理动画队列操作方法

jQuery 在处理动画队列方面也提供了一些非常好用的方法，比如停止当前正在运行的动画、推迟后续动画队列执行、立刻完成动画队列中的所有动画效果。

1．stop()方法：停止当前正在运行的动画

语法格式：

stop([clearQueue,gotoEnd]);

第一个参数 clearQueue 如果设置为 true，则清空队列。

第二个参数 gotoEnd 如果设置为 true，则当前正在运行的动画立刻完成。

执行 stop()方法停止当前正在运行的动画，我们只需要使用两个参数就可以操控此次动画的运行结果和后续动画队列的处理，极大地优化了我们对动画队列的处理操作。

实例代码：

```html
1  <!DOCTYPE html>
2  <html>
3  <head>
4      <meta charset="utf-8">
5      <title>stop()方法</title>
6      <script src="js/jquery-3.1.1.min.js"></script>
7  </head>
8  <body>
9      <img src="images/1.jpg">
10 </body>
11 <script>
12     $("img").animate({
13         width:"200px"
14     },3000).animate({
15         height:"200px"
16     },3000).click(function(){
17         //停止当前动画，进入下个动画
18         //$(this).stop();
19         //停止当前动画，并且清空队列
20         //$(this).stop(true);
21         //立刻完成此次动画，进入下一动画
22         //$(this).stop(false,true);                    //
23         //立刻完成此次动画，并清空动画队列
24         $(this).stop(true,true);
25     });
26 </script>
27 </html>
```

运行上面的动画队列，在执行第一个动画的时候，点击图片，分别执行 4 种不同参数的 stop()方法，发现它可以非常有效地控制此次动画的运行结果和后续动画队列的处理。

2．delay()方法：推迟后续动画队列执行

语法格式：

delay(duration,queueName)

第一个参数 duration 表示延迟时间毫秒数。

第二个参数 queueName 表示队列名称。

还是上面的例子，做适当的修改，在两个动画队列中间添加一个 delay(3000)方法，看看其运行效果。

实例代码：

```html
1  <!DOCTYPE html>
2  <html>
3  <head>
4      <meta charset="utf-8">
5      <title>delay()方法</title>
6      <script src="js/jquery-3.1.1.min.js"></script>
7  </head>
8  <body>
```

223

```
9        <img src="images/1.jpg">
10 </body>
11 <script>
12     $("img").animate({
13         width:"200px"
14     },3000).delay(3000).animate({
15         height:"200px"
16     },3000).click(function(){
17         $(this).stop();              //停止当前动画，进入下个动画
18     });
19 </script>
20 </html>
```

运行上述代码可以发现，当动画正常运行的时候，第一个动画和第二个动画间隔了 3000ms。如果用户在等待 3000ms 的时候点击了图片，则立即进入第二个动画。由此可见，在动画队列处理中，完全可以把 delay() 方法类比为其中的一个"动画"，只是这个"动画"没有动画效果而已。

3. finish()方法：立刻完成动画队列中的所有动画效果

语法格式：

```
finish([queue]);
```

finish()方法和 stop(true,true) 很相似，stop(true,true) 也是立刻完成本次动画，但是它会把后续的动画队列全部清空；而 finish() 方法不仅立刻完成本次动画，而且把后续动画队列也立刻执行完毕。

把上面的 click 事件驱动程序部分替换成以下代码：

```
.click(function(){
    $(this).finish();
});
```

运行上面的代码，可以发现 finish() 方法可以立刻完成整个动画队列。

综合上面三个知识点，下面笔者完成一个常见的实例——富 Web 应用弹框。

实例代码：

```
1  <!DOCTYPE html>
2  <html>
3  <head>
4      <meta charset="utf-8">
5      <title>富Web应用</title>
6      <script src="js/jquery-3.1.1.min.js"></script>
7      <link href="css/03.css" rel="stylesheet" type="text/css">
8  </head>
9  <body>
10     <div id="advertisement">
11         <h3>欢迎您，加入兄弟会！</h3>
12         <div>
13             <img src="images/01.png">
14             <h4>破茧成蝶，放飞你的梦想</h4><br>
```

```
15                    <p>
                         无兄弟不编程，让学习成为一种习惯，破茧成蝶，大师们让您的IT梦
                         扬帆起航！！！</p>
16                 </dl>
17             </div>
18         </div>
19 </body>
20 </html>
21 <script>
22 var screenHeight = $(window).height();      //获取窗口的高度
23 $("#advertisement").css({                   //对小广告进行初始化
24     position:"fixed",
25     width:'0px',
26     height:'180px',
27     right:0,
28     top:screenHeight - 180,
29 }).animate({                                //出现小广告的内容部分
30     width:"306px",
31 },3000).animate({                           //出现小广告的标题部分
32     top:screenHeight - 220,
33     height:"220px"
34 },3000).find("h3").delay(3000).animate({
35     height:"40px"
36 },3000);
37 </script>
```

运行结果（见图 9-4）：

图 9-4　富 Web 应用弹框实例运行结果

运行上述实例，可以发现富 Web 应用弹框首先弹出其 body 部分，从浏览器的右下角由右向左动态弹出；当 body 部分全部弹出后，由下而上弹出弹框的 head 部分。

细说 AJAX 与 jQuery

9.5 其他动画操作方法

前面已经讲解了 jQuery 动画中的绝大部分知识点，但是 jQuery 为了实现更方便、快捷的操作，还封装了以下三种专门用于交互式的动画方法和一种自定义元素透明度方法：

```
toggle([speed,[easing],[fn]])
slideToggle([speed,[easing],[fn]])
fadeToggle([speed,[easing],[fn]])
fadeTo([speed,opacity,[easing],[fn]])
```

9.5.1 toggle()方法

toggle()方法是 show()和 hide()两种方法的交互式方法。由于 show()方法用于显示页面元素，而 hide()方法用于隐藏页面元素，但当需要为元素绑定动画切换事件时，必须提前判断页面元素是否为可视状态或者隐藏状态，才能决定接下来的动作是 show()方法还是 hide()方法，这样会造成大量的代码冗余。

而 toggle()方法的好处就是，它会自动执行判断。如果页面元素为可见状态，则执行 hide()动画效果，让元素变为可见状态；如果页面元素为隐藏状态，则执行 show()动画效果，让页面元素变为隐藏状态。

实例代码：

```
1  <!DOCTYPE html>
2  <html>
3  <head>
4      <meta charset="utf-8">
5      <title>toggle方法</title>
6      <script src="js/jquery-3.1.1.min.js"></script>
7  </head>
8  <body>
9  <button class="first">使用shown和hide</button>
10 <button class="second">使用toggle</button>
11 <img src="images/1.jpg">
12 </body>
13 <script>
14     //情景一： 使用show()方法和hide()方法，实现img元素交互式应用
15     $(".first").click(function(){
16         if($("img:hidden").length == 1){
17             $("img:hidden").show();
18         }else{
19             $("img:visible").hide();
20         }
21     });
22     //情景二：使用toggle()方法，实现img元素交互式应用
23     $(".second").click(function(){
```

226

```
24          $("img").toggle();
25       });
26 </script>
27 </html>
```

9.5.2　slideToggle()和 fadeToggle()方法

同理，slideToggle()方法是 slideUp()和 slideDown()两种方法的交互式方法；fadeToggle()方法是 fadeIn()和 fadeOut()两种方法的交互式方法。slideToggle()和 fadeToggle()方法与 toggle()方法的不同之处在于，当页面元素从隐藏（可见）状态变化到可见（隐藏）状态时，切换的动画效果是不同的，仅此而已。

【请读者按照 toggle()方法里面的实例，自行学习 sildieToggle()和 fadeToggle()方法，加以巩固。】

9.5.3　fadeTo()方法

在 jQuery 中，fadeIn()和 fadeOut()方法通过改变页面元素的 opacity 属性（透明度）达到动画效果，但是其透明度都是从 0.0 到 1.0 形成淡出效果，或从 1.0 到 0.0 形成淡入效果的。而 fadeTo()方法却可以自定义透明度到达某一个值，其语法格式如下：

fadeTo([[speed],opacity,[easing],[fn]])

实例描述：
让一张图片不停地闪动，控制其透明度为 0.5～1.0（这样的图片闪动不会导致眼睛乏累）。

实例代码：

```
1  <!DOCTYPE html>
2  <html>
3  <head>
4     <meta charset="utf-8">
5     <title>fadeTo()方法</title>
6     <script src="js/jquery-3.1.1.min.js"></script>
7  </head>
8  <body>
9     <img src="images/1.jpg">
10 </body>
11 <script>
12    setInterval(function(){
13       $("img").fadeTo(100,0.5).fadeTo(100,1.0);
14    },200);
15 </script>
16 </html>
```

运行上述代码，可以发现图片不停地闪动。但是如果 fadeTo()方法设置透明度为 0.0 进行元素"隐藏"，那么它和 fadeOut()方法的效果是一样的吗？不然，当 fadeOut()方法执行结

束时，会让元素真正隐藏（元素的样式属性 display 会设置为 none）；而当 fadeTo()方法执行结束时，不会让元素真正隐藏（元素的样式属性 display 保持原值），仅仅设置透明度值为 0 而已。

9.6 本章小结

本章首先从 jQuery 动画基础方法入手，让读者认识 jQuery 操作动画的本质；然后介绍了 jQuery 的自定义方法和 jQuery 中动画队列的概念；最后介绍了 jQuery 的 4 种常用的其他方法。本章具体知识点如下：

- 首先，介绍了 jQuery 中最基础的动画方法：show()和 hide()方法。
- 其次，依次学习了动画中使用最频繁的另外 4 种 jQuery 方法：slideUp()和 slideDown()方法、fadeIn()和 fadeOut()方法。
- 再次，学习了 jQuery 的自定义动画，介绍了动画队列的概念，并且使用 jQuery 方法来处理动画队列。
- 最后，介绍了 jQuery 动画中的三种交互式方法——toggle()、slideToggle()和 fadeToggle()，以及一种自定义元素透明度的方法——fadeTo()。

练习题

一、选择题

1. 在 jQuery 中，函数（　　）能够实现元素显示和隐藏的互换。

   A．hide()　　　　　　　　　B．show()
   C．toggle()　　　　　　　　D．fade()

2. 下面哪些方法是 jQuery 的基础动画方法？（　　）

   A．show()　　　　　　　　　B．animate()
   C．stop()　　　　　　　　　D．delay()

3. 下面哪些动画方法可以瞬间完成？（　　）

   A．show()　　　　　　　　　B．hide()
   C．fadeIn()　　　　　　　　D．slideOut()

4．下面哪个不是表示动画执行快慢的参数？（ ）

A．slow B．normal C．fast D．very quick

5．下面叙述错误的是（ ）。

A．show()和hide()方法显示或隐藏是通过同时改变元素的宽高、透明度等层叠样式形成动画效果

B．slideUp()方法是通过让元素自下而上地滑动形成显示的动画效果

C．slideDown()方法是通过让元素自上而下地滑动形成隐藏的动画效果

D．slideToggle()方法是让元素通过滑动动画效果进行来回切换

6．jQuery的animate()方法可以对哪些层叠样式进行过渡形成动画效果？（ ）

A．DOM元素的宽高 B．DOM元素的背景颜色

C．DOM元素的外部白 D．DOM元素的相对位置和绝对位置

7．下面关于jQuery的动画队列，叙述错误的是（ ）。

A．stop()方法可以清空当前动画队列操作

B．stop()方法可以停止当前正在运行的动画

C．delay()方法也是动画队列中的方法

D．动画队列可以在两个DOM对象中出现

8．finish()方法和下面哪种方法效果一样？（ ）

A．stop(true, true); B．stop(false, false);

C．stop(true, false); D．以上都不正确

9．下面对fadeTo()方法叙述正确的是（ ）。

A．它会改变DOM元素的透明度

B．它会改变DOM元素层叠样式display属性的值

C．它会改变DOM元素的宽

D．它会改变DOM元素的高

10．下面属于动画切换事件的有（ ）。

A．toggle()方法 B．fadeToggle()方法

C．slideToggle()方法 D．fadeTo()方法

二、简答题

1．简单描述一下6种基础动画方法形成动画的本质。

2．简单描述一下动画队列的概念。

第10章 jQuery 的 AJAX 应用

本章指引

在本书最开始部分，笔者非常详细地讲解了 JavaScript 中的 AJAX 技术原理及应用场景。AJAX 的全称为 Asynchronous JavaScript And XML，其核心为 XMLHttpRequest 对象，通过异步的方式向服务器请求数据。它的优良特性在快速发展的 Web 应用时代显得尤为重要。因此，jQuery 的 AJAX 对其技术进行了封装，并在数据请求方面做了一系列的扩展，如 JSONP 等。

请访问 www.ydma.cn 获取本章配套资源，内容包括：
1. 本章的学习视频。
2. 本章所有实例演示结果。
3. 本章习题及其答案。
4. 本章资源包（包括本章所有代码）下载。
5. 本章的扩展知识。

10.1 jQuery 的 AJAX 应用介绍

jQuery 的 AJAX 是广义上的数据请求应用。它不仅运用了 AJAX 技术，而且有非官方协议 JSONP 等，如图 10-1 所示。

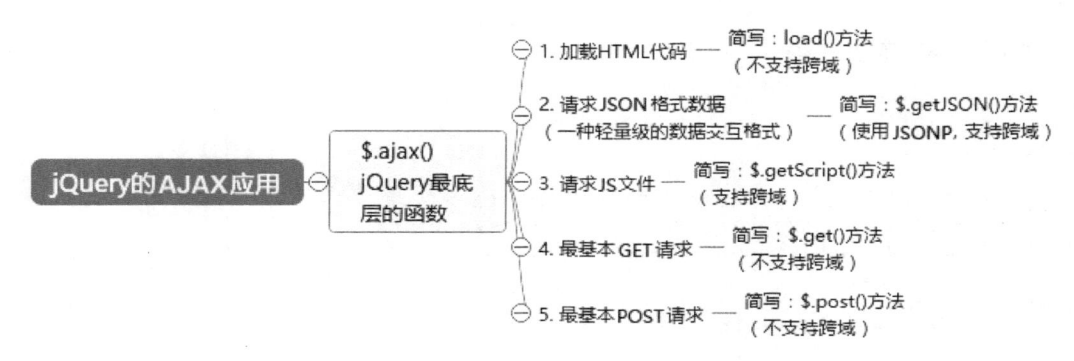

图 10-1　jQuery 的 AJAX 应用介绍

由图 10-1 可以发现，jQuery 的 AJAX 应用的方法可以说只有一种——$.ajax()。在$.ajax()方法中配置不同的参数可以实现不同的功能，而针对每种功能，jQuery 又提供了对应的简便写法。

在此，笔者不再赘述 AJAX 的用途，细心的读者可以发现，在前面的例子中，有大量数据都是笔者在前台随机生成的，而这些数据本应来自服务器端。为了达到更好的用户体验，完全可以使用 AJAX 来进行数据的异步处理。接下来，笔者将带领大家一一学习上述方法。

10.2 jQuery 的 load()方法

load()方法是 jQuery 中最简单的一种 AJAX 方法，此方法主要载入远程 HTML 文件代码并载入 DOM，其语法格式为：

```
load(url,[data],[callback])
```

第一个参数 url：请求 HTML 页面的 URL 地址（必须同域，否则会跨域报错）。
第二个参数 data（可选）：请求 HTML 的参数。
第三个参数 callback（可选）：请求完成时的回调函数，请求失败也执行。

实例描述：

还是完成一个"学生信息录入"实例，但是不再使用 append()方法添加节点，而是使用 load()方法。

细说 AJAX 与 jQuery

实例代码（前台代码）：

```html
1  <!DOCTYPE html>
2  <html>
3  <head>
4      <meta charset="utf-8">
5      <title>使用load()方法请求远程数据</title>
6      <script src="js/jquery-3.1.1.min.js"></script>
7      <link rel="stylesheet" href="css/04.css">
8  </head>
9  <body>
10     <h1>学生信息录入</h1>
11     <table>
12         <tr>
13             <th>姓名</th><th>性别</th><th>年龄</th><th>岗位</th>
14         </tr>
15         <tr>
16             <td>美男子</td><td>男</td><td>18</td><td>php程序员</td>
17         </tr>
18     </table>
19     <ul>
20         <li>姓名：<input type="text" name="username"></li>
21         <li>性别：<input type="text" name="sex"></li>
22         <li>年龄：<input type="text" name="age"></li>
23         <li>岗位：<input type="text" name="job"></li>
24         <li><button>添加</button></li>
25     </ul>
26 </body>
27 </html>
28 <script>
29     $("button").click(function(){
30         var username = $("[name='username']").val();     //获取姓名
31         var sex      = $("[name='sex']").val();          //获取性别
32         var age      = $("[name='age']").val();          //获取年龄
33         var job      = $("[name='job']").val();          //获取岗位
34         var aa = $("table").append("<tr></tr>").find(":last")
35         .load("http://www.itxdl.cn/gethtml",'username='+username+'&sex='+sex+
       '&age='+age+'&job='+job,function(msg){
36             console.log(msg);
37             alert("添加成功");
38         });
39     });
40 </script>
```

实例代码（后台代码）：

```
60 router.get("/gethtml",function(req, res, next){
61     var str = "<td>"+req.query.username+"</td>";
62     str += "<td>"+req.query.sex+"</td>";
63     str += "<td>"+req.query.age+"</td>";
64     str += "<td>"+req.query.job+"</td>";
65     res.end(str);
66 });
```

运行结果（见图 10-2）：

图 10-2　load()方法完成学生信息录入的运行结果

运行上述代码，当填写完表单后点击"添加"按钮，jQuery 通过其 load()方法把表单里面的值提交到后台进行处理，返回 HTML 格式的字符串到回调函数中，并且将其自动添加到 DOM 节点中。使用 load()方法有如下几个注意事项。

- 它发送的是 GET 请求，不能跨域。
- 第二个参数必须为 queryString 类型（GET 请求的参数全部使用"&"拼接的字符串）。
- 当请求成功后，自动把请求的结果添加到 DOM 节点中，并触发回调函数。
- 当请求失败后，不会把返回信息添加到 DOM 节点中，但是会触发回调函数。
- 回调函数存在三个可选参数，如下：

```
$("div").load("http://www.itxdl.cn/h5book/4/1", function( responseText, testStatus, XMLHttpRequest ){
    //响应文本内容
    console.log(responseText);
    //请求状态值: success、error、notmodified、timeout
    console.log(testStatus);
    //XMLHttpRequest对象
    console.log(XMLHttpRequest);
});
```

由上述代码可见，load()方法可以用来请求 HTML 格式的字符串，当然也非常适合请求 HTML 静态文件。

10.3 jQuery 的 $.get() 和 $.post() 方法

在 AJAX 中，应用最多的请求就是 GET 和 POST 请求，在第 3 章中也是从这两种请求入门并完成相应封装的。因此，jQuery 也不例外，用 AJAX 技术将其分别封装为 $.get() 和 $.post() 方法，使得获取远程数据更加方便。

10.3.1 $.get() 方法

$.get() 方法定义：通过 GET 方式异步请求远程服务器数据。

语法格式：

$.get(url, [data], [callback], [type]);

第一个参数 url：请求 HTML 页面的 URL 地址（必须同域，否则会跨域报错）。

第二个参数 data（可选）：请求 HTML 的参数，可以是 queryString 类型，也可以是 JSON 类型。

第三个参数 callback（可选）：请求成功时的回调函数。

第四个参数 type（可选）：服务器返回内容的格式和 XML（略）、HTML、Script、JSON、TEXT、_default。

1. GET 发送请求的参数类型

现在，笔者将采用两种类型的参数请求服务器端数据。

客户端代码：

```
1  <!DOCTYPE html>
2  <html>
3  <head>
4      <meta charset="utf-8">
5      <title>$.get()方法的参数类型</title>
6      <script src="js/jquery-3.1.1.min.js"></script>
7  </head>
8  <body>
9  </body>
10 <script>
11 //客户端代码类型一：使用JSON类型数据作为参数
12 $.get("http://www.itxdl.cn/get",{name:"张三",school:"兄弟会"}, function(msg){
13     console.log(msg);
14 });
15
16 //类型二：使用queryString类型数据作为参数
17 $.get("http://www.itxdl.cn/get","name=张三&school=兄弟会", function(msg){
18     console.log(msg);
```

```
19 });
20 </script>
21 </html>
```

服务器端代码：

```
37 router.get("/get",function(req, res, next){
38     //返回给客户端信息
39     res.end("欢迎"+req.query.name+"学员加入"+req.query.school);
40 });
```

2. 数据返回类型

1）数据返回类型为 HTML 格式

它返回一个 HTML 格式的字符串，相比于 load()方法，需要手动添加 DOM 节点，这样可以对返回的数据进行处理，使用起来更加灵活。

客户端代码：

```
1 <!DOCTYPE html>
2 <html>
3 <head>
4     <meta charset="utf-8">
5     <title>$.get()方法数据返回类型</title>
6     <script src="js/jquery-3.1.1.min.js"></script>
7 </head>
8 <body>
9 </body>
10 <script>
11     //客户端代码
12     $.get("http://www.itxdl.cn/get", function(msg){
13         console.log(msg);
14     },'html');
15 </script>
16 </html>
```

服务器端代码：

```
20 //服务器端代码
21 router.get("/get",function(req, res, next){
22     res.end("<p>欢迎你加入兄弟会</p>");        //返回给客户端信息
23 });
```

2）数据返回类型为 Script 格式

它返回的是一个 Script 格式的脚本，换句话说，它返回的字符串全部被当作 JavaScript 代码执行（类似于 HTML 中<script>标签内部的代码，不同的是本方法属于异步请求）。

注意：仅它可以实现跨域请求。

客户端代码：

```
1  <!DOCTYPE html>
2  <html>
3  <head>
4      <meta charset="utf-8">
5      <title>$.get()方法数据返回类型</title>
6      <script src="js/jquery-3.1.1.min.js"></script>
7  </head>
8  <body>
9  </body>
10 <script>
11     //客户端代码
12     $.get("http://www.itxdl.cn/get", function(){
13         console.log(obj);           //数据请求成功，访问obj变量
14     }, 'script');
15
16     setTimeout(function(){
17         console.log(obj);           //做一个1s延迟，验证程序中是否存在obj变量
18     },1000);
19 </script>
20 </html>
```

服务器端代码：

```
27 //服务器端代码
28 router.get("/get",function(req, res, next){
29     res.end("var obj='让学习成为一种习惯'");     //返回给客户端信息
30 });
```

3）数据返回类型为 JSON 格式

JSON 是目前非常火热的一种数据格式，相比于 XML，它更加简单和方便，也非常容易阅读，现在大部分数据交互都使用它。

客户端代码：

```
1  <!DOCTYPE html>
2  <html>
3  <head>
4      <meta charset="utf-8">
5      <title>$.get()方法数据返回类型</title>
6      <script src="js/jquery-3.1.1.min.js"></script>
7  </head>
8  <body>
9  </body>
10 <script>
11 //客户端代码
12 $.get("http://www.itxdl.cn/get",function(msg){
13     console.log(msg);
14 },'json');
15 </script>
16 </html>
```

服务器端代码：

```
20  //服务器端代码
21  router.get("/get",function(req, res, next){
22      var obj = {status:200,msg:"请求成功",data:"别再说我帅了，好吗？"};
23      res.json(obj);
24  });
```

以上讲解了最常用的三种数据返回类型，其余同理。当需要请求 HTML 片段的时候，可以使用 HTML 格式的数据返回类型；当需要请求某 JS 文件的时候，可以使用 Script 格式的数据返回类型；当需要进行数据交互的时候，可以使用 JSON 格式的数据返回类型。

10.3.2 $.post()方法

$.post()方法和$.get()方法大同小异，它们的内部结构和使用方法大都相同，只是请求远程服务器的方式不同，一个为 POST 请求而另一个为 GET 请求。

语法格式：

$.post(url, [data], [callback], [type]);

【请读者参考$.get()方法自行学习$.post()方法，对两种请求的数据类型、常用的三种数据返回类型的实例进行一一验证，加深印象。】

实例描述：

使用$.post()方法完成表单的后台验证（表单的前台验证略），并返回对应的状态码和状态信息。

实例前台代码：

```
1   <!DOCTYPE html>
2   <html>
3   <head>
4       <meta charset="utf-8">
5       <title>post远程请求验证表单</title>
6       <script src="js/jquery-3.1.1.min.js"></script>
7       <link href="css/11.css"  rel="stylesheet" type="text/css">
8   </head>
9   <body>
10      <div class="contains">
11          <h1>登录</h1>
12          <ul>
13              <li>
14                  <span class="title">账号</span><br>
15                  <input type="text" name="username"><br>
16                  <span class="info">请输入E-mail地址</span>
17              </li>
18              <li>
19                  <span class="title">密码</span><br>
```

```html
                <input type="password" name="password"><br>
                <span class="info"></span>
            </li>
            <li>
                <button>登 录</button><br><br>
                <a href="">找回密码</a> | <a href="">还没有注册账号？
                立即注册</a>
            </li>
        </ul>
    </div>
</body>
</html>
<script>
$("button").click(function(){
    //获取表单的字段信息
    var username = $('[name="username"]').val();
    var password = $('[name="password"]').val();
    //使用$.post()方法
    $.post('http://www.itxdl.cn',{username:username,password:password},
    function(msg){
        if(msg.status == 500){
            $("li:eq(0)").addClass("warnning").find("span:eq(1)").html(
            msg.info);
        }else if(msg.status == 501){
            $("li:eq(1)").addClass("warnning").find("span:eq(1)").html(
            msg.info);
        }else {
            alert(msg.info);
        }
    },"json");
});
</script>
```

实例后台代码：

```js
router.get("/",function(req, res, next){

    var username = req.body.username;
    var password = req.body.password;

    if(username != 'zhangsan'){
        res.json({status:500,info:"对不起，账号不正确"});
    }else if(password.length != '123456'){
        res.json({status:501,info:"对不起，密码不正确"});
    }else {
        res.json({status:200,info:"登录成功"});
    }
});
```

运行结果（见图 10-3）：

运行上述代码，使用$.post()方法可以非常简便地把前台表单字段信息传送到后台，并进行相应处理，之后把对应的结果再次响应回前台，并显示出来。

图 10-3　使用$.post()方法进行后台验证的实例运行结果

10.4　jQuery 的$.getScript()方法

在$.get()方法中，当返回值为 Script 类型时，可以请求 JavaScript 脚本。而 jQuery 将这种用法简单地封装为$.getScript()方法。

语法格式：

```
$.getScript(url, [callback]);
```

直接请求远程服务器的一个 JavaScript 脚本，当脚本全部执行完毕后，再执行其回调函数。当多个 JavaScript 脚本异步请求时，可以使用此方法进行序列化。

实例描述：

访问 JavaScript 的一个 IP 数据库公开接口，返回本机公网 IP 所在城市的地址。

实例代码：

```
<!DOCTYPE html>
<html>
<head>
    <meta charset="utf-8">
    <title>使用$.getScript()方法请求远程数据</title>
    <script src="js/jquery-3.1.1.min.js"></script>
    <link rel="stylesheet" href="css/04.css">
```

239

```
 8 </head>
 9 <body>
10 <div></div>
11 </body>
12 </html>
13 <script>
14 $.getScript("http://int.dpool.sina.com.cn/iplookup/iplookup.php?format=js",
   function(){
15     console.log(remote_ip_info);
16 })
17 </script>
```

运行结果（见图 10-4）：

图 10-4　访问 IP 数据库接口的实例运行结果

由此可见，当 JavaScript 的接口封装为 JavaScript 代码时，使用$.getScript()方法调用，可以达到语义明确、操作简单的效果，而且无须担心跨域问题。

10.5　jQuery 的$.getJSON()方法

$.getJSON()方法非常语义化、直观，它的主要作用是与远程服务器进行少量数据交互，而且数据必须是 JSON 格式。

和返回 JSON 格式数据的$.get()方法相比，二者最主要的差别是$.getJSON()方法支持跨域操作，而$.get()方法不支持。

语法格式：

$.getJSON(url, [data], [callback]);

第一个参数 url：请求 HTML 页面的 URL 地址（必须同域，否则会跨域报错）。

第二个参数 data（可选）：请求 HTML 的参数，可以是 queryString 类型，也可以是 JSON 类型。

第三个参数 callback（可选）：请求成功时的回调函数。

1. $.getJSON()方法的不跨域请求

在不跨域请求时，该方法和数据返回类型为 JSON 格式的$.get()方法的用法一样。

客户端代码：

```
1  <!DOCTYPE html>
2  <html>
3  <head>
4      <meta charset="utf-8">
5      <title>$.getJSON()方法</title>
6      <script src="js/jquery-3.1.1.min.js"></script>
7  </head>
8  <body>
9  </body>
10 <script>
11 $.getJSON("http://www.itxdl.com/get",function(msg){
12     console.log(msg);
13 });
14 </script>
15 </html>
```

服务器端代码：

```
19 router.get("/get",function(req, res, next){
20     var obj = {status:200,msg:"请求成功",data:"欢迎加入兄弟会"};
21     res.json(obj);
22 });
```

2. $.getJSON()方法的跨域请求

当该方法进行跨域请求的时候，必须在 URL 后面添加一个参数 "http://myurl?callback=?"。这样 jQuery 的 AJAX 底层才能使用 JSONP 实现跨域效果，而且这也是与其非跨域用法的明显区别之一。

客户端代码：

```
1  <!DOCTYPE html>
2  <html>
3  <head>
4      <meta charset="utf-8">
5      <title>$.getJSON()方法</title>
6      <script src="js/jquery-3.1.1.min.js"></script>
```

241

```
 7 </head>
 8 <body>
 9 </body>
10 <script>
11 $.getJSON("http://www.itxdl.com/get?callback=?",function(msg){
12     console.log(msg);
13 });
14 </script>
15 </html>
```

服务器端代码:

```
20 router.get("/get",function(req, res, next){
21     var obj = {status:200,msg:"请求成功",data:"欢迎加入兄弟会"};
22     res.jsonp(obj);
23 });
```

【注意:(1)callback=?在访问请求的时候,?将生成随机的字符串;(2)远程服务器必须按照 JSONP 格式返回数据。】

10.6 jQuery 的$.ajax()方法

学习完上述 5 种方法后,笔者带领大家来学习其底层$.ajax()方法,看看上述 5 种方法在底层的$.ajax()方法中是如何实现的。

语法格式:

$.ajax(option);

参数 option:它是一个 JSON 格式的形参,里面是执行此方法的配置参数,并且参数以 key/value 形式存在,所有参数都是可选状态。其常用配置项如表 10-1 所示。

表 10-1 $.ajax()方法常用配置项

参数的名称	参数类型	参数描述
url	String	发送请求的地址(默认为当前页的地址)
type	String	请求方式(POST 或 GET),默认为 GET
data	Object 或 String	发送到服务器的数据。将自动转换为请求字符串格式。GET 请求将附加在 URL 后
dataType	String	预期服务器返回的数据类型。如果不指定,则 jQuery 将自动根据 HTTP 头信息中的 MIME 信息来进行智能判断,比如 XML MIME 类型就被识别为 XML 可用值: xml 返回 XML 文档,可用 jQuery 处理。 html 返回纯文本 HTML 信息;包含的<script>标签会在插入 DOM 时执行。

续表

参数的名称	参数类型	参数描述
dataType	String	script 返回纯文本 JavaScript 代码。 json 返回 JSON 格式的数据。 jsonp 返回 JSONP 格式的数据。使用 JSONP 格式调用函数时，如"myurl?callback=?"，jQuery 将自动替换"?"为正确的函数名，以执行回调函数。 text 返回纯文本字符串
beforeSend	Function	发送请求前可修改 XMLHttpRequest 对象的函数，如添加自定义 HTTP 头。XMLHttpRequest 对象是唯一的参数。这是一个 AJAX 事件。如果返回 false，则可以取消本次 AJAX 请求
complete	Function	请求完成后的回调函数（请求成功或失败之后均调用）。参数：第一个参数为 XMLHttpRequest 对象；第二个参数为描述成功请求类型的字符串形参
success	Function	请求成功后的回调函数。参数：第一个参数为由服务器返回，并根据 dataType 参数进行处理后的数据；第二个参数为描述状态的字符串
error	Function	请求失败时调用此函数。有三个形参：XMLHttpRequest 对象、错误信息、（可选）捕获的异常对象
timeout	Number	设置请求超时时间（毫秒）。此设置将覆盖全局设置
global	Boolean	（默认：true）是否触发全局 AJAX 事件。设置为 false 将不会触发全局 AJAX 事件，如 ajaxStart 或 ajaxStop 可用于控制不同的 AJAX 事件
async	Boolean	（默认：true）是否为异步请求
cache	Boolean	是否进行页面缓存（默认为 true，dataType 为 Script 和 JSONP 时默认为 false）

浏览上述$.ajax()方法的配置信息表，笔者把 AJAX 技术中比较重要的参数配置项一一列举了出来。此外还有其他配置参数，读者可以参考 jQuery 的开发手册进行详细了解。

在此之前，读者已经学习了 load()、$.get()、$.post()、$.getSript()、$.getJSON() 5 种方法，而它们的底层全部是基于$.ajax()方法完成的，下面笔者带领大家完成上述方法的底层实现。

（1）使用$.ajax()替换返回值为 Script 类型的$.get()方法。

客户端代码：

```
1 <!DOCTYPE html>
2 <html>
3 <head>
4     <meta charset="utf-8">
5     <title>$.ajax()方法</title>
6     <script src="js/jquery-3.1.1.min.js"></script>
7 </head>
8 <body>
9 </body>
```

```
10 <script>
11 $.ajax({
12     type:'get',
13     url:'http://www.itxdl.cn/get',
14     dataType:'script',
15     success:function(){
16         console.log(obj);              //数据请求成功，访问obj变量
17     },
18     error:function(){
19         alert('error');
20     }
21 });
22 </script>
23 </html>
```

服务器端代码：

```
25 router.get("/get",function(req, res, next){
26     res.end("var obj='让学习成为一种习惯';");     //返回给客户端信息
27 });
```

（2）使用$.ajax()替换$.getJSON()的跨域访问。

客户端代码：

```
1 <!DOCTYPE html>
2 <html>
3 <head>
4     <meta charset="utf-8">
5     <title>$.ajax()方法</title>
6     <script src="js/jquery-3.1.1.min.js"></script>
7 </head>
8 <body>
9 </body>
10 <script>
11 $.ajax({
12     type:'get',
13     url:'http://www.itxdl.cn/get',
14     dataType:'jsonp',
15     success:function(msg){
16         console.log(msg);
17     },
18     error:function(){
19         alert('error');
20     }
21 });
22 </script>
23 </html>
```

服务器端代码：

```
27 router.get("/get",function(req, res, next){
28     var obj = {status:200,msg:"请求成功",data:"让学习成为一种习惯"};
29     res.jsonp(obj);
30 });
```

同理，其他方法的每种用法都可以使用$.ajax()方法来实现。

【请读者自行配置$.ajax()方法的参数,实现 5 种方法的每种用法,更加透彻地理解$.ajax()方法的运用。】

10.7 jQuery 的 AJAX 全局事件

jQuery 的 AJAX 应用不仅仅包括方法接口封装和业务分类处理,还有特别重要的一点——在 jQuery 的 AJAX 请求远程服务器时绑定了一系列事件(前提是开启全局事件,$.ajax()中的 global 属性值为 true。而 global 默认为 true,表示所有的 AJAX 数据请求都绑定了全局事件)。

在 jQuery 的 AJAX 应用中,共有 6 个全局的 AJAX 事件,它们可以监控 AJAX 请求资源的 6 种时刻,具体如表 10-2 所示。

表 10-2 jQuery 的 AJAX 全局事件

事件名称	事件描述
ajaxComplete(callback)	AJAX 请求完成时的执行函数
ajaxError(callback)	AJAX 请求发生错误时的执行函数,其中捕捉到的错误可以作为最后一个参数传递
ajaxSend(callback)	AJAX 请求发送前的执行函数
ajaxStart(callback)	AJAX 请求开始时的执行函数
ajaxStop(callback)	AJAX 请求结束时的执行函数
ajaxSuccess(callback)	AJAX 请求成功时的执行函数

使用 jQuery 的 AJAX 全局事件,可以把业务逻辑处理和前台用户体验的代码完全分离。其中最常见的情景是,当用户支付某商品的时候,由于后台必须经过大量的严格判断,需要消耗大量的时间,而此刻比较好的用户体验会显示"正在支付中"等字样,来提醒用户程序正在执行而不是未执行或者死机等状况。同理,当请求耗时比较长的时候,也可以使用 AJAX 的全局事件提升用户体验,同时又不会和业务逻辑代码相互混淆。

实例描述:

模拟用户支付场景,访问后台的 URL 做模拟延迟,使用 jQuery 的 ajaxStart()和 ajaxComplete()全局事件在前台进行提示。

实例前台代码：

```html
1  <!DOCTYPE html>
2  <html>
3  <head>
4      <meta charset="utf-8">
5      <title>AJAX的全局事件</title>
6      <link rel="stylesheet" href="css/05.css">
7      <script src="js/jquery-3.1.1.min.js"></script>
8  </head>
9  <body>
10 <h1>模拟用户支付场景</h1>
11 <ul class="msg">
12     <li>正在支付中...</li>
13     <li>交易完成</li>
14 </ul>
15 <ul class="info">
16     <li> 账户名： <input type="text" disabled name="username" value="小财主"></li>
17     <li>支付金额： <input type="text" disabled name="money" value="1000000"></li>
18     <li><button id="aa">确定支付</button></li>
19 </ul>
20 </body>
21 </html>
22 <script>
23     $("button").click(function(){
24         $.ajax({
25             type:"get",
26             url:"http://www.itxdl.cn/get",
27             success:function(msg){
28                 alert(msg);
29             },
30         });
31     });
32     $(document).ajaxStart(function(){
33         $('.msg li:first').show().siblings().hide();
34     });
35     $(document).ajaxComplete(function(){
36         $('.msg li:last').show().siblings().hide();
37     });
38 </script>
```

实例后台代码：

```js
41 router.get("/get",function(req, res, next){
42     setTimeout(function(){
43         res.end("恭喜你，成功下单");
44     },3000);
45 });
```

运行结果（见图 10-5）：

图 10-5　模拟用户支付场景的实例运行结果

10.8　jQuery 的其他常用方法介绍

为了更加快捷地开发和进行统一的配置管理，jQuery 为 AJAX 应用提供了 3 种常用的方法：serialize()、serializeArray()和$.ajaxSetup()。

10.8.1　serialize()和 serializeArray()方法

当使用 AJAX 应用向服务器传递参数时，最原始的做法是手动拼接所有的参数。但是如果参数过多，则工作量非常大。因此，jQuery 封装了 serialize()和 serializeArray()方法来简化其工作量。

1．serialize()对表单序列化

该方法主要是把表单中的所有组件以 key/value 的形式进行串行化，拼接成 queryString 格式的字符串。

语法格式：

```
serialize()
```

部分代码：

```
1  <!DOCTYPE html>
2  <html>
3  <head>
4      <meta charset="utf-8">
5      <title>serialize()方法</title>
6      <script src="js/jquery-3.1.1.min.js"></script>
7  </head>
8  <body>
9  <form>
10     <select name="single">
11         <option>Single</option>
12         <option>Single2</option>
13     </select>
14     <select name="multiple" multiple="multiple">
15         <option selected="selected">Multiple</option>
16         <option>Multiple2</option>
17         <option selected="selected">Multiple3</option>
18     </select><br>
19     <input type="checkbox" name="check" value="check1"/> check1
20     <input type="checkbox" name="check" value="check2" checked="checked"/> check2
21     <input type="radio" name="radio" value="radio1" checked="checked"/> radio1
22     <input type="radio" name="radio" value="radio2"/> radio2
23 </form>
24 </body>
25 </html>
26 <script>
27     var str = $("form").serialize();
28     console.log(str);
29     /**
30         用serialize()序列化的字符串如下所示：
31 
        single=Single&multiple=Multiple&multiple=Multiple3&check=check2&radio=radio1
32     */
33 </script>
```

2. serializeArray()对表单序列化

该方法主要是序列化表单中的所有组件，每个组件以 key/value 的形式序列化为 JSON 对象，每个组件的 JSON 对象又组合为 JSON 数组。

语法格式：

serializeArray()

部分代码（还是刚才的表单，使用 **serializeArray()** 方法实现）：

```
26 <script>
27     var obj = $("form").serializeArray();
28     console.log(obj);
29 /*
30     用serializeArray()序列化的json如下所示：
31 [
32     {name:single,value:Single},
33     {name:multiple,value:Multiple},
```

```
34      {name:multiple,value:Multiple3},
35      {name:check,value:check2},
36      {name:radio,value:radio1}
37 ]   */
38 </script>
```

10.8.2 $.ajaxSetup()方法全局设置 AJAX 配置属性

当开发者在某资源中多处调用 AJAX 请求时（比如单页面 APP 开发），也可以不必重复设置每个属性，可以使用$.ajaxSetup()方法进行全局设置。当执行$.ajax()方法时，首先使用其内部配置属性，然后使用全局配置属性。如果二者都没有进行设置，则使用 jQuery 的 AJAX 默认配置属性。

语法格式：

$.ajaxSetup([options])

参数 options（可选）：其值和$.ajax()方法的形参一样（略）。

10.9 综合实例——使用 jQuery 的 AJAX 实现广播效果

至此，笔者已经讲完了 jQuery 的 AJAX 应用，AJAX 的重要性也不言而喻。但是会使用 AJAX 不代表学会了 AJAX，其实 AJAX 里面还有许多技巧和经验。比如经常使用的 AJAX 做"长连接"，这里的"长连接"指的是轮询，让客户端不停地请求服务器，这样伪实现了客户端和服务器端在实时通信而从未断开的效果。但是这样做会给服务器造成相当大的压力，甚至导致服务器宕机（此刻必须根据实际情况而定）。

实例描述：

使用 jQuery 的 AJAX 完成一个广播功能，让每个用户以轮询的方式监听服务器。当有消息未接收时，服务器把消息发送到客户端并进行记录。当所有消息发送完毕后，把此消息从容器中删除。

【为了方便学习，把所有用户集成到一个视口中，每个用户单独占有一个窗口，而每个窗口都有各自的代码，互不干预。首先观看其运行结果。】

运行结果（见图10-6）：

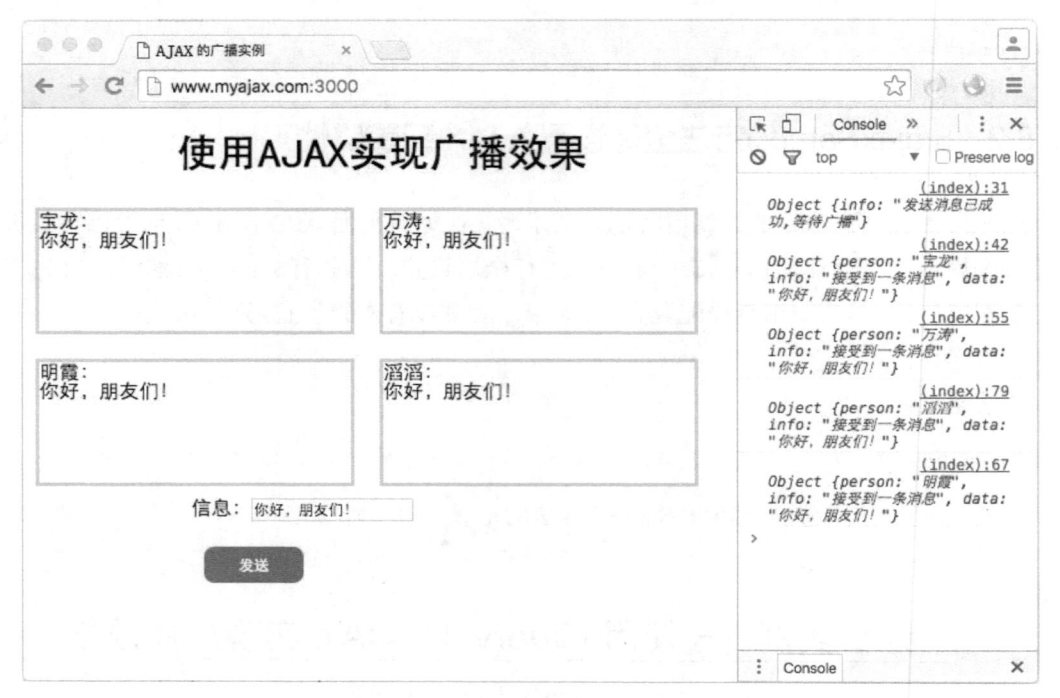

图10-6 广播实例运行结果

实例代码（前台代码）：

```html
1  <!DOCTYPE html>
2  <html>
3  <head>
4      <meta charset="utf-8">
5      <title>AJAX的广播实例</title>
6      <script src="js/jquery-3.1.1.min.js"></script>
7      <link rel="stylesheet" href="css/06.css">
8  </head>
9  <body>
10 <h1>使用AJAX实现广播效果</h1>
11 <ul>
12     <li id="person_first">宝龙：<br></li>
13     <li id="person_second">万涛：<br></li>
14     <li id="person_third">明霞：<br></li>
15     <li id="person_fourth">滔滔：<br></li>
16 </ul>
17 <div>信息：<input type="text"/><br></div>
18 <button>发送</button>
19 </body>
20 </html>
```

```javascript
<script>
    //全局设置
    $.ajaxSetup({
        type: "post",
        dataType: 'json',
    });
    //发送信息
    $("button").click(function () {
        $.ajax({
            url: 'http://www.myajax.com:3000/sendInfo',
            data: {msg: $('input').val()},
            success: function (msg) {
                console.log(msg);
            }
        });
    });
    //宝龙监听窗口的处理程序
    setInterval(function () {
        $.ajax({
            url: 'http://www.myajax.com:3000/receiveInfo',
            data: {person: "宝龙"},
            success: function (msg) {
                if (msg.info == '接收到一条消息') {
                    $("#person_first").append(msg.data + '<br>');
                    console.log(msg);
                }
            }
        });
    }, 3000)
    //万涛监听窗口的处理程序
    setInterval(function () {
        $.ajax({
            url: 'http://www.myajax.com:3000/receiveInfo',
            data: {person: "万涛"},
            success: function (msg) {
                if (msg.info == '接收到一条消息') {
                    $("#person_second").append(msg.data + '<br>');
                    console.log(msg);
                }
            }
        });
    }, 7000)
    //滔滔监听窗口的处理程序
    setInterval(function () {
        $.ajax({
            url: 'http://www.myajax.com:3000/receiveInfo',
            data: {person: "滔滔"},
            success: function (msg) {
                if (msg.info == '接收到一条消息') {
                    $("#person_fourth").append(msg.data + '<br>');
                    console.log(msg);
                }
            }
        });
    }, 11000)
</script>
```

细说 AJAX 与 jQuery

实例代码（后台代码）：

```js
var express = require('express');
var router = express.Router();
var redis = require("redis"), client = redis.createClient();

/* GET home page. */
router.get('/', function (req, res, next) {
    res.render('index', {title: 'Express'});
});

client.on("error", function (err) {
    console.log("Error " + err);
});

var containt = [];                      //容器,存储所有的消息

router.post('/sendInfo', function (req, res, next) {
    //接收一条消息,存入容器中
    containt.push({msg: req.body.msg, person: []});

    res.json({info: "发送消息已成功,等待广播", data: req.body.data});
});

router.post('/receiveInfo', function (req, res, next) {

    var sendinfo = false;               //nodejs为异步,做一个发送标志位,以免报错
    for (var i = 0; i < containt.length; i++) {
        var flag = true;

        //首先判断此条广播是否已全部发送,如果已全部发送,则删除此广播信息,继
        续下条广播
        if (containt[i].person.length == 4) {
            containt.splice(i, 1);
            i--;
            continue;
        }

        //判断此用户是否广播过,flag为true则未广播过,为false则广播过
        for (var j = 0; j < containt[i].person.length; j++) {
            if (containt[i].person[j] == req.body.person) {
                flag = false;
            }
        }
        //对未广播过的用户进行广播,并且记录下此用户,下次不发送
        if (flag) {
            sendinfo = true;
            containt[i].person.push(req.body.person);
            res.json({person:req.body.person,info: "接收到一条消息", data:
            containt[i].msg});
        }
    }
    //如果此刻没有广播消息,则向对应的客户端响应对应消息
    if (!sendinfo) {
        console.log(containt);
        res.json({info: "无消息 ", data: req.body.data});

    }
```

```
54 });
55
56 module.exports = router;
```

运行上述代码，整个广播可以正常运行，并且发现前台 jQuery 的 AJAX 应用非常简洁、高效，后台代码也非常简单易懂（注意：变量 containt 的定义在最外层，这样 containt 将一直保留在内存中不释放，从而使得多个请求实现实时通信）。

【完成广播应用后，读者完全可以把它改编为多人聊天室进行相互广播。】

10.10 本章小结

本章首先从整体上介绍了 jQuery 的 AJAX 运用，然后分别介绍了 AJAX 的 5 种方法的应用，接着讲述了其底层方法——$.ajax()，最后介绍了 jQuery 的 AJAX 全局事件和常用的其他方法。本章知识点具体如下：

- 首先，使用脑图从整体上概括了 jQuery 的 AJAX 应用中的知识点层次结构。
- 其次，分别讲述了 load()、$.get()、$.post()、$.getScript()和$.getJSON() 5 种方法的详细运用。
- 再次，讲述了 AJAX 的底层方法$.ajax()，以及 5 种方法对应的$.ajax()属性配置。
- 最后，介绍了 AJAX 的 6 个全局事件和 3 个其他应用方法，来辅助 jQuery 的 AJAX 应用。

练习题

一、选择题

1. 在 jQuery 中想要实现通过远程 HTTP GET 请求载入信息功能的是下面哪一个事件？（　）

　　A．$.ajax()

　　B．load(url)

　　C．$.get(url)

　　D．$.getScript(url)

2．下面不属于 AJAX 事件的是（   ）。

A．ajaxComplete(callback) 　　　　　　B．ajaxSuccess(callback)

C．$.post(url) 　　　　　　　　　　　　D．ajaxSend(callback)

3．以下（   ）函数不是 jQuery 内置的与 AJAX 相关的函数？（单选）

A．$.ajax()　　　　B．$.get()　　　　C．$.post()　　　　D．$.each()

4．下列属于 jQuery 对 AJAX 提供支持的方法是（   ）。

A．onload()　　　　B．json()　　　　C．xml()　　　　D．ajax()

5．下面哪个方法是 jQuery 的 AJAX 的底层方法？（   ）

A．$.get()　　　　B．$.ajax()　　　　C．$.getJSON()　　　　D．.onload()

6．$.get()方法请求远程资源时，设置哪种数据的返回格式时是可以进行跨域访问的？（   ）

A．HTML　　　　B．Script　　　　C．JSON　　　　D．TEXT

7．下面对$.getJSON()方法叙述不正确的是（   ）。

A．它和$.get(url, function(){ }, 'json')方法完全等效

B．$.getJSON()方法返回的数据格式必须为 JSON 格式

C．$.getJSON()方法支持跨域访问

D．$.getJSON()方法可以使用$.ajax()方法实现

8．下面对$.ajax()方法叙述不正确的是（   ）。

A．$.ajax()方法的 data 配置项可以为 object 或 string

B．$.ajax()方法可以设置请求超时时间

C．$.ajax()方法默认是不进行页面缓存的

D．$.ajax()方法默认进行异步请求

9．下面属于 jQuery 的表单参数序列化函数的有（   ）。

A．serialize() 　　　　　　　　　　　　B．serializeArray()

C．serializeJSON() 　　　　　　　　　　D．serializeString()

10．下面属于 jQuery 的 AJAX 全局事件的有（   ）。

A．ajaxComplete() 　　　　　　　　　　B．ajaxSend()

C．ajaxStart() 　　　　　　　　　　　　D．ajaxSuccess()

二、简答题

1．请使用$.ajax()方法实现$.get()、$.post()、$.getScript()和$.getJSON()方法。

2．请简单描述一下 jQuery 全局事件有哪些好处。

附录 A

jQuery 速查表

1. 选择器

基　　本	层　　级	基本选择器
#id	ancestor descendant	:first
Element	parent > child	:not(selector)
.class	prev + next	:even
*	prev ~ siblings	:odd
selector1,selector2,selectorN		:eq(index)
		:gt(index)
		:lang1.9+
		:last
		:lt(index)
		:header
		:animated
		:focus
		:root1.9+
		:target1.9+

内　容	可　见　性	属　　性
:contains(text)	:hidden	[attribute]
:empty	:visible	[attribute=value]
:has(selector)		[attribute!=value]
:parent		[attribute^=value]
		[attribute$=value]
		[attribute*=value]
		[attrSel1][attrSel2][attrSelN]

子 元 素	表　　单	表单对象属性
:first-child	:input	:enabled
:first-of-type1.9+	:text	:disabled
:last-child	:password	:checked
:last-of-type1.9+	:radio	:selected
:nth-child	:checkbox	
:nth-last-child()1.9+	:submit	
:nth-last-of-type()1.9+	:image	
:nth-of-type()1.9+	:reset	
:only-child	:button	
:only-of-type1.9+	:file	

混淆选择器
$.escapeSelector(selector)3+

2．核心

jQuery 核心函数	jQuery 对象访问	数据缓存
jQuery([sel,[context]])	each(callback)	data([key],[value])
jQuery(html,[ownerDoc])1.8*	size()	removeData([name|list])1.7*

续表

jQuery 核心函数	jQuery 对象访问	数据缓存
jQuery(callback)	Length	$.data(ele,[key],[val])1.8-
jQuery.holdReady(hold)	Selector	
	Context	
	get([index])	
	index([selector|element])	

队列控制	插件机制	多库共存
queue(e,[q])	jQuery.fn.extend(object)	jQuery.noConflict([ex])
dequeue([queueName])	jQuery.extend(object)	
clearQueue([queueName])		

3. 工具

浏览器及特性检测	数组和对象操作	函数操作
$.support	$.each(object,[callback])	$.noop
$.browser1.9-	$.extend([d],tgt,obj1,[objN])	$.proxy(function,context)
$.browser.version	$.grep(array,fn,[invert])	
$.boxModel	$.sub()1.9-	
	$.when(deferreds)	
	$.makeArray(obj)	
	$.map(arr|obj,callback)	
	$.inArray(val,arr,[from])	
	$.toArray()	
	$.merge(first,second)	
	$.unique(array)3.0-	
	$.uniqueSort(array)3.0+	
	$.parseJSON(json)3.0-	
	$.parseXML(data)	

257

测试操作	字符串操作	插件编写
$.contains(c,c)	$.trim(str)	$.error(message)
$.type(obj)	URL	$.fn.jquery
$.isarray(obj)	$.param(obj,[traditional])	
$.isFunction(obj)		
$.isEmptyObject(obj)		
$.isPlainObject(obj)		
$.isWindow(obj)		
$.isNumeric(value)1.7+		

4．AJAX

AJAX 请求	AJAX 事件	其 他
$.ajax(url,[settings])	ajaxComplete(callback)	$.ajaxPrefilter([type],fn)
load(url,[data],[callback])	ajaxError(callback)	$.ajaxSetup([options])
$.get(url,[data],[fn],[type])	ajaxSend(callback)	serialize()
$.getJSON(url,[data],[fn])	ajaxStart(callback)	serializearray()
$.getScript(url,[callback])	ajaxStop(callback)	
$.post(url,[data],[fn],[type])	ajaxSuccess(callback)	

5．效果

基　　本	滑　　动	淡入淡出
show([s,[e],[fn]])	slideDown([s],[e],[fn])	fadeIn([s],[e],[fn])
hide([s,[e],[fn]])	slideUp([s,[e],[fn]])	fadeOut([s],[e],[fn])
toggle([s],[e],[fn])	slideToggle([s],[e],[fn])	fadeTo([[s],o,[e],[fn]])
		fadeToggle([s,[e],[fn]])

自　定　义	设　　置
animate(p,[s],[e],[fn])1.8*	jQuery.fx.off
stop([c],[j])1.7*	jQuery.fx.interval
delay(d,[q])	
finish([queue])1.9+	

6. 事件对象

eve.currentTarget	eve.data	eve.delegateTarget1.7+
eve.isDefaultPrevented()	eve.isImmediatePropag...()	eve.isPropagationStopped()
eve.namespace	eve.pageX	eve.pageY
eve.preventDefault()	eve.relatedTarget	eve.result
eve.stopImmediatePro...()	eve.stopPropagation()	eve.target
eve.timeStamp	eve.type	eve.which

7. 回调函数

cal.add(callbacks)1.7+	cal.disable()1.7+	cal.empty()1.7+
cal.fire(arguments)1.7+	cal.fired()1.7+	cal.fireWith([c] [,a])1.7+
cal.has(callback)1.7+	cal.lock()1.7+	cal.locked()1.7+
cal.remove(callbacks)1.7+	$.callbacks(flags)1.7+	

8. 属性

属　　性	CSS 类	HTML 代码/文本/值
attr(name|pro|key,val|fn)	addClass(class|fn)	html([val|fn])
removeAttr(name)	removeClass([class|fn])	text([val|fn])
prop(n|p|k,v|f)	toggleClass(class|fn[,sw])	val([val|fn|arr])
removeProp(name)		

9. 文档处理

内部插入	外部插入	包　　裹
append(content|fn)	after(content|fn)	wrap(html|ele|fn)
appendTo(content)	before(content|fn)	unwrap()
prepend(content|fn)	insertAfter(content)	wrapAll(html|ele)
prependTo(content)	insertBefore(content)	wrapInner(html|ele|fn)

替　　换	删　　除	复　　制
replaceWith(content|fn)	empty()	clone([Even[,deepEven]])

259

续表

替　换	删　除	复　制
replaceAll(selector)	remove([expr])	
	detach([expr])	

10．筛选

过　滤	查　找	串　联
eq(index|-index)	children([expr])	add(e|e|h|o[,c])1.9*
first()	closest(e|o|e)1.7*	andSelf()1.8-
last()	find(e|o|e)	addBack()1.9+
hasClass(class)	next([expr])	contents()
filter(expr|obj|ele|fn)	nextAll([expr])	end()
is(expr|obj|ele|fn)	nextUntil([e|e][,f])	
map(callback)	offsetParent()	
has(expr|ele)	parent([expr])	
not(expr|ele|fn)	parents([expr])	
slice(start,[end])	parentsUntil([e|e][,f])	
	prev([expr])	
	prevall([expr])	
	prevUntil([e|e][,f])	
	siblings([expr])	

11．CSS

CSS	位　置	尺　寸
css(name|pro|[,val|fn])1.9*	offset([coordinates])	height([val|fn])
jQuery.cssHooks	position()	width([val|fn])
	scrollTop([val])	innerHeight()
	scrollLeft([val])	innerWidth()
		outerHeight([soptions])
		outerWidth([options])

11. 事件

页面载入	事件处理	事件委派
ready(fn)	on(eve,[sel],[data],fn)1.7+	live(type,[data],fn)1.7-
	off(eve,[sel],[fn])1.7+	die(type,[fn])1.7-
	bind(type,[data],fn)3.0-	delegate(s,[t],[d],fn)3.0-
	one(type,[data],fn)	undelegate([s,[t],fn])3.0-
	trigger(type,[data])	
	triggerHandler(type, [data])	
	unbind(t,[d|f])3.0-	

事件切换	事件	
hover([over,]out)	blur([[data],fn])	mouseenter([[data],fn])
toggle([spe],[eas],[fn])1.9*	change([[data],fn])	mouseleave([[data],fn])
	click([[data],fn])	mousemove([[data],fn])
	dblclick([[data],fn])	mouseout([[data],fn])
	error([[data],fn])	mouseover([[data],fn])
	focus([[data],fn])	mouseup([[data],fn])
	focusin([data],fn)	resize([[data],fn])
	focusout([data],fn)	scroll([[data],fn])
	keydown([[data],fn])	select([[data],fn])
	keypress([[data],fn])	submit([[data],fn])
	keyup([[data],fn])	unload([[data],fn])
	mousedown([[data],fn])	

12. 延迟对象

def.done(d,[d])	def.fail(failCallbacks)	def.isRejected()1.7-
def.isResolved()1.7-	def.reject(args)	def.rejectWith(c,[a])
def.resolve(args)	def.resolveWith(c,[a])	def.then(d[,f][,p])1.8*

续表

def.promise([ty],[ta])	def.pipe([d],[f],[p])1.8-	def.always(al,[al])
def.notify(args)1.7+	def.notifyWith(c,[a])1.7+	def.progress(proCal)1.7+
def.state()1.7+		